高等学校数学教材系列丛书

U0177951

线 性 代 数

主　编　于佳彤　关　明
副主编　杨德彬　张晓楠　朱佳宏
主　审　刘家春

西安电子科技大学出版社

内 容 简 介

本书根据高等院校理工类本科专业线性代数课程的教学大纲与考研大纲，由多位一线教师历时两年编写而成，并结合工科类本科课程教材建设的经验和成果反复修订，在内容编写、概念叙述、方法应用等方面采用通俗易懂的方式和计算方法，在学习难度上注重循序渐进，易教，更易学，充分适应应用型本科专业线性代数课程的教学需要.

本书内容包括行列式、矩阵、向量组的线性相关性、相似矩阵及二次型等. 各节均配有习题，每章配有总习题，书末附有部分习题参考答案. 本书选编的习题题型丰富，题量适度，并特别选取了其他学科中的应用实例，突出体现线性代数与实际应用相结合的重要性.

本书可作为应用型本科院校理学、工学、经济学、管理学及相关专业的教材，也可供自学者阅读.

图书在版编目(CIP)数据

线性代数/于佳彤，关明主编. —西安：西安电子科技大学出版社，2020.8(2022.7 重印)
ISBN 978-7-5606-5808-7

Ⅰ. ① 线… Ⅱ. ① 于… ② 关… Ⅲ. ① 线性代数—高等学校—教材 Ⅳ. ① O151.2

中国版本图书馆 CIP 数据核字(2020)第 135168 号

策　　划　井文峰
责任编辑　蒋桂茹　马晓娟
出版发行　西安电子科技大学出版社(西安市太白南路 2 号)
电　　话　(029)88202421　88201467　　邮　　编　710071
网　　址　www.xduph.com　　电子邮箱　xdupfxb001@163.com
经　　销　新华书店
印刷单位　陕西天意印务有限责任公司
版　　次　2020 年 8 月第 1 版　2022 年 7 月第 3 次印刷
开　　本　787 毫米×960 毫米　1/16　印张　13.75
字　　数　217 千字
印　　数　6001～8000 册
定　　价　36.00 元
ISBN 978-7-5606-5808-7/O

XDUP 6110001-3

前　言

线性代数作为数学的一个重要分支，在许多领域有着广泛的应用. 现在理学、工学、经济学、管理学等专业均对线性代数提出了越来越高的要求. 这门课程有两项基本任务：一是为后续课程提供必需的数学工具；二是培养学生以数学的思维方式解决问题的能力，以提高其综合素质. 本书正是为完成这两项基本任务而编写的.

在编写过程中，编者根据应用型本科学生的特点，在内容上突出基本概念、基本理论和基本技能，注重培养学生的数学素质，着力改变以往工科线性代数教学中重理论证明、轻数学应用的思想. 根据实践教学和实际应用的特点，本书的内容也较以往教材有所变化：首先，考虑到实际应用及计算中遇到的问题都是求解一个阶数确定的行列式，在教材编写过程中适当降低了对行列式计算的要求，减少了对高阶行列式的复杂计算，以期让学生掌握由具体到一般、由低阶到高阶的数学思想和方法；其次，由于矩阵是将实际问题与数学理论联系在一起的桥梁，因此适当增加了矩阵的教学内容，提高了矩阵的教学要求，旨在为向量组及线性方程组的学习打下良好的基础；最后，以线性变换和实对称方阵为基础讨论二次型，应用广泛的化二次型为标准形的方法，介绍了正交变换法、配方法和初等变换法.

本书由哈尔滨华德学院于佳彤副教授、关明副教授编写，全书由关明统稿. 杨德彬、张晓楠、朱佳宏三位老师参与了本书的修改、校对工作. 刘家春对本书进行了主审.

在本书的编写过程中，参考了一些同类教材，在此特向这些教材的作者表示衷心感谢.

编著教材务求严谨，作者在行文时再三推敲，不敢草率行事. 虽然如此，限于学术水平，疏漏在所难免，恳请各位专家及读者批评指正.

作　者

2020 年 5 月

目　录

第1章 行 列 式

行列式实质上是由一些数值排列成的数表按一定的法则计算得到的一个数. 早在1683年与1693年,日本数学家关孝和与德国数学家莱布尼茨就分别独立地提出了行列式的概念. 以后很长一段时间内,行列式主要应用于对线性方程组的研究. 大约一个半世纪后,行列式逐步发展成为线性代数的一个独立的理论分支. 1750年,瑞士数学家克莱姆在他的论文中提出了利用行列式求解线性方程组的著名法则——克莱姆法则. 1812年,法国数学家柯西发现了行列式在解析几何中的应用,这一发现激起了人们对行列式应用的浓厚兴趣,这一时期持续了近百年. 在柯西所处的时代,人们讨论的行列式的阶数通常很小,行列式在解析几何以及数学的其它分支中都扮演着很重要的角色. 由于计算机和计算软件的发展,在常见的高阶行列式计算中,行列式的数值意义已经不大了. 但是,行列式公式依然可以给出构成行列式的数表的重要信息,在线性代数的某些应用中,行列式的知识依然很有用. 特别是在本课程中,行列式是研究线性代数方程组、矩阵及向量的线性相关性的一种重要工具.

本章我们首先引入了二阶和三阶行列式的概念,然后在此基础上给出了 n 阶行列式的定义并讨论其性质和计算,进而应用 n 阶行列式导出了求解 n 元线性方程组的克莱姆法则,同时应用 n 阶行列式给出了求逆矩阵的一种方法——伴随矩阵法.

1.1 二阶与三阶行列式

1. 二元线性方程组与二阶行列式

初等数学中,二阶行列式是在二元线性方程组的求解中提出的. 设二元线性方程组为

$$\begin{cases} a_{11}x_1 + a_{12}x_2 = b_1 \\ a_{21}x_1 + a_{22}x_2 = b_2 \end{cases} \tag{1-1}$$

利用消元法可得

$$\begin{cases} (a_{11}a_{22} - a_{12}a_{21})x_1 = a_{22}b_1 - a_{12}b_2 \\ (a_{11}a_{22} - a_{12}a_{21})x_2 = a_{11}b_2 - a_{21}b_1 \end{cases}$$

即

$$\begin{cases} x_1 = \dfrac{a_{22}b_1 - a_{12}b_2}{a_{11}a_{22} - a_{12}a_{21}} \\ x_2 = \dfrac{a_{11}b_2 - a_{21}b_1}{a_{11}a_{22} - a_{12}a_{21}} \end{cases} \tag{1-2}$$

式(1－2)中，分子、分母都是四个数分为两对相乘后再相减而得的. 其中，分母 $a_{11}a_{22}-a_{12}a_{21}$ 是由方程组的四个系数确定的. 为了使式(1－2)的分母更加简明且便于记忆，把这四个数按它们在方程组(1－1)中的位置，排成二行二列(横排称行，竖排称列)的数表：

$$\begin{matrix} a_{11} & a_{12} \\ a_{21} & a_{22} \end{matrix} \tag{1-3}$$

表达式 $a_{11}a_{22}-a_{12}a_{21}$ 称为式(1－3)所确定的二阶行列式，记作

$$\begin{vmatrix} a_{11} & a_{12} \\ a_{21} & a_{22} \end{vmatrix} \tag{1-4}$$

数 a_{ij} ($i=1, 2; j=1, 2$) 称为行列式(1－4)的元素或元. 元素的第一个下标 i 称为行标，表明该元素位于第 i 行；第二个下标 j 称为列标，表明该元素位于第 j 列. 位于第 i 行第 j 列的元素称为行列式(1－4)的 (i, j) 元.

上述二阶行列式的定义，可用对角线法则来记忆. 参看图 1－1，把 a_{11} 到 a_{22} 的实连线称为主对角线，a_{12} 到 a_{21} 的虚连线称为副对角线，于是二阶行列式便是主对角线上的两元素之积减去副对角线上两元素之积所得的差，这一方法称为对角线法则.

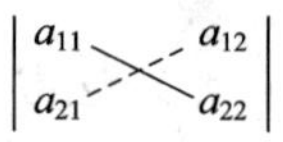

图 1－1　对角线法则

利用二阶行列式的概念，式(1-2)中 x_1、x_2 的分子也可写成二阶行列式，即

$$a_{22}b_1-a_{12}b_2=\begin{vmatrix} b_1 & a_{12} \\ b_2 & a_{22} \end{vmatrix}$$

$$a_{11}b_2-a_{21}b_1=\begin{vmatrix} a_{11} & b_1 \\ a_{21} & b_2 \end{vmatrix}$$

若记 $D=\begin{vmatrix} a_{11} & a_{12} \\ a_{21} & a_{22} \end{vmatrix}$，$D_1=\begin{vmatrix} b_1 & a_{12} \\ b_2 & a_{22} \end{vmatrix}$，$D_2=\begin{vmatrix} a_{11} & b_1 \\ a_{21} & b_2 \end{vmatrix}$，则式(1-2)表示为

$$\begin{cases} x_1=\dfrac{\begin{vmatrix} b_1 & a_{12} \\ b_2 & a_{22} \end{vmatrix}}{\begin{vmatrix} a_{11} & a_{12} \\ a_{21} & a_{22} \end{vmatrix}} \\ x_2=\dfrac{\begin{vmatrix} a_{11} & b_1 \\ a_{21} & b_2 \end{vmatrix}}{\begin{vmatrix} a_{11} & a_{12} \\ a_{21} & a_{22} \end{vmatrix}} \end{cases}$$

注意：这里的分母 D 是由方程组(1-1)的系数所确定的二阶行列式(称为系数行列式)，x_1 的分子 D_1 是用常数项 b_1、b_2 替换 D 中第1列的元素 a_{11}、a_{21} 所得的二阶行列式，x_2 的分子 D_2 是用常数项 b_1、b_2 替换 D 中第2列的元素 a_{12}、a_{22} 所得的二阶行列式.

例 1-1 求解二元线性方程组 $\begin{cases} 3x_1-2x_2=12 \\ 2x_1+x_2=1 \end{cases}$.

解

$$D=\begin{vmatrix} 3 & -2 \\ 2 & 1 \end{vmatrix}=3-(-4)=7\neq 0$$

$$D_1=\begin{vmatrix} 12 & -2 \\ 1 & 1 \end{vmatrix}=12-(-2)=14$$

$$D_2=\begin{vmatrix} 3 & 12 \\ 2 & 1 \end{vmatrix}=3-24=-21$$

$$x_1=\frac{D_1}{D}=\frac{14}{7}=2$$

$$x_2=\frac{D_2}{D}=\frac{-21}{7}=-3$$

2. 三阶行列式

类似地，在三元线性方程组$\begin{cases}a_{11}x_1+a_{12}x_2+a_{13}x_3=b_1\\a_{21}x_1+a_{22}x_2+a_{23}x_3=b_2\\a_{31}x_1+a_{32}x_2+a_{33}x_3=b_3\end{cases}$的求解中，$x_1$、$x_2$、$x_3$的分母均为$a_{11}a_{22}a_{33}+a_{12}a_{23}a_{31}+a_{13}a_{21}a_{32}-a_{13}a_{22}a_{31}-a_{12}a_{21}a_{33}-a_{11}a_{23}a_{32}$.

为了便于记忆，将这 9 个数排成 3 行 3 列的数表：

$$\begin{matrix}a_{11} & a_{12} & a_{13}\\ a_{21} & a_{22} & a_{23}\\ a_{31} & a_{32} & a_{33}\end{matrix} \tag{1-5}$$

记

$$\begin{vmatrix}a_{11} & a_{12} & a_{13}\\ a_{21} & a_{22} & a_{23}\\ a_{31} & a_{32} & a_{33}\end{vmatrix}=a_{11}a_{22}a_{33}+a_{12}a_{23}a_{31}+a_{13}a_{21}a_{32}-a_{13}a_{22}a_{31}-a_{12}a_{21}a_{33}-a_{11}a_{23}a_{32} \tag{1-6}$$

式(1-6)称为式(1-5)所确定的三阶行列式.

上述定义表明三阶行列式含 6 项，每项均为不同行不同列的三个元素的乘积再冠以正负号，其规律遵循图 1-2 所示的对角线法则：将图中的三条实线看作平行于主对角线的连线，将三条虚线看作平行于副对角线的连线，实线上三元素的乘积冠以正号，虚线上三元素的乘积冠以负号.

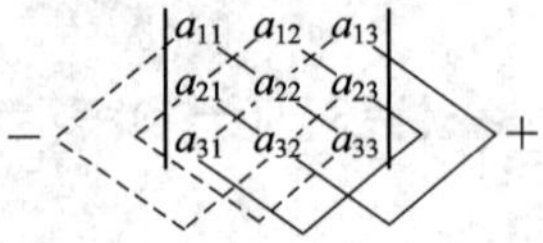

图 1-2　对角线法则

在三元线性方程组中，记

$$D=\begin{vmatrix}a_{11} & a_{12} & a_{13}\\ a_{21} & a_{22} & a_{23}\\ a_{31} & a_{32} & a_{33}\end{vmatrix},\quad D_1=\begin{vmatrix}b_1 & a_{12} & a_{13}\\ b_2 & a_{22} & a_{23}\\ b_3 & a_{32} & a_{33}\end{vmatrix}$$

$$D_2=\begin{vmatrix} a_{11} & b_1 & a_{13} \\ a_{21} & b_2 & a_{23} \\ a_{31} & b_3 & a_{33} \end{vmatrix},\quad D_3=\begin{vmatrix} a_{11} & a_{12} & b_1 \\ a_{21} & a_{22} & b_2 \\ a_{31} & a_{32} & b_3 \end{vmatrix}$$

若 $D\neq 0$，则该方程组唯一的一组解为：$x_1=\dfrac{D_1}{D}$，$x_2=\dfrac{D_2}{D}$，$x_3=\dfrac{D_3}{D}$.

例 1-2 计算三阶行列式$\begin{vmatrix} 1 & 0 & 5 \\ -1 & 4 & 3 \\ 2 & 4 & 7 \end{vmatrix}$.

解 由对角线法则得

$$\begin{vmatrix} 1 & 0 & 5 \\ -1 & 4 & 3 \\ 2 & 4 & 7 \end{vmatrix}=1\times 4\times 7+0\times 3\times 2+5\times(-1)\times 4-1\times 3\times 4-$$
$$0\times(-1)\times 7-5\times 4\times 2$$
$$=-44$$

例 1-3 求解方程 $D=\begin{vmatrix} 1 & 1 & 1 \\ 2 & 3 & x \\ 4 & 9 & x^2 \end{vmatrix}=0$.

解 $D=3x^2+4x+18-12-9x-2x^2=x^2-5x+6$

由 $x^2-5x+6=0$，解得 $x=2$ 或 $x=3$.

例 1-4 解三元线性方程组$\begin{cases} x_1-2x_2+x_3=-2 \\ 2x_1+x_2-3x_3=1 \\ -x_1+x_2-x_3=0 \end{cases}$.

解

$$D=\begin{vmatrix} 1 & -2 & 1 \\ 2 & 1 & -3 \\ -1 & 1 & -1 \end{vmatrix}$$
$$=1\times 1\times(-1)+1\times 2\times 1+(-2)\times(-3)\times(-1)-1\times 1\times(-1)-$$
$$1\times 1\times(-3)-2\times(-2)\times(-1)$$
$$=-5\neq 0$$

$$D_1=\begin{vmatrix}-2&-2&1\\1&1&-3\\0&1&-1\end{vmatrix}=-5$$

$$D_2=\begin{vmatrix}1&-2&1\\2&1&-3\\-1&0&-1\end{vmatrix}=-10$$

$$D_3=\begin{vmatrix}1&-2&-2\\2&1&1\\-1&1&0\end{vmatrix}=-5$$

所求方程组的解为 $x_1=\dfrac{D_1}{D}=1$，$x_2=\dfrac{D_2}{D}=2$，$x_3=\dfrac{D_3}{D}=1$.

习题 1.1

1. 计算下列二阶行列式：

(1) $\begin{vmatrix}1&3\\1&4\end{vmatrix}$；　　(2) $\begin{vmatrix}2&1\\-1&2\end{vmatrix}$；

(3) $\begin{vmatrix}a&b\\a^2&b^2\end{vmatrix}$；　　(4) $\begin{vmatrix}x-1&1\\x^2&x^2+x+1\end{vmatrix}$.

2. 计算下列三阶行列式：

(1) $\begin{vmatrix}1&2&3\\3&1&2\\2&3&1\end{vmatrix}$；　　(2) $\begin{vmatrix}1&0&-1\\3&5&0\\0&4&1\end{vmatrix}$；

(3) $\begin{vmatrix}0&a&0\\b&0&c\\0&d&0\end{vmatrix}$；　　(4) $\begin{vmatrix}1&1&1\\a&b&c\\a^2&b^2&c^2\end{vmatrix}$.

3. 证明下列等式：

$$\begin{vmatrix}a_{11}&a_{12}&a_{13}\\a_{21}&a_{22}&a_{23}\\a_{31}&a_{32}&a_{33}\end{vmatrix}=a_{11}\begin{vmatrix}a_{22}&a_{23}\\a_{32}&a_{33}\end{vmatrix}-a_{12}\begin{vmatrix}a_{21}&a_{23}\\a_{31}&a_{33}\end{vmatrix}+a_{13}\begin{vmatrix}a_{21}&a_{22}\\a_{31}&a_{32}\end{vmatrix}.$$

4. 当 x 取何值时，三阶行列式 $\begin{vmatrix} 3 & 1 & x \\ 4 & x & 0 \\ 1 & 0 & x \end{vmatrix} \neq 0$?

1.2　n 阶行列式的定义

1. 排列、逆序与对换

由自然数 1，2，…，n 组成的不重复的每一种有确定次序的排列，称为一个 n 级排列(简称排列). 例如，1234 和 4312 都是 4 级排列，而 23415 是一个 5 级排列.

在一个 n 级排列 $(i_1 i_2 \cdots i_t \cdots i_s \cdots i_n)$ 中，若数 $i_t > i_s$，则称数 i_t 与 i_s 构成一个逆序. 一个排列中所有逆序的总数称为该排列的逆序数，记为 $N(i_1 i_2 \cdots i_n)$. 例如，$N(1234)=0$，$N(4312)=3+2+0=5$，$N(23415)=1+1+1=3$.

逆序数为奇数的排列称为奇排列，逆序数为偶数的排列称为偶排列. 例如，1234 为偶排列，4312 为奇排列，23415 为奇排列.

在排列中，将任意两个元素对调，其余元素不动，称为对换. 将相邻两个元素对换，称为邻换.

下面我们不加证明地给出以下结论：

定理 1.1　任意一个排列经过一次对换后，排列改变奇偶性.

推论　奇排列对换成自然数顺序排列的对换次数为奇数，偶排列对换成自然数排列的对换次数为偶数.

2. n 阶行列式的定义

从三阶行列式的定义，我们分析得出：

(1) 三阶行列式共有 3! =6 项；

(2) 行列式中的每一项都是取自不同行不同列的三个元素的乘积；

(3) 每项的符号是：当该项元素的行标按自然数顺序排列后，若对应的列标构成的排列是偶排列，则取正号，若是奇排列，则取负号.

因此，三阶行列式可定义为

$$\begin{vmatrix} a_{11} & a_{12} & a_{13} \\ a_{21} & a_{22} & a_{23} \\ a_{31} & a_{32} & a_{33} \end{vmatrix} = \sum_{j_1 j_2 j_3} (-1)^{N(j_1 j_2 j_3)} a_{1j_1} a_{2j_2} a_{3j_3}$$

其中，$\sum$ 表示对 1，2，3 三个数所有排列 $j_1 j_2 j_3$ 取和. 由此行列式可以推广到一般情形.

定义 1.1 设有 n^2 个数，排成 n 行 n 列的数表：

$$\begin{matrix} a_{11} & a_{12} & \cdots & a_{1n} \\ a_{21} & a_{22} & \cdots & a_{2n} \\ \vdots & \vdots & & \vdots \\ a_{n1} & a_{n2} & \cdots & a_{nn} \end{matrix}$$

作出表中位于不同行不同列的 n 个数的乘积，并冠以符号 $(-1)^{N(j_1 j_2 \cdots j_n)}$，得到形如

$$(-1)^{N(j_1 j_2 \cdots j_n)} a_{1j_1} a_{2j_2} \cdots a_{nj_n}$$

的项，其中 $j_1 j_2 \cdots j_n$ 为自然数 1，2，…，n 的一个排列。由于这样的排列共有 $n!$ 个，因此这 $n!$ 项的代数和

$$\sum (-1)^{N(j_1 j_2 \cdots j_n)} a_{1j_1} a_{2j_2} \cdots a_{nj_n}$$

称为 n 阶行列式，记作

$$D = \begin{vmatrix} a_{11} & a_{12} & \cdots & a_{1n} \\ a_{21} & a_{22} & \cdots & a_{2n} \\ \vdots & \vdots & & \vdots \\ a_{n1} & a_{n2} & \cdots & a_{nn} \end{vmatrix}$$

有时也简记为 $\det(a_{ij})$ 或 $|a_{ij}|$. 其中，a_{ij} 为行列式 D 的第 i 行第 j 列元素.

按此定义的二阶、三阶行列式与 1.1 节中用对角线法则定义的二阶、三阶行式显然是一致的.

注意：

(1) 当 $n=1$ 时，一阶行列式 $|a|=a$，不要与绝对值记号相混淆；

(2) n 阶行列式是 $n!$ 项的代数和，且冠以正号的项和冠以负号的项(不包括元素本身所带的符号)各占一半，因此，行列式的实质是一种特殊定义的数.

例 1-5 计算行列式 $D=\begin{vmatrix} 0 & 0 & 0 & 1 \\ 0 & 0 & 2 & 0 \\ 0 & 3 & 0 & 0 \\ 4 & 0 & 0 & 0 \end{vmatrix}$.

解 一般项为 $\sum (-1)^{N(j_1 j_2 j_3 j_4)} a_{1j_1} a_{2j_2} a_{3j_3} a_{4j_4}$，考察不为零的项. a_{1j_1} 取自第一行，但只有 $a_{14}\neq 0$，故只可能 $j_1=4$；同理可得 $j_2=3$，$j_3=2$，$j_4=1$. 即行列式中不为零的项只有 $(-1)^{N(4321)}1\times 2\times 3\times 4=24$，所以 $D=24$.

一般地，可得到如下结果：

$$\begin{vmatrix} 0 & \cdots & 0 & a_{1n} \\ 0 & \cdots & a_{2n-1} & 0 \\ \vdots & & \vdots & \vdots \\ a_{n1} & \cdots & 0 & 0 \end{vmatrix} = (-1)^{N[n(n-1)\cdots 1]} a_{1n} a_{2n-1} \cdots a_{n1} = (-1)^{\frac{n(n-1)}{2}} a_{1n} a_{2n-1} \cdots a_{n1}$$

例 1-6 计算上三角行列式 $D=\begin{vmatrix} a_{11} & a_{12} & \cdots & a_{1n} \\ 0 & a_{22} & \cdots & a_{2n} \\ \vdots & \vdots & & \vdots \\ 0 & 0 & \cdots & a_{nn} \end{vmatrix}$ $(a_{11}a_{22}\cdots a_{nn}\neq 0)$.

解 一般项为 $(-1)^{N(j_1 j_2 \cdots j_n)} a_{1j_1} a_{2j_2} \cdots a_{nj_n}$，现考察不为零的项. a_{nj_n} 取自第 n 行，因只有 $a_{nn}\neq 0$，故只能取 $j_n=n$；$a_{n-1,\,j_{n-1}}$ 取自第 $n-1$ 行，只有 $a_{n-1,\,n-1}\neq 0$ 及 $a_{n-1,\,n}$ 不为零，因 a_{nn} 取自第 n 列，故 $a_{n-1,\,j_{n-1}}$ 不能取自第 n 列，从而 $j_{n-1}=n-1$. 同理可得 $j_{n-2}=n-2$，…，$j_1=1$. 所以不为零的项只有 $(-1)^{N(12\cdots n)} a_{11} a_{22} \cdots a_{nn} = a_{11} a_{22} \cdots a_{nn}$. 故

$$D=\begin{vmatrix} a_{11} & a_{12} & \cdots & a_{1n} \\ 0 & a_{22} & \cdots & a_{2n} \\ \vdots & \vdots & & \vdots \\ 0 & 0 & \cdots & a_{nn} \end{vmatrix} = a_{11} a_{22} \cdots a_{nn}$$

类似可得

$$D=\begin{vmatrix} a_{11} & 0 & \cdots & 0 \\ a_{21} & a_{22} & \cdots & 0 \\ \vdots & \vdots & & \vdots \\ a_{n1} & a_{n2} & \cdots & a_{nn} \end{vmatrix} = a_{11} a_{22} \cdots a_{nn}$$

$$D=\begin{vmatrix} a_{11} & 0 & \cdots & 0 \\ 0 & a_{22} & \cdots & 0 \\ \vdots & \vdots & & \vdots \\ 0 & 0 & \cdots & a_{nn} \end{vmatrix}=a_{11}a_{22}\cdots a_{nn}$$

思考： $\begin{vmatrix} 0 & \cdots & 0 & a_{1n} \\ 0 & \cdots & a_{2n-1} & 0 \\ \vdots & & \vdots & \vdots \\ a_{n1} & \cdots & 0 & 0 \end{vmatrix}=?$

习题 1.2

1. 求下列排列的逆序数：

(1) 4132； (2) 2413； (3) 48716532； (4) 7126534.

2. 写出四阶行列式中含有因子 $a_{11}a_{23}$ 的项.

3. 在六阶行列式 $|a_{ij}|$ 中，下列各元素的乘积应取什么符号？

(1) $a_{15}a_{23}a_{32}a_{44}a_{51}a_{66}$； (2) $a_{11}a_{26}a_{32}a_{44}a_{53}a_{65}$； (3) $a_{21}a_{53}a_{16}a_{42}a_{65}a_{34}$.

4. 用行列式的定义计算下列行列式：

(1) $\begin{vmatrix} 0 & 0 & \cdots & 0 & 1 \\ 0 & 0 & \cdots & 2 & 0 \\ \vdots & \vdots & & \vdots & \vdots \\ 0 & n-1 & \cdots & 0 & 0 \\ n & 0 & \cdots & 0 & 0 \end{vmatrix}$； (2) $\begin{vmatrix} a_{11} & \cdots & a_{1n-1} & a_{1n} \\ a_{21} & \cdots & a_{2n-1} & 0 \\ \vdots & & \vdots & \vdots \\ a_{n1} & \cdots & 0 & 0 \end{vmatrix}$；

(3) $\begin{vmatrix} 0 & 1 & 0 & \cdots & 0 \\ 0 & 0 & 2 & \cdots & 0 \\ \vdots & \vdots & \vdots & & \vdots \\ 0 & 0 & 0 & \cdots & n-1 \\ n & 0 & 0 & \cdots & 0 \end{vmatrix}$； (4) $\begin{vmatrix} 0 & 0 & \cdots & 0 & 1 \\ 0 & 0 & \cdots & 2 & 0 \\ \vdots & \vdots & & \vdots & \vdots \\ 0 & n-1 & \cdots & 0 & 0 \\ n & 0 & \cdots & 0 & 0 \end{vmatrix}$.

1.3 行列式的性质

尽管 n 阶行列式的定义给出了行列式计算的一般方法，但在实际中用这种方法计算三阶以上的行列式，计算量太大．因此，本节将讨论行列式的性质，以得到简化行列式计算的方法．

将行列式 D 的行与列互换后得到的行列式，称为 D 的转置行列式，记为 D^{T}，即

$$D=\begin{vmatrix} a_{11} & a_{12} & \cdots & a_{1n} \\ a_{21} & a_{22} & \cdots & a_{2n} \\ \vdots & \vdots & & \vdots \\ a_{n1} & a_{n2} & \cdots & a_{nn} \end{vmatrix},\quad D^{\mathrm{T}}=\begin{vmatrix} a_{11} & a_{21} & \cdots & a_{n1} \\ a_{12} & a_{22} & \cdots & a_{n2} \\ \vdots & \vdots & & \vdots \\ a_{1n} & a_{2n} & \cdots & a_{nn} \end{vmatrix}$$

性质 1　行列式与其转置行列式相等．

$$\begin{vmatrix} a_{11} & a_{12} & \cdots & a_{1n} \\ a_{21} & a_{22} & \cdots & a_{2n} \\ \vdots & \vdots & & \vdots \\ a_{n1} & a_{n2} & \cdots & a_{nn} \end{vmatrix}=\begin{vmatrix} a_{11} & a_{21} & \cdots & a_{n1} \\ a_{12} & a_{22} & \cdots & a_{n2} \\ \vdots & \vdots & & \vdots \\ a_{1n} & a_{2n} & \cdots & a_{nn} \end{vmatrix}$$

由行列式的定义知，D 的一般项为 $(-1)^{N(j_1j_2\cdots j_n)}a_{1j_1}a_{2j_2}\cdots a_{nj_n}$，它的元素在 D 中位于不同的行不同的列，因而在 D^{T} 中位于不同的列不同的行，故这 n 个元素的乘积在 D^{T} 中应为 $a_{j_11}a_{j_22}\cdots a_{j_nn}$，易知其符号也是 $(-1)^{N(j_1j_2\cdots j_n)}$．因此，$D$ 与 D^{T} 是具有相同项的行列式，即 $D=D^{\mathrm{T}}$．

注：由性质 1 知，行列式中的行与列具有相同的地位，即行列式的行具有的性质它的列也同样具有．

性质 2　交换行列式的两行(列)，行列式变号．

设 n 阶行列式

$$D=\begin{vmatrix} a_{11} & a_{12} & \cdots & a_{1n} \\ \vdots & \vdots & & \vdots \\ a_{i1} & a_{i2} & \cdots & a_{in} \\ \vdots & \vdots & & \vdots \\ a_{j1} & a_{j2} & \cdots & a_{jn} \\ \vdots & \vdots & & \vdots \\ a_{n1} & a_{n2} & \cdots & a_{nn} \end{vmatrix}\begin{matrix} \\ \\ i\text{ 行} \\ \\ j\text{ 行} \\ \\ \\ \end{matrix}$$

交换行列式的第 i 行与第 j 行对应元素$(1\leqslant i<j\leqslant n)$，得行列式

$$D_1=\begin{vmatrix} a_{11} & a_{12} & \cdots & a_{1n} \\ \vdots & \vdots & & \vdots \\ a_{j1} & a_{j2} & \cdots & a_{jn} \\ \vdots & \vdots & & \vdots \\ a_{i1} & a_{i2} & \cdots & a_{in} \\ \vdots & \vdots & & \vdots \\ a_{n1} & a_{n2} & \cdots & a_{nn} \end{vmatrix} \begin{matrix} \\ \\ i\text{ 行} \\ \\ j\text{ 行} \\ \\ \\ \end{matrix}$$

乘积 $a_{1p_1}\cdots a_{ip_i}\cdots a_{jp_j}\cdots a_{np_n}$ 在行列式 D 和 D_1 中都是取自不同行不同列的 n 个元素的乘积，符号分别为 $(-1)^{N(1\cdots i\cdots j\cdots n)}$ 和 $(-1)^{N(1\cdots j\cdots i\cdots n)}$，而 D 和 D_1 中列标排列均没有变化，即行列式 D 和 D_1 中一般项的奇偶性相反，所以 $D=-D_1$.

注：以 r_i 表示行列式的第 i 行，以 c_i 表示第 i 列. 对(交)换 i、j 两行(列)，记作 $r_i\leftrightarrow r_j\ (c_i\leftrightarrow c_j)$.

推论 如果行列式有两行(列)完全相同，则此行列式等于零.

把这两行(列)对换，有 $D=-D$，故 $D=0$.

性质 3 行列式的某一行(列)中所有的元素都乘同一数 k，等于用数 k 乘此行列式.

$$\begin{vmatrix} a_{11} & a_{12} & \cdots & a_{1n} \\ \vdots & \vdots & & \vdots \\ ka_{i1} & ka_{i2} & \cdots & ka_{in} \\ \vdots & \vdots & & \vdots \\ a_{n1} & a_{n2} & \cdots & a_{nn} \end{vmatrix} = k\begin{vmatrix} a_{11} & a_{12} & \cdots & a_{1n} \\ \vdots & \vdots & & \vdots \\ a_{i1} & a_{i2} & \cdots & a_{in} \\ \vdots & \vdots & & \vdots \\ a_{n1} & a_{n2} & \cdots & a_{nn} \end{vmatrix} \quad \text{(以行为例)}$$

事实上，第 i 行乘以 k 后，行列式为

$$\sum(-1)^{N(j_1\cdots j_i\cdots j_n)}a_{1j_1}\cdots ka_{ij_i}\cdots a_{nj_n}=k\sum(-1)^{N(j_1\cdots j_i\cdots j_n)}a_{1j_1}\cdots a_{ij_i}\cdots a_{nj_n}=kD$$

注：第 i 行(列)乘以 k 后，记为 $r_i\times k\,(c_i\times k)$.

推论 行列式中某一行(列)的所有元素的公因子可以提到行列式符号的外面.

性质 4 行列式中如果有两行(列)元素对应成比例，则此行列式等于零.

推论 若行列式含有零行(列)，则行列式的值为零.

性质 5 若行列式的某一行(列)的元素都是两个数之和，则行列式可以拆为

两个行列式之和.

$$\begin{vmatrix} a_{11} & a_{12} & \cdots & a_{1n} \\ \vdots & \vdots & & \vdots \\ b_{i1}+c_{i1} & b_{i2}+c_{i2} & \cdots & b_{in}+c_{in} \\ \vdots & \vdots & & \vdots \\ a_{n1} & a_{n2} & \cdots & a_{nn} \end{vmatrix} = \begin{vmatrix} a_{11} & a_{12} & \cdots & a_{1n} \\ \vdots & \vdots & & \vdots \\ b_{i1} & b_{i2} & \cdots & b_{in} \\ \vdots & \vdots & & \vdots \\ a_{n1} & a_{n2} & \cdots & a_{nn} \end{vmatrix} + \begin{vmatrix} a_{11} & a_{12} & \cdots & a_{1n} \\ \vdots & \vdots & & \vdots \\ c_{i1} & c_{i2} & \cdots & c_{in} \\ \vdots & \vdots & & \vdots \\ a_{n1} & a_{n2} & \cdots & a_{nn} \end{vmatrix}$$

（以行为例）

由行列式的定义得

$$D = \sum (-1)^{N(j_1 \cdots j_i \cdots j_n)} a_{1j_1} \cdots (b_{ij_i} + c_{ij_i}) \cdots a_{nj_n}$$

$$= \sum (-1)^{N(j_1 \cdots j_i \cdots j_n)} a_{1j_1} \cdots b_{ij_i} \cdots a_{nj_n} + \sum (-1)^{N(j_1 \cdots j_i \cdots j_n)} a_{1j_1} \cdots c_{ij_i} \cdots a_{nj_n}$$

性质 5 中当某一行（或列）的元素为两数之和时，行列式关于该行（或列）可分解为两个行列式，但其余的行（列）保持不变.

例如，二阶行列式 $\begin{vmatrix} a+x & b+y \\ c+z & d+w \end{vmatrix} = \begin{vmatrix} a & b+y \\ c & d+w \end{vmatrix} + \begin{vmatrix} x & b+y \\ z & d+w \end{vmatrix} = \begin{vmatrix} a & b \\ c & d \end{vmatrix} + \begin{vmatrix} a & y \\ c & w \end{vmatrix} + \begin{vmatrix} x & b \\ z & d \end{vmatrix} + \begin{vmatrix} x & y \\ z & w \end{vmatrix}$.

性质 6 把行列式的某一行（列）的元素乘以同一个数然后加到另一行（列）对应元素上，所得行列式与原行列式的值相等.

例如：

$$\begin{vmatrix} a_{11} & a_{12} & \cdots & a_{1n} \\ \vdots & \vdots & & \vdots \\ a_{i1} & a_{i2} & \cdots & a_{in} \\ \vdots & \vdots & & \vdots \\ a_{j1} & a_{j2} & \cdots & a_{jn} \\ \vdots & \vdots & & \vdots \\ a_{n1} & a_{n2} & \cdots & a_{nn} \end{vmatrix} = \begin{vmatrix} a_{11} & a_{12} & \cdots & a_{1n} \\ \vdots & \vdots & & \vdots \\ a_{i1} & a_{i2} & \cdots & a_{in} \\ \vdots & \vdots & & \vdots \\ a_{j1}+ka_{i1} & a_{j2}+ka_{i2} & \cdots & a_{jn}+ka_{in} \\ \vdots & \vdots & & \vdots \\ a_{n1} & a_{n2} & \cdots & a_{nn} \end{vmatrix} \quad (i \neq j)$$

（以行为例）

证明 可由性质 4 和性质 5 得

$$\begin{vmatrix} a_{11} & a_{12} & \cdots & a_{1n} \\ \vdots & \vdots & & \vdots \\ a_{i1} & a_{i2} & \cdots & a_{in} \\ \vdots & \vdots & & \vdots \\ a_{j1}+ka_{i1} & a_{j2}+ka_{i2} & \cdots & a_{jn}+ka_{in} \\ \vdots & \vdots & & \vdots \\ a_{n1} & a_{n2} & \cdots & a_{nn} \end{vmatrix}$$

$$= \begin{vmatrix} a_{11} & a_{12} & \cdots & a_{1n} \\ \vdots & \vdots & & \vdots \\ a_{i1} & a_{i2} & \cdots & a_{in} \\ \vdots & \vdots & & \vdots \\ a_{j1} & a_{j2} & \cdots & a_{jn} \\ \vdots & \vdots & & \vdots \\ a_{n1} & a_{n2} & \cdots & a_{nn} \end{vmatrix} + \begin{vmatrix} a_{11} & a_{12} & \cdots & a_{1n} \\ \vdots & \vdots & & \vdots \\ a_{i1} & a_{i2} & \cdots & a_{in} \\ \vdots & \vdots & & \vdots \\ ka_{i1} & ka_{i2} & \cdots & ka_{in} \\ \vdots & \vdots & & \vdots \\ a_{n1} & a_{n2} & \cdots & a_{nn} \end{vmatrix}$$

$$= \begin{vmatrix} a_{11} & a_{12} & \cdots & a_{1n} \\ \vdots & \vdots & & \vdots \\ a_{i1} & a_{i2} & \cdots & a_{in} \\ \vdots & \vdots & & \vdots \\ a_{j1} & a_{j2} & \cdots & a_{jn} \\ \vdots & \vdots & & \vdots \\ a_{n1} & a_{n2} & \cdots & a_{nn} \end{vmatrix}$$

注：以数 k 乘以行列式第 i 行（列）所得元素加到第 j 行上，记为 r_j+kr_i（c_j+kc_i）（$c_i\times k$）.

利用行列式的性质可简化行列式的计算，特别是利用性质 6 可以把行列式中的许多元素化为 0. 计算行列式常用的一种方法就是利用运算 r_j+kr_i（c_j+kc_i）把行列式化为上（下）三角形行列式，从而算得行列式的值.

例 1-7 计算 $D=\begin{vmatrix} 3 & 1 & -1 & 2 \\ -5 & 1 & 3 & -4 \\ 2 & 0 & 1 & -1 \\ 1 & -5 & 3 & -3 \end{vmatrix}$.

解 $D \xlongequal{c_1 \leftrightarrow c_2} \begin{vmatrix} 1 & 3 & -1 & 2 \\ 1 & -5 & 3 & -4 \\ 0 & 2 & 1 & -1 \\ -5 & 1 & 3 & -3 \end{vmatrix} \xlongequal[5r_1+r_4]{-r_1+r_2} \begin{vmatrix} 1 & 3 & -1 & 2 \\ 0 & -8 & 4 & -6 \\ 0 & 2 & 1 & -1 \\ 0 & 16 & -2 & 7 \end{vmatrix}$

$$\xlongequal{r_2 \leftrightarrow r_3} \begin{vmatrix} 1 & 3 & -1 & 2 \\ 0 & 2 & 1 & -1 \\ 0 & -8 & 4 & -6 \\ 0 & 16 & -2 & 7 \end{vmatrix} \xlongequal[-8r_2+r_4]{4r_2+r_3} \begin{vmatrix} 1 & 3 & -1 & 2 \\ 0 & 2 & 1 & -1 \\ 0 & 0 & 8 & -10 \\ 0 & 0 & -10 & 15 \end{vmatrix}$$

$$\xlongequal{r_3 \leftrightarrow r_4} -10 \begin{vmatrix} 1 & 3 & -1 & 2 \\ 0 & 2 & 1 & -1 \\ 0 & 0 & -2 & 3 \\ 0 & 0 & 4 & -5 \end{vmatrix}$$

$$\xlongequal{2r_3+r_4} -10 \begin{vmatrix} 1 & 3 & -1 & 2 \\ 0 & 2 & 1 & -1 \\ 0 & 0 & -2 & 3 \\ 0 & 0 & 0 & 1 \end{vmatrix}$$

$=40$

行列式化为上三角形行列式的步骤是：如果第一列第一个元素为 0，先将第一行与其它行交换使得第一列第一个元素不为 0，然后把第一行分别乘以适当的数加到其它各行，使得第一列除第一个元素外其余元素全为 0；再用同样的方法处理除去第一行和第一列后余下的低一阶行列式；如此继续下去，直至使它成为上三角形行列式，这时主对角线上元素的乘积就是所求行列式的值. 计算行列式时，常用行列式的性质把它化为三角形行列式来计算.

现今大部分用于计算一般行列式的计算机程序都是按上述方法进行设计的. 可以证明，利用行变换计算 n 阶行列式需要大约 $2n^3/3$ 次算术运算. 任何一台微型计算机都可以在几分之一秒内计算出 50 阶行列式的值，运算量大约为 83 300 次，如果用行列式的定义来计算，其运算量大约为 $49\times 50!$ 次，这显然是个非常大的数值.

例 1-8 计算 $D=\begin{vmatrix} 3 & 1 & 1 & 1 \\ 1 & 3 & 1 & 1 \\ 1 & 1 & 3 & 1 \\ 1 & 1 & 1 & 3 \end{vmatrix}$.

解 $D \xlongequal{r_1+r_2+r_3+r_4} \begin{vmatrix} 6 & 6 & 6 & 6 \\ 1 & 3 & 1 & 1 \\ 1 & 1 & 3 & 1 \\ 1 & 1 & 1 & 3 \end{vmatrix} = 6 \begin{vmatrix} 1 & 1 & 1 & 1 \\ 1 & 3 & 1 & 1 \\ 1 & 1 & 3 & 1 \\ 1 & 1 & 1 & 3 \end{vmatrix}$

$$\xlongequal[-r_1+r_4]{\substack{-r_1+r_2 \\ -r_1+r_3}} 6 \begin{vmatrix} 1 & 1 & 1 & 1 \\ 0 & 2 & 0 & 0 \\ 0 & 0 & 2 & 0 \\ 0 & 0 & 0 & 2 \end{vmatrix}$$

$$=48$$

思考：$\begin{vmatrix} a & b & b & \cdots & b \\ b & a & b & \cdots & b \\ b & b & a & \cdots & b \\ \vdots & \vdots & \vdots & & \vdots \\ b & b & b & \cdots & a \end{vmatrix} = ?$

例 1-9 设 $a_1 a_2 \cdots a_n \neq 0$，计算 $n+1$ 阶行列式(空白处元素为零).

$$D = \begin{vmatrix} 1 & 1 & 1 & \cdots & 1 \\ -1 & a_1 & & & \\ -1 & & a_2 & & \\ \vdots & & & \ddots & \\ -1 & & & & a_n \end{vmatrix}$$

解 将性质 6 在行列式中应用 n 次，即作 $c_1 + \left(\frac{1}{a_1}c_2 + \frac{1}{a_2}c_3 + \cdots + \frac{1}{a_n}c_{n+1}\right)$，$D$ 化为上三角形行列式：

$$D \xlongequal{\sum_{k=1}^{n} \frac{c_{k+1}}{a_k} + c_1} \begin{vmatrix} 1+\sum_{k=1}^{n} \frac{1}{a_k} & 1 & 1 & \cdots & 1 \\ & a_1 & & & \\ & & a_2 & & \\ & & & \ddots & \\ & & & & a_n \end{vmatrix} = \left(1+\sum_{k=1}^{n} \frac{1}{a_k}\right) a_1 a_2 \cdots a_n$$

形如例 1－9 中的行列式，即除第 1 行、第 1 列及对角线元素之外，其余元素全为零的行列式，称为伞形行列式(或爪形行列式)．通常伞形行列式很容易化成三角形行列式，从而求出其值．

例 1－10 设

$$D=\begin{vmatrix} a_{11} & \cdots & a_{1k} & 0 & \cdots & 0 \\ \vdots & & \vdots & \vdots & & \vdots \\ a_{k1} & \cdots & a_{kk} & 0 & \cdots & 0 \\ c_{11} & \cdots & c_{1k} & b_{11} & \cdots & b_{1n} \\ \vdots & & \vdots & \vdots & & \vdots \\ c_{n1} & \cdots & c_{nk} & b_{n1} & \cdots & b_{nn} \end{vmatrix}$$

$$D_1=\det(a_{ij})=\begin{vmatrix} a_{11} & \cdots & a_{1k} \\ \vdots & & \vdots \\ a_{k1} & \cdots & a_{kk} \end{vmatrix},\quad D_2=\det(b_{ij})=\begin{vmatrix} b_{11} & \cdots & b_{1n} \\ \vdots & & \vdots \\ b_{n1} & \cdots & b_{nn} \end{vmatrix}$$

试证明 $D=D_1D_2$.

证明 对 D_1 作运算 kr_j+r_i，把 D_1 化为下三角行列式，设 $D_1=\begin{vmatrix} p_{11} & \cdots & 0 \\ \vdots & \ddots & \vdots \\ p_{k1} & \cdots & p_{kk} \end{vmatrix}=p_{11}\cdots p_{kk}$，对 D_2 作运算 kc_i+c_j，把 D_2 化为下三角行列式，设

$$D_2=\begin{vmatrix} q_{11} & \cdots & 0 \\ \vdots & \ddots & \vdots \\ q_{n1} & \cdots & q_{nn} \end{vmatrix}=q_{11}\cdots q_{nn}.$$

于是对 D 的前 k 行作运算 kr_j+r_i，再对后 n 列作运算 kc_i+c_j，就把 D 化为下三角行列式：

$$D=\begin{vmatrix} p_{11} & & & & & \\ \vdots & \ddots & & & 0 & \\ p_{k1} & \cdots & p_{kk} & & & \\ c_{11} & \cdots & c_{1k} & q_{11} & & \\ \vdots & & \vdots & \vdots & \ddots & \\ c_{n1} & \cdots & c_{nk} & q_{n1} & \cdots & q_{nn} \end{vmatrix}=p_{11}\cdots p_{kk}\cdot q_{11}\cdots q_{nn}=D_1D_2$$

习题 1.3

1. 用行列式的性质证明下列等式：

(1) $$\begin{vmatrix} a_1+kb_1 & b_1+c_1 & c_1 \\ a_2+kb_2 & b_2+c_2 & c_2 \\ a_3+kb_3 & b_3+c_3 & c_3 \end{vmatrix} = \begin{vmatrix} a_1 & b_1 & c_1 \\ a_2 & b_2 & c_2 \\ a_3 & b_3 & c_3 \end{vmatrix};$$

(2) $$\begin{vmatrix} y+z & z+x & x+y \\ x+y & y+z & z+x \\ z+x & x+y & y+z \end{vmatrix} = 2\begin{vmatrix} x & y & z \\ z & x & y \\ y & z & x \end{vmatrix}.$$

2. 计算下列行列式：

(1) $$\begin{vmatrix} 1 & 2 & 3 & \cdots & n-1 & n \\ -1 & 0 & 3 & \cdots & n-1 & n \\ -1 & -2 & 0 & \cdots & n-1 & n \\ \vdots & \vdots & \vdots & & \vdots & \vdots \\ -1 & -2 & -3 & \cdots & 0 & n \\ -1 & -2 & -3 & \cdots & -(n-1) & 0 \end{vmatrix};$$

(2) $$\begin{vmatrix} 1 & a_1 & a_2 & \cdots & a_n \\ 1 & a_1+b_1 & a_2 & \cdots & a_n \\ 1 & a_1 & a_2+b_2 & \cdots & a_n \\ \vdots & \vdots & \vdots & & \vdots \\ 1 & a_1 & a_2 & \cdots & a_n+b_n \end{vmatrix};$$

(3) $$\begin{vmatrix} 1 & 1 & \cdots & 1 & -n \\ 1 & 1 & \cdots & -n & 1 \\ \vdots & \vdots & & \vdots & \vdots \\ 1 & -n & \cdots & 1 & 1 \\ -n & 1 & \cdots & 1 & 1 \end{vmatrix}.$$

3. 解下列方程：

(1) $$\begin{vmatrix} x+1 & 2 & -1 \\ 2 & x+1 & 1 \\ -1 & 1 & x+1 \end{vmatrix} = 0;$$

(2) $\begin{vmatrix} 1 & 1 & 1 & \cdots & 1 & 1 \\ 1 & 1-x & 1 & \cdots & 1 & 1 \\ 1 & 1 & 2-x & \cdots & 1 & 1 \\ \vdots & \vdots & \vdots & & \vdots & \vdots \\ 1 & 1 & 1 & \cdots & (n-2)-x & 1 \\ 1 & 1 & 1 & \cdots & 1 & (n-1)-x \end{vmatrix}=0.$

1.4 行列式按行(列)展开

引例 观察三阶行列式：

$$\begin{vmatrix} a_{11} & a_{12} & a_{13} \\ a_{21} & a_{22} & a_{23} \\ a_{31} & a_{32} & a_{33} \end{vmatrix} = a_{11}a_{22}a_{33}+a_{12}a_{23}a_{31}+a_{13}a_{21}a_{32}-a_{13}a_{22}a_{31}-a_{12}a_{21}a_{33}-a_{11}a_{23}a_{32}$$

$$=(-1)^{1+1}a_{11}\begin{vmatrix} a_{22} & a_{23} \\ a_{32} & a_{33} \end{vmatrix}+(-1)^{1+2}a_{12}\begin{vmatrix} a_{21} & a_{23} \\ a_{31} & a_{33} \end{vmatrix}+(-1)^{1+3}a_{13}\begin{vmatrix} a_{21} & a_{22} \\ a_{31} & a_{32} \end{vmatrix}$$

可以得出三阶行列式按照第一行展开的方法，对上式进行重新组合，易见三阶行列式也可按其它行或列展开，从而化成低一阶的行列式来计算. 一般来说，低阶行列式的计算比高阶行列式的计算要简便. 于是，我们自然地会考虑用低阶行列式来表示高阶行列式的问题. 为此，先引进余子式和代数余子式的概念.

在 n 阶行列式中，把元素 a_{ij} 所对应的第 i 行和第 j 列划去后，留下来的 $n-1$ 阶行列式叫作元素 a_{ij} 的余子式，记作 M_{ij}，记 $A_{ij}=(-1)^{i+j}M_{ij}$，称 A_{ij} 为元素 a_{ij} 的代数余子式.

例如，四阶行列式 $D=\begin{vmatrix} a_{11} & a_{12} & a_{13} & a_{14} \\ a_{21} & a_{22} & a_{23} & a_{24} \\ a_{31} & a_{32} & a_{33} & a_{34} \\ a_{41} & a_{42} & a_{43} & a_{44} \end{vmatrix}$ 中，元素 a_{32} 的代数余子式为

$$M_{32}=\begin{vmatrix} a_{11} & a_{13} & a_{14} \\ a_{21} & a_{23} & a_{24} \\ a_{41} & a_{43} & a_{44} \end{vmatrix},\ A_{32}=(-1)^{3+2}M_{32}=-M_{32}.$$

显然，三阶行列式$\begin{vmatrix} a_{11} & a_{12} & a_{13} \\ a_{21} & a_{22} & a_{23} \\ a_{31} & a_{32} & a_{33} \end{vmatrix}=a_{11}A_{11}+a_{12}A_{12}+a_{13}A_{13}$.

为了对一般性的情形进行讨论，先证明一个引理：

引理　一个 n 阶行列式 D，若其中第 i 行所有元素除 a_{ij} 外都为零，则该行列式等于 a_{ij} 与它的代数余子式的乘积，即 $D=a_{ij}A_{ij}$.

证明　设 a_{ij} 位于 D 的第一行第一列，则

$$D=\begin{vmatrix} a_{11} & 0 & \cdots & 0 \\ a_{21} & a_{22} & \cdots & a_{2n} \\ \vdots & \vdots & & \vdots \\ a_{n1} & a_{n2} & \cdots & a_{nn} \end{vmatrix}$$

由例 1 - 10 的结果知

$$D=a_{11}M_{11}=a_{11}\ (-1)^{1+1}M_{11}=a_{11}A_{11}$$

再证一般情形. 设 $D=\begin{vmatrix} a_{11} & \cdots & a_{1j} & \cdots & a_{1n} \\ \vdots & & \vdots & & \vdots \\ 0 & \cdots & a_{ij} & \cdots & 0 \\ \vdots & & \vdots & & \vdots \\ a_{n1} & \cdots & a_{nj} & \cdots & a_{nn} \end{vmatrix}$，把 D 的第 i 行与第 $i-1$ 行、第 $i-2$ 行……第 1 行对换，再把第 j 列依次与第 $j-1$ 列、第 $j-2$ 列……第 1 列对换，则总共经过 $i+j-2$ 次交换后，把 a_{ij} 交换到 D 的左上角，故所得行列式 $D_1=(-1)^{i+j-2}D=(-1)^{i+j}D$，而元素 a_{ij} 在 D_1 中的余子式仍为 a_{ij} 在 D 中的余子式 M_{ij}. 再利用前面的结果，则有

$$D_1=(-1)^{i+j}D=(-1)^{i+j}a_{ij}M_{ij}=a_{ij}A_{ij}$$

定理 1.2　行列式等于它的任意一行(列)中各元素与其对应的代数余子式乘积之和，即

$$D=a_{i1}A_{i1}+a_{i2}A_{i2}+\cdots+a_{in}A_{in}\quad (i=1,\ 2,\ \cdots,\ n)$$

或

$$D=a_{1j}A_{1j}+a_{2j}A_{2j}+\cdots+a_{nj}A_{nj}\quad (j=1,2,\cdots,n)$$

证明

$$D=\begin{vmatrix} a_{11} & a_{12} & \cdots & a_{1n} \\ \vdots & \vdots & \cdots & \vdots \\ a_{i1}+0+\cdots+0 & 0+a_{i2}+\cdots+0 & \cdots & 0+\cdots+0+a_{in} \\ \vdots & \vdots & & \vdots \\ a_{n1} & a_{n2} & \cdots & a_{nn} \end{vmatrix}$$

$$=\begin{vmatrix} a_{11} & a_{12} & \cdots & a_{1n} \\ \vdots & \vdots & & \vdots \\ a_{i1} & 0 & \cdots & 0 \\ \vdots & \vdots & & \vdots \\ a_{n1} & a_{n2} & \cdots & a_{nn} \end{vmatrix}+\begin{vmatrix} a_{11} & a_{12} & \cdots & a_{1n} \\ \vdots & \vdots & & \vdots \\ 0 & a_{i2} & \cdots & 0 \\ \vdots & \vdots & & \vdots \\ a_{n1} & a_{n2} & \cdots & a_{nn} \end{vmatrix}+\cdots+$$

$$\begin{vmatrix} a_{11} & a_{12} & \cdots & a_{1n} \\ \vdots & \vdots & & \vdots \\ 0 & 0 & \cdots & a_{in} \\ \vdots & \vdots & & \vdots \\ a_{n1} & a_{n2} & \cdots & a_{nn} \end{vmatrix}$$

根据引理得 $D=a_{i1}A_{i1}+a_{i2}A_{i2}+\cdots+a_{in}A_{in}\quad (i=1,2,\cdots,n)$.

同理可得，D 按列展开的公式

$$D=a_{1j}A_{1j}+a_{2j}A_{2j}+\cdots+a_{nj}A_{nj}\quad (j=1,2,\cdots,n)$$

此定理叫作行列式按行(列)展开法则. 利用这一法则并结合行列式的性质，可以简化行列式的计算.

推论 行列式的某一行(列)的元素与另外一行(列)对应元素的代数余子式乘积之和等于零，即

$$a_{i1}A_{j1}+a_{i2}A_{j2}+\cdots+a_{in}A_{jn}=0\quad (i\neq j)$$

或

$$D=a_{1i}A_{1j}+a_{2i}A_{2j}+\cdots+a_{ni}A_{nj}\,(i\neq j)$$

证明 将行列式 $D=\det(a_{ij})$ 的第 j 行的元素换成第 i 行的元素，再按第 j 行展开，有

$$0=\begin{vmatrix} a_{11} & \cdots & a_{1n} \\ \vdots & & \vdots \\ a_{i1} & \cdots & a_{in} \\ \vdots & & \vdots \\ a_{i1} & \cdots & a_{in} \\ \vdots & & \vdots \\ a_{n1} & \cdots & a_{nn} \end{vmatrix}=a_{i1}A_{j1}+a_{i2}A_{j2}+\cdots+a_{in}A_{jn}\ (i\neq j)$$

同理可得，$D=a_{1i}A_{1j}+a_{2i}A_{2j}+\cdots+a_{ni}A_{nj}\quad(i\neq j)$.

综合定理及其推论，可以得到有关代数余子式的一个重要性质：

$$\sum_{k=1}^{n}a_{ki}A_{kj}=\begin{cases}D(i=j)\\0(i\neq j)\end{cases}$$

或

$$\sum_{k=1}^{n}a_{ik}A_{jk}=\begin{cases}D(i=j)\\0(i\neq j)\end{cases}$$

例 1-11 计算行列式 $D=\begin{vmatrix} 1 & 2 & 3 & 4 \\ 1 & 0 & 1 & 2 \\ 3 & -1 & -1 & 0 \\ 1 & 2 & 0 & -5 \end{vmatrix}$.

解 $D=\begin{vmatrix} 1 & 2 & 3 & 4 \\ 1 & 0 & 1 & 2 \\ 3 & -1 & -1 & 0 \\ 1 & 2 & 0 & -5 \end{vmatrix}\xlongequal[2r_3+r_4]{2r_3+r_1}\begin{vmatrix} 7 & 0 & 1 & 4 \\ 1 & 0 & 1 & 3 \\ 3 & -1 & -1 & 0 \\ 7 & 0 & -2 & -5 \end{vmatrix}$

$=(-1)(-1)^{3+2}\begin{vmatrix} 7 & 1 & 4 \\ 1 & 1 & 2 \\ 7 & -2 & -5 \end{vmatrix}\xlongequal[2r_2+r_3]{-r_2+r_1}\begin{vmatrix} 6 & 0 & 2 \\ 1 & 1 & 2 \\ 9 & 0 & -1 \end{vmatrix}$

$=1\times(-1)^{2+2}\begin{vmatrix} 6 & 2 \\ 9 & -1 \end{vmatrix}=-24$

这种先用行列式的性质将行列式中某一行(列)化为仅含有一个非零元素，再按此行(列)展开，化为低一阶的行列式，如此继续下去，直到化为三阶或二阶行列式，从而得出结果的方法称为降阶法计算行列式.

例 1-12 已知 $\begin{vmatrix} \lambda+1 & 2 & 2 \\ -2 & \lambda+4 & -5 \\ 2 & -2 & \lambda+1 \end{vmatrix}=0$，求 λ 的值.

分析 这里三阶行列式的展开式是 λ 的三次多项式，所以本题是三次方程的求根问题. 如果用对角线法则展开，自然易得 λ 的三次多项式，但一般来讲三次多项式的因式分解是比较麻烦的. 如果利用行列式的性质展开这种行列式，有时会出现它的一种因式分解.

解
$$\begin{vmatrix} \lambda+1 & 2 & 2 \\ -2 & \lambda+4 & -5 \\ 2 & -2 & \lambda+1 \end{vmatrix} \xlongequal{r_3+r_1} \begin{vmatrix} \lambda+3 & 0 & \lambda+3 \\ -2 & \lambda+4 & -5 \\ 2 & -2 & \lambda+1 \end{vmatrix}$$

$$\xlongequal{-c_1+c_3} \begin{vmatrix} \lambda+3 & 0 & 0 \\ -2 & \lambda+4 & -3 \\ 2 & -2 & \lambda-1 \end{vmatrix} \text{（按照第一行展开）}$$

$$=(\lambda+3)\begin{vmatrix} \lambda+4 & -3 \\ -2 & \lambda-1 \end{vmatrix}=(\lambda+3)(\lambda^2+3\lambda-10)$$

$$=(\lambda+3)(\lambda+5)(\lambda-2)=0$$

所以 $\lambda=-3$，-5 或 2.

* **例 1-13** 证明 n 阶（$n\geqslant 2$）范得蒙（Vandermonde）行列式.

$$D_n=\begin{vmatrix} 1 & 1 & 1 & \cdots & 1 \\ x_1 & x_2 & x_3 & \cdots & x_n \\ x_1^2 & x_2^2 & x_3^2 & \cdots & x_n^2 \\ \vdots & \vdots & \vdots & & \vdots \\ x_1^{n-1} & x_2^{n-1} & x_3^{n-1} & \cdots & x_n^{n-1} \end{vmatrix}=\prod_{1\leqslant j<i\leqslant n}(x_i-x_j)$$

证明 对阶数 n 用数学归纳法. 因为 $D_2=\begin{vmatrix} 1 & 1 \\ x_1 & x_2 \end{vmatrix}=x_2-x_1=\prod\limits_{1\leqslant j<i\leqslant 2}(x_i-x_j)$，所以当 $n=2$ 时，公式成立.

现假设上式对 $n-1$ 阶范得蒙行列式成立，从而去推证对 n 阶范得蒙行列式也成立.

对 D_n 依次作 $r_n-x_1r_{n-1}$，…，$r_3-x_1r_2$，$r_2-x_1r_1$ 得

$$D_n=\begin{vmatrix}1 & 1 & 1 & \cdots & 1\\ 0 & x_2-x_1 & x_3-x_1 & \cdots & x_n-x_1\\ 0 & x_2^2-x_1x_2 & x_3^2-x_1x_3 & \cdots & x_n^2-x_1x_n\\ \vdots & \vdots & \vdots & & \vdots\\ 0 & x_2^{n-1}-x_1x_2^{n-2} & x_3^{n-1}-x_1x_3^{n-2} & \cdots & x_n^{n-1}-x_1x_n^{n-2}\end{vmatrix}$$

按第一列展开为 $n-1$ 阶行列式后，各列提出公因子 (x_i-x_1) 得

$$D_n=(x_2-x_1)(x_3-x_1)\cdots(x_n-x_1)\begin{vmatrix}1 & 1 & \cdots & 1\\ x_2 & x_3 & \cdots & x_n\\ \vdots & \vdots & & \vdots\\ x_2^{n-2} & x_3^{n-2} & \cdots & x_n^{n-2}\end{vmatrix}$$

右端出现了 $n-1$ 阶范得蒙行列式，按归纳假设，它等于 $\prod\limits_{2\leqslant j<i\leqslant n}(x_i-x_j)$.

于是 $D_n=(x_2-x_1)(x_3-x_1)\cdots(x_n-x_1)\prod\limits_{2\leqslant j<i\leqslant n}(x_i-x_j)=\prod\limits_{1\leqslant j<i\leqslant n}(a_i-a_j)$.

习题 1.4

1. 求行列式 $\begin{vmatrix}-3 & 0 & 4\\ 5 & 0 & 3\\ 2 & -2 & 1\end{vmatrix}$ 中元素 2 和 -2 的代数余子式.

2. 用降阶法计算下列行列式：

(1) $\begin{vmatrix}0 & 1 & 3 & -2\\ 1 & 0 & -2 & 1\\ 3 & -2 & 7 & 2\\ -2 & 1 & 2 & 4\end{vmatrix}$；　(2) $\begin{vmatrix}0 & a & b & a\\ a & 0 & a & b\\ b & a & 0 & a\\ a & b & a & 0\end{vmatrix}$；

(3) $\begin{vmatrix}1-a & 1 & 1 & 1\\ 1 & 1-a & 1 & 1\\ 1 & 1 & 1+b & 1\\ 1 & 1 & 1 & 1-b\end{vmatrix}$；(4) $\begin{vmatrix}1 & 1 & 1 & 1\\ a & x & a & a\\ b & b & x & b\\ c & c & c & x\end{vmatrix}$.

3. 已知四阶行列式中第 1 行元素分别为 1，2，0，-4，第 3 行元素的余子式依次为 6，x，19，2，试求 x 的值.

总习题 1

1. 求下列排列的逆序数：

(1) 1234； (2) 31245； (3) 642513； (4) 5713264；

(5) $135\cdots(2n-1)246\cdots(2n)$；

(6) $135\cdots(2n-1)(2n)(2n-2)\cdots642$.

2. 用行列式的定义计算 $\begin{vmatrix} 0 & 0 & \cdots & 0 & 1 & 0 \\ 0 & 0 & \cdots & 2 & 0 & 0 \\ \vdots & \vdots & & \vdots & \vdots & \vdots \\ 2002 & 0 & \cdots & 0 & 0 & 0 \\ 0 & 0 & \cdots & 0 & 0 & 2003 \end{vmatrix}$.

3. 计算以下三阶行列式：

(1) $\begin{vmatrix} 2 & 0 & 1 \\ 1 & -4 & -1 \\ -1 & 8 & 3 \end{vmatrix}$； (2) $\begin{vmatrix} 1 & 1 & 1 \\ a & b & c \\ b+c & c+a & a+b \end{vmatrix}$；

(3) $\begin{vmatrix} 103 & 100 & 204 \\ 199 & 200 & 395 \\ 301 & 300 & 600 \end{vmatrix}$； (4) $\begin{vmatrix} x & y & x+y \\ y & x+y & x \\ x+y & x & y \end{vmatrix}$.

4. 计算以下各阶行列式：

(1) $\begin{vmatrix} 1 & 1 & 1 & 1 \\ -1 & 1 & 1 & 1 \\ -1 & -1 & 1 & 1 \\ -1 & -1 & -1 & 1 \end{vmatrix}$； (2) $\begin{vmatrix} 1 & 2 & 3 & 4 \\ 2 & 3 & 4 & 1 \\ 3 & 4 & 1 & 2 \\ 4 & 1 & 2 & 3 \end{vmatrix}$；

(3) $\begin{vmatrix} a_1 & 0 & 0 & b_1 \\ 0 & a_2 & b_2 & 0 \\ 0 & b_3 & a_3 & 0 \\ b_4 & 0 & 0 & a_4 \end{vmatrix}$； (4) $\begin{vmatrix} 1 & b_1 & 0 & 0 \\ -1 & 1-b_1 & b_2 & 0 \\ 0 & -1 & 1-b_2 & b_3 \\ 0 & 0 & -1 & 1-b_3 \end{vmatrix}$；

5. 计算以下行列式(D_k 为 k 阶行列式):

(1) $D_n=\begin{vmatrix} a & & 1 \\ & \ddots & \\ 1 & & a \end{vmatrix}$,其中对角线上元素都是 a,未写出元素都是 0;

(2) $D_n=\begin{vmatrix} 1+a_1 & a_1 & \cdots & a_1 \\ 1 & 1+a_2 & \cdots & a_2 \\ \vdots & \vdots & & \vdots \\ 1 & 1 & \cdots & 1+a_n \end{vmatrix}$,其中 $a_1a_2\cdots a_n\neq0$;

(3) $D_n=\begin{vmatrix} 1 & 2 & 3 & \cdots & n \\ 2 & 3 & 4 & \cdots & 1 \\ 3 & 4 & 5 & \cdots & 2 \\ \vdots & \vdots & \vdots & & \vdots \\ n & 1 & 2 & \cdots & n-1 \end{vmatrix}$;

(4) $D_{n+1}=\begin{vmatrix} x & a_1 & a_2 & \cdots & a_n \\ a_1 & x & a_2 & \cdots & a_n \\ a_1 & a_2 & x & \cdots & a_n \\ \vdots & \vdots & \vdots & & \vdots \\ a_1 & a_2 & a_3 & \cdots & x \end{vmatrix}$.

6. 证明:

(1) $\begin{vmatrix} a^2 & ab & b^2 \\ 2a & a+b & 2b \\ 1 & 1 & 1 \end{vmatrix}=(a-b)^3$;

(2) $\begin{vmatrix} x & -1 & 0 & 0 \\ 0 & x & -1 & 0 \\ 0 & 0 & x & -1 \\ a_0 & a_1 & a_2 & a_3 \end{vmatrix}=a_3x^3+a_2x^2+a_1x+a_0$.

7. 求解下列方程:

(1) $\begin{vmatrix} 1 & 1 & 2 & 3 \\ 1 & 2-x^2 & 2 & 3 \\ 2 & 3 & 1 & 5 \\ 2 & 3 & 1 & 9-x^2 \end{vmatrix}=0$；

(2) $\begin{vmatrix} 1 & 1 & 1 & 1 \\ x & a & b & c \\ x^2 & a^2 & b^2 & c^2 \\ x^3 & a^3 & b^3 & c^3 \end{vmatrix}=0$（其中 a，b，c 互不相等）.

8. 设 $\begin{vmatrix} 1 & 1 & 1 & \cdots & 1 & 1 \\ 1 & 2 & 3 & \cdots & n & x \\ 1 & 4 & 9 & \cdots & n^2 & x^2 \\ \vdots & \vdots & \vdots & & \vdots & \vdots \\ 1 & 2^n & 3^n & \cdots & n^n & x^n \end{vmatrix}$，求导函数 $f'(x)$ 的零点个数及其所在区间.

9. 设 $D=\begin{vmatrix} 3 & 6 & 9 & 12 \\ 2 & 4 & 6 & 8 \\ 1 & 2 & 0 & 3 \\ 5 & 6 & 4 & 3 \end{vmatrix}$，试求 $A_{41}+2A_{42}+3A_{44}$，其中 A_{4j} 为元素 a_{4j}（$j=1,2,4$）的代数余子式.

10. 已知四阶行列式 $D_4=\begin{vmatrix} 1 & 2 & 3 & 4 \\ 3 & 3 & 4 & 4 \\ 1 & 5 & 6 & 7 \\ 1 & 1 & 2 & 2 \end{vmatrix}=-6$，试求 $A_{41}+A_{42}$ 与 $A_{43}+A_{44}$，其中 A_{4j}（$j=1,2,3,4$）是 D_4 中第 4 行第 j 列元素的代数余子式.

第 2 章 矩　　阵

矩阵实质上就是一张长方形数表. 无论是在日常生活中还是在科学研究中,矩阵都是一种十分常见的数学现象,诸如学校里的课表、成绩统计表,工厂里的生产进度表、销售统计表,车站里的时刻表、价目表,股市中的证券价目表,科研领域中的数据分析表等,它是表述或处理大量生活、生产与科研问题的有力工具. 矩阵的重要作用首先在于它不仅能把头绪纷繁的事物按一定的规则清晰地展现出来,使我们不至于被一些表面看起来杂乱无章的关系弄得晕头转向;其次在于它能恰当地刻画事物之间的内在联系,并通过矩阵的运算或变换来揭示事物之间的内在联系;最后在于它是我们求解数学问题的一种特殊的"数形结合"的途径. 在本课程中,矩阵是研究线性变换、向量的线性相关性及线性方程组的解法等的有力且不可替代的工具,在线性代数中具有重要地位. 本章我们首先引入矩阵的概念,深入讨论矩阵的运算、矩阵的变换以及矩阵的某些内在特征.

2.1 矩阵的概念

为了加深对矩阵概念的理解,下面介绍一些产生矩阵概念的背景.

例 2-1 某航空公司在 A, B, C, D 四城市之间开辟若干航线. 图 2-1 表示四城市之间的航班情况. 若从 A 到 B 有航班,则带有箭头的线连接 A 与 B. 用表格表示如图 2-2(a)所示. 图中,行标表示发站,列标表示到站,√表示有航班.

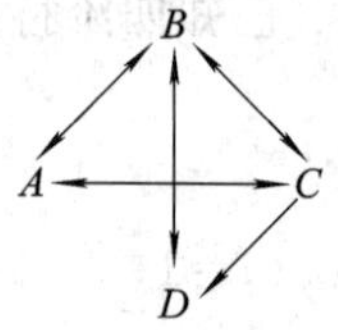

图 2-1　四城市之间的航班情况

为了便于研究,记表中√为 1,空白处为 0,则得到一个数表,如图 2-2(b)所示. 该数表反映了四城市间航班的往来情况.

	A	B	C	D
A		√	√	
B	√		√	√
C	√	√		√
D		√		

(a)

0	1	1	0
1	0	1	1
1	1	0	1
0	1	0	0

(b)

图 2－2　四城市之间的航班情况及其数表表示

例 2－2　某企业生产 4 种产品，各种产品的季度产值如表 2－1 所示。

表 2－1　各种产品的季度产值　万元

季度	产　　值			
	A	B	C	D
1	80	75	75	78
2	98	70	85	84
3	90	75	90	90
4	88	70	82	80

数表$\begin{pmatrix} 80 & 75 & 75 & 78 \\ 98 & 70 & 85 & 84 \\ 90 & 75 & 90 & 90 \\ 88 & 70 & 82 & 80 \end{pmatrix}$具体描述了这家企业各种产品各季度的产值，同时也揭示了产值随季节变化的季增长率及年产量等情况.

1. 矩阵的概念

定义 2.1　由 $m\times n$ 个数 a_{ij} $(i=1, 2, \cdots, m; j=1, 2, \cdots, n)$排成的 m 行 n 列的矩形数表：

$$\begin{matrix} a_{11} & a_{12} & \cdots & a_{1n} \\ a_{21} & a_{22} & \cdots & a_{2n} \\ \vdots & \vdots & & \vdots \\ a_{m1} & a_{m2} & \cdots & a_{mn} \end{matrix}$$

称为 m 行 n 列矩阵，简称 $m\times n$ 矩阵，记为

$$\begin{pmatrix} a_{11} & a_{12} & \cdots & a_{1n} \\ a_{21} & a_{22} & \cdots & a_{2n} \\ \vdots & \vdots & & \vdots \\ a_{m1} & a_{m2} & \cdots & a_{mn} \end{pmatrix}$$

通常用大写字母 $\boldsymbol{A}$，$\boldsymbol{B}$，$\boldsymbol{C}$，…表示矩阵.

这 $m\times n$ 个数称为矩阵 $\boldsymbol{A}$ 的元素，a_{ij} 称为矩阵 $\boldsymbol{A}$ 的第 i 行第 j 列元素，下标 i 和 j 分别称为行标和列标. 矩阵 $\boldsymbol{A}$ 也可以简记为 $\boldsymbol{A}_{m\times n}=(a_{ij})_{m\times n}$.

元素全为实数的矩阵称为实矩阵，元素全为复数的矩阵称为复矩阵. 本书中若无特别强调，均指实矩阵.

所有元素都为零的矩阵称为零矩阵，记作 $\boldsymbol{O}$. 注意不同型的零矩阵是不相同的.

若矩阵 $\boldsymbol{A}$ 的行数和列数都等于 n，则称 $\boldsymbol{A}$ 为 n 阶矩阵，或称为 n 阶方阵. n 阶方阵 $\boldsymbol{A}$ 记作 $\boldsymbol{A}_n$.

只有一行的矩阵称为**行矩阵**，也可称为**行向量**，记作 $\boldsymbol{A}=(a_1, a_2, \cdots, a_n)$.

只有一列的矩阵称为**列矩阵**，也可称为**列向量**，记作 $\boldsymbol{B}=\begin{pmatrix} b_1 \\ b_2 \\ \vdots \\ b_n \end{pmatrix}$.

两个矩阵的行数相等，列数也相等，称为**同型矩阵**. 若矩阵 $\boldsymbol{A}=(a_{ij})$ 与 $\boldsymbol{B}=(b_{ij})$ 是同型矩阵，且对所有 i，j 都有 $a_{ij}=b_{ij}$，则称矩阵 $\boldsymbol{A}=\boldsymbol{B}$. 例如，由 $\begin{pmatrix} 3 & x & -1 \\ y & 2 & 1 \end{pmatrix}=\begin{pmatrix} z & 1 & -1 \\ 3 & 2 & 1 \end{pmatrix}$，可得 $x=1$，$y=3$，$z=3$.

2. 几种特殊矩阵

1) 负矩阵

矩阵 $\boldsymbol{A}=(a_{ij})$ 中各个元素变号得到的矩阵，叫作矩阵 $\boldsymbol{A}$ 的**负矩阵**，记作 $-\boldsymbol{A}=(-a_{ij})$.

2) 对角矩阵

主对角线以外的元素全为零的方阵(即 $a_{ij}=0$，$i\neq j$)称为对角矩阵或者对角方阵，形如

$$\boldsymbol{\Lambda}=\begin{pmatrix} a_1 & 0 & \cdots & 0 \\ 0 & a_2 & \cdots & 0 \\ \vdots & \vdots & & \vdots \\ 0 & 0 & \cdots & a_n \end{pmatrix}$$

或

$$\boldsymbol{\Lambda}=\begin{pmatrix} a_1 & & & \\ & a_2 & & \\ & & \ddots & \\ & & & a_n \end{pmatrix}$$

简记作 $\mathrm{diag}(a_1, a_2, \cdots, a_n)$.

3）数量矩阵

如果 n 阶对角矩阵 $\boldsymbol{A}$ 中的元素 $a_{11}=a_{22}=\cdots=a_{nn}=a$（$a$ 为常数），则称 $\boldsymbol{A}$ 为 n 阶**数量矩阵**，即

$$\boldsymbol{A}=\begin{pmatrix} a & & & \\ & a & & \\ & & \ddots & \\ & & & a \end{pmatrix}$$

4）单位矩阵

当 $a=1$ 时，称此矩阵为 n 阶**单位矩阵**，记作 $\boldsymbol{E}=\boldsymbol{E}_n$（或 $\boldsymbol{I}_n=\boldsymbol{I}$），表示为

$$\boldsymbol{E}=\begin{pmatrix} 1 & & & \\ & 1 & & \\ & & \ddots & \\ & & & 1 \end{pmatrix}$$

5）上三角矩阵

主对角线以下的元素全为零的 n 阶方阵称为**上三角矩阵**(空白处元素为零)，表示为

$$\begin{pmatrix} a_{11} & a_{12} & \cdots & a_{1n} \\ & a_{22} & \cdots & a_{2n} \\ & & \ddots & \vdots \\ & & & a_{nn} \end{pmatrix}$$

6）下三角矩阵

主对角线以上的元素全为零的 n 阶方阵称为**下三角矩阵**，表示为

$$\begin{pmatrix} a_{11} & & & \\ a_{21} & a_{22} & & \\ \vdots & \vdots & \ddots & \\ a_{n1} & a_{n2} & \cdots & a_{nn} \end{pmatrix}$$

7）转置矩阵

把 $m\times n$ 矩阵 $\boldsymbol{A}=(a_{ij})$ 的各行依次改为列（$\boldsymbol{A}$ 的列依次改为行），所得到的 $n\times m$ 矩阵称为 $\boldsymbol{A}$ 的转置矩阵或 $\boldsymbol{A}$ 的转置，记作 $\boldsymbol{A}^{\mathrm{T}}$（或 $\boldsymbol{A}'$）.

若 $\boldsymbol{A}=\begin{pmatrix} a_{11} & a_{12} & \cdots & a_{1n} \\ a_{21} & a_{22} & \cdots & a_{2n} \\ \vdots & \vdots & & \vdots \\ a_{m1} & a_{m2} & \cdots & a_{mn} \end{pmatrix}$，则

$$\boldsymbol{A}^{\mathrm{T}}=\begin{pmatrix} a_{11} & a_{21} & \cdots & a_{m1} \\ a_{12} & a_{22} & \cdots & a_{m2} \\ \vdots & \vdots & & \vdots \\ a_{1n} & a_{2n} & \cdots & a_{mn} \end{pmatrix}$$

8）对称矩阵

满足 $\boldsymbol{A}^{\mathrm{T}}=\boldsymbol{A}$ 的矩阵 $\boldsymbol{A}$ 称为**对称矩阵**.

注：对称矩阵一定是方阵，即 $m=n$. 方阵 $\boldsymbol{A}=(a_{ij})$ 为对称矩阵的充要条件是对一切 i，j，有 $a_{ij}=a_{ji}$. 如 $\begin{pmatrix} 0 & -1 \\ -1 & 0 \end{pmatrix}$，$\begin{pmatrix} 1 & 0 & \frac{1}{2} \\ 0 & 2 & -1 \\ \frac{1}{2} & -1 & 3 \end{pmatrix}$ 均为对称矩阵.

9）反对称矩阵

满足 $\boldsymbol{A}^{\mathrm{T}}=-\boldsymbol{A}$ 的矩阵 $\boldsymbol{A}$ 称为**反对称矩阵**.

注：显然，反对称矩阵的充要条件是对一切 i，j 有 $a_{ij}=-a_{ji}$，因此反对称矩

阵的主对角线元素都是 0. 例如，$\begin{pmatrix} 0 & 1 & -2 \\ -1 & 0 & 3 \\ 2 & -3 & 0 \end{pmatrix}$为反对称矩阵.

3. 矩阵概念的应用

例 2-3 甲、乙、丙、丁、戊五人分别从图书馆借来一本小说，他们约定读完后互相交换，这五本书的厚度以及他们五人的阅读速度差不多，因此，五人总是同时交换书，经四次交换后，他们五人读完了这五本书，现已知：

(1) 甲最后读的书是乙读的第二本书；

(2) 丙最后读的书是乙读的第四本书；

(3) 丙读的第二本书甲在一开始就读了；

(4) 丁最后读的书是丙读的第三本；

(5) 乙读的第四本书是戊读的第三本书；

(6) 丁第三次读的书是丙一开始读的那本书.

试根据以上情况说出丁第二次读的书是谁最先读的书？

解 设甲、乙、丙、丁、戊最后读的书的代号依次为 A、B、C、D、C、E，则根据题设条件可以列出下列初始矩阵为

$$\begin{array}{c} \\ 1 \\ 2 \\ 3 \\ 4 \\ 5 \end{array}\begin{array}{c} \begin{array}{ccccc} \text{甲} & \text{乙} & \text{丙} & \text{丁} & \text{戊} \end{array} \\ \begin{pmatrix} x & & y & & \\ & A & x & & \\ & & D & y & C \\ & C & & & \\ A & B & C & D & E \end{pmatrix} \end{array}$$

上述矩阵中的 x，y 表示尚未确定的书名代号. 两个 x 代表同一本书，两个 y 代表另外的同一本书.

由题意知，经五次阅读后乙将五本书全都阅读了，则从上述矩阵可以看出，乙第三次读的书不可能是 A，B 或 C. 另外由于丙在第三次阅读的是 D，所以乙第三次读的书也不可能是 D，因此，乙第三次读的书是 E，从而乙第一次读的书是 D. 同理可推出甲第三次读的书是 B. 因此上述矩阵中的 y 为 A，x 为 E. 由此可得到各个人的阅读顺序，如下述矩阵所示：

$$\begin{array}{c} \\ 1 \\ 2 \\ 3 \\ 4 \\ 5 \end{array} \begin{array}{c} \text{甲} \quad \text{乙} \quad \text{丙} \quad \text{丁} \quad \text{戊} \\ \begin{pmatrix} E & D & A & C & B \\ C & A & E & B & D \\ B & E & D & A & C \\ D & C & B & E & A \\ A & B & C & D & E \end{pmatrix} \end{array}$$

由此矩阵知，丁第二次读的书是戊一开始读的那一本书.

习题 **2.1**

1. 二人零和对策问题. 两儿童玩石头-剪子-布的游戏，每个人的出法只能在石头、剪子、布中选择一种，当他们各选定一种出法(亦称策略)时，就确定了一个局势，也就决定了各自的输赢. 若规定胜者得 1 分，负者得 -1 分，平手各得零分，则对于各种可能的局势(每一局势得分之和为零即零和)，试用矩阵表示他们的输赢情况.

2. 有 6 名选手参加乒乓球比赛，成绩如下：选手 1 胜选手 2，4，5，6，负于 3；选手 2 胜 4，5，6，负于 1，3；选手 3 胜 1，2，4，负于 5，6；选手 4 胜 5，6，负于 1，2，3；选手 5 胜 3，6，负于 1，2，4；若胜一场得 1 分，负一场得 0 分，试用矩阵表示输赢情况，并排序.

2.2 矩阵的运算

1. 矩阵的线性运算

定义 2.2 设有两个 $m\times n$ 矩阵 $\boldsymbol{A}=(a_{ij})$，$\boldsymbol{B}=(b_{ij})$，称 $(a_{ij}+b_{ij})_{m\times n}$ 为 $\boldsymbol{A}$ 与 $\boldsymbol{B}$ 的和，记为 $\boldsymbol{A}+\boldsymbol{B}$，即

$$\boldsymbol{A}+\boldsymbol{B}=\begin{pmatrix} a_{11}+b_{11} & a_{12}+b_{12} & \cdots & a_{1n}+b_{1n} \\ a_{21}+b_{21} & a_{22}+b_{22} & \cdots & a_{2n}+b_{2n} \\ \vdots & \vdots & & \vdots \\ a_{m1}+b_{m1} & a_{m2}+b_{m2} & \cdots & a_{mn}+b_{mn} \end{pmatrix}$$

显然，两个矩阵只有当它们是同型矩阵时才能相加，并且规则是对应位置的

元素相加.

例 2-4 有某种物资(单位：吨)从 3 个产地运往 4 个销地，两次调运方案分别为矩阵 $\boldsymbol{A}$ 与矩阵 $\boldsymbol{B}$：

$$\boldsymbol{A}=\begin{pmatrix}3&5&7&2\\2&0&4&3\\0&1&2&3\end{pmatrix},\quad \boldsymbol{B}=\begin{pmatrix}1&3&2&0\\2&1&5&7\\0&6&4&8\end{pmatrix}$$

则从各产地运往各销地两次的物资调运量(单位：吨)共为

$$\boldsymbol{A}+\boldsymbol{B}=\begin{pmatrix}3&5&7&2\\2&0&4&3\\0&1&2&3\end{pmatrix}+\begin{pmatrix}1&3&2&0\\2&1&5&7\\0&6&4&8\end{pmatrix}=\begin{pmatrix}3+1&5+3&7+2&2+0\\2+2&0+1&4+5&3+7\\0+0&1+6&2+4&3+8\end{pmatrix}$$

$$=\begin{pmatrix}4&8&9&2\\4&1&9&10\\0&7&6&11\end{pmatrix}$$

定义 2.3 数 k 与矩阵 $\boldsymbol{A}=(a_{ij})_{m\times n}$ 的乘积记作 $k\boldsymbol{A}$ 或 $\boldsymbol{A}k$，规定为

$$k\boldsymbol{A}=\boldsymbol{A}k=(ka_{ij})_{m\times n}=\begin{pmatrix}ka_{11}&ka_{12}&\cdots&ka_{1n}\\ka_{21}&ka_{22}&\cdots&ka_{2n}\\\vdots&\vdots&&\vdots\\ka_{m1}&ka_{m2}&\cdots&ka_{mn}\end{pmatrix}$$

数与矩阵的乘积运算称为数乘运算. 显然，数与矩阵的积就是用数 k 乘矩阵的每一个元素.

矩阵 $\boldsymbol{A}$ 的负矩阵 $-\boldsymbol{A}=(-1)\boldsymbol{A}$，由此可定义矩阵的减法：$\boldsymbol{A}_{m\times n}-\boldsymbol{B}_{m\times n}=\boldsymbol{A}_{m\times n}+(-\boldsymbol{B})_{m\times n}$，即

$$\boldsymbol{A}-\boldsymbol{B}=\begin{pmatrix}a_{11}-b_{11}&a_{12}-b_{12}&\cdots&a_{1n}-b_{1n}\\a_{21}-b_{21}&a_{22}-b_{22}&\cdots&a_{2n}-b_{2n}\\\vdots&\vdots&&\vdots\\a_{m1}-b_{m1}&a_{m2}-b_{m2}&\cdots&a_{mn}-b_{mn}\end{pmatrix}$$

矩阵的加法和数乘称为矩阵的线性运算. 线性运算满足以下运算律：

设 $\boldsymbol{A}$，$\boldsymbol{B}$，$\boldsymbol{C}$，$\boldsymbol{O}$ 都是同型矩阵，k，l 是常数，则

(1) $\boldsymbol{A}+\boldsymbol{B}=\boldsymbol{B}+\boldsymbol{A}$(交换律)；

(2) $(\boldsymbol{A}+\boldsymbol{B})+\boldsymbol{C}=\boldsymbol{A}+(\boldsymbol{B}+\boldsymbol{C})$(结合律)；

(3) $\boldsymbol{A}+\boldsymbol{O}=\boldsymbol{A}$；

(4) $\boldsymbol{A}+(-\boldsymbol{A})=\boldsymbol{O}$；

(5) $\boldsymbol{1}\cdot\boldsymbol{A}=\boldsymbol{A}$；

(6) $k(\boldsymbol{A}+\boldsymbol{B})=k\boldsymbol{A}+k\boldsymbol{B}$；

(7) $(k+l)\boldsymbol{A}=k\boldsymbol{A}+k\boldsymbol{A}$；

(8) $k(l\boldsymbol{A})=kl\boldsymbol{A}$.

例 2-5 已知矩阵 $\boldsymbol{A}=\begin{pmatrix}3&-2&7&5\\1&0&4&-3\\6&8&0&2\end{pmatrix}$，$\boldsymbol{B}=\begin{pmatrix}-2&0&1&4\\5&-1&7&6\\4&-2&1&-9\end{pmatrix}$，求 $3\boldsymbol{A}-2\boldsymbol{B}$，$3\boldsymbol{A}+2\boldsymbol{B}$.

解 $3\boldsymbol{A}=\begin{pmatrix}9&-6&21&15\\3&0&12&-9\\18&24&0&6\end{pmatrix}$，$2\boldsymbol{B}=\begin{pmatrix}-4&0&2&8\\10&-2&14&12\\8&-4&2&-18\end{pmatrix}$

$$3\boldsymbol{A}-2\boldsymbol{B}=\begin{pmatrix}13&-6&19&7\\-7&2&-2&-21\\10&28&-2&24\end{pmatrix}，3\boldsymbol{A}+2\boldsymbol{B}=\begin{pmatrix}5&-6&23&23\\13&-2&26&3\\26&20&2&-12\end{pmatrix}$$

例 2-6 已知 $\boldsymbol{A}=\begin{pmatrix}3&-1&2&0\\1&5&7&8\\2&4&2&4\end{pmatrix}$，$\boldsymbol{B}=\begin{pmatrix}7&1&-2&4\\5&1&9&6\\2&2&4&4\end{pmatrix}$，且 $\boldsymbol{A}+2\boldsymbol{X}=\boldsymbol{B}$，求 $\boldsymbol{X}$.

解 $\boldsymbol{X}=\dfrac{1}{2}(\boldsymbol{B}-\boldsymbol{A})=\dfrac{1}{2}\begin{pmatrix}4&2&-4&4\\4&-4&2&-2\\0&-2&2&0\end{pmatrix}=\begin{pmatrix}2&1&-2&2\\2&-2&1&-1\\0&-1&1&0\end{pmatrix}$

2. 矩阵的乘法

例 2-7 某装配工厂把四种零部件装配成三种产品，用 a_{ij} 表示组装一个第 i 种产品($i=1, 2, 3$)需要第 j 种零部件的个数($j=1, 2, 3, 4$). 每种零部件又有国产和进口之分，用 b_{j1} 和 b_{j2} 分别表示国产和进口的第 j 种零件的单价($j=1, 2, 3, 4$). 记

$$\boldsymbol{A}=\begin{pmatrix} a_{11} & a_{12} & a_{13} & a_{14} \\ a_{21} & a_{22} & a_{23} & a_{24} \\ a_{31} & a_{32} & a_{33} & a_{34} \end{pmatrix}, \quad \boldsymbol{B}=\begin{pmatrix} b_{11} & b_{12} \\ b_{21} & b_{22} \\ b_{31} & b_{32} \\ b_{41} & b_{42} \end{pmatrix}$$

则用国产或进口零件生产一个第 i 种产品，在零件方面的成本分别是

$$\begin{aligned} c_{i1} &= a_{i1}b_{11}+a_{i2}b_{21}+a_{i3}b_{31}+a_{i4}b_{41} \\ c_{i2} &= a_{i1}b_{12}+a_{i2}b_{22}+a_{i3}b_{32}+a_{i4}b_{42} \end{aligned} \quad (i=1,2,3)$$

可以注意到，c_{ij} 是 $\boldsymbol{A}$ 的第 i 行与 $\boldsymbol{B}$ 的第 j 列对应元素乘积之和. 以 c_{ij} 为元素，可以得到一个 3×2 的矩阵：

$$\boldsymbol{C}=\begin{pmatrix} c_{11} & c_{12} \\ c_{21} & c_{22} \\ c_{31} & c_{32} \end{pmatrix}$$

我们把这种运算定义为乘法运算.

定义 2.4　设 $\boldsymbol{A}=(a_{ik})$ 是一个 $m\times s$ 矩阵，$\boldsymbol{B}=(b_{kj})$ 是一个 $s\times n$ 矩阵，规定矩阵 $\boldsymbol{A}$ 与矩阵 $\boldsymbol{B}$ 的乘积是一个 $m\times n$ 矩阵 $\boldsymbol{C}=(c_{ij})$，其中 $c_{ij}=\sum\limits_{k=1}^{s}a_{ik}b_{kj}=a_{i1}b_{1j}+a_{i2}b_{2j}+\cdots+a_{is}b_{sj}$ $(i=1,\cdots,m;\ j=1,\cdots,n)$，并把此乘积记作 $\boldsymbol{C}=\boldsymbol{AB}$. 记号 $\boldsymbol{AB}$ 常读作 $\boldsymbol{A}$ 左乘 $\boldsymbol{B}$ 或 $\boldsymbol{B}$ 右乘 $\boldsymbol{A}$.

注：由定义可知，矩阵乘积 $\boldsymbol{AB}$ 有意义的前提是 $\boldsymbol{A}$(左矩阵)的列数等于 $\boldsymbol{B}$(右矩阵)的行数；这时 $\boldsymbol{AB}$ 的行数等于 $\boldsymbol{A}$ 的行数，$\boldsymbol{AB}$ 的列数等于 $\boldsymbol{B}$ 的列数.

按此定义，一个 $1\times s$ 矩阵与一个 $s\times1$ 矩阵的乘积是一个一阶方阵，也就是一个数，即

$$(a_{i1}\,a_{i2}\cdots a_{is})\begin{pmatrix} b_{1j} \\ b_{2j} \\ \vdots \\ b_{sj} \end{pmatrix}=a_{i1}b_{1j}+a_{i2}b_{2j}+\cdots+a_{is}b_{sj}$$

思考：如何将 n 元一次线性方程组简洁地写成矩阵的形式.

例 2-8　若 $\boldsymbol{A}=\begin{pmatrix} 2 & 3 \\ 1 & -2 \\ 3 & 1 \end{pmatrix}$，$\boldsymbol{B}=\begin{pmatrix} 1 & -2 & -3 \\ 2 & -1 & 0 \end{pmatrix}$，求 $\boldsymbol{AB}$.

解

$$AB=\begin{pmatrix}2&3\\1&-2\\3&1\end{pmatrix}\begin{pmatrix}1&-2&-3\\2&-1&0\end{pmatrix}$$

$$=\begin{pmatrix}2\times1+3\times2&2\times(-2)+3\times(-1)&2\times(-3)+3\times0\\1\times1+(-2)\times2&1\times(-2)+(-2)\times(-1)&1\times(-3)+(-2)\times0\\3\times1+1\times2&3\times(-2)+1\times(-1)&3\times(-3)+1\times0\end{pmatrix}$$

$$=\begin{pmatrix}8&-7&-6\\-3&0&-3\\5&-7&-9\end{pmatrix}$$

就此可以顺便求 **BA**：

$$BA=\begin{pmatrix}1&-2&-3\\2&-1&0\end{pmatrix}\begin{pmatrix}2&3\\1&-2\\3&1\end{pmatrix}$$

$$=\begin{pmatrix}1\times2+(-2)\times1+(-3)\times3&1\times3+(-2)\times(-2)+(-3)\times1\\2\times2+(-1)\times1+0\times3&2\times3+(-1)\times(-2)+0\times1\end{pmatrix}$$

$$=\begin{pmatrix}-9&4\\3&8\end{pmatrix}$$

显然，$AB\neq BA$.

例 2-9 设矩阵 $A=\begin{pmatrix}1\\2\\3\end{pmatrix}$，$B=(-1\quad 1\quad 2)$，求 **AB** 和 **BA**.

解
$$AB=\begin{pmatrix}1\\2\\3\end{pmatrix}(-1\quad 1\quad 2)=\begin{pmatrix}-1&1&2\\-2&2&4\\-3&3&6\end{pmatrix}$$

$$BA=(-1\quad 1\quad 2)\begin{pmatrix}1\\2\\3\end{pmatrix}=(7)$$

可见，矩阵的乘法一般不满足交换律，即 **AB** 不一定等于 **BA**. 为了区别相乘的次序，称 $\boldsymbol{AB}$ 为 $\boldsymbol{A}$ 左乘 $\boldsymbol{B}$ 或 $\boldsymbol{B}$ 右乘 $\boldsymbol{A}$. 只有在特定的条件下才有 $\boldsymbol{AB}=\boldsymbol{BA}$，这时称 $\boldsymbol{A}$、$\boldsymbol{B}$ 是可交换矩阵. 对于单位矩阵 $\boldsymbol{E}$，容易得出 $\boldsymbol{E}_m\boldsymbol{A}_{m\times n}=\boldsymbol{A}_{m\times n}\boldsymbol{E}_m=\boldsymbol{A}_{m\times n}$. 可见，单位矩阵 $\boldsymbol{E}$ 在矩阵的乘法中的作用类似于数字 1.

另外，数量矩阵：

$$\boldsymbol{A}=\begin{pmatrix} a & & & \\ & a & & \\ & & \ddots & \\ & & & a \end{pmatrix}=a\boldsymbol{E}$$

由 $(a\boldsymbol{E})\boldsymbol{A}=a\boldsymbol{A}$，$\boldsymbol{A}(a\boldsymbol{E})=a\boldsymbol{A}$ 可知，数量矩阵与任何同阶方阵都是可交换的.

例 2－10 设矩阵 $\boldsymbol{A}=\begin{pmatrix} 1 & 2 & -2 \\ 3 & 2 & 4 \end{pmatrix}$，$\boldsymbol{B}=\begin{pmatrix} 1 & 4 & -1 \\ 3 & 1 & -3 \end{pmatrix}$，$\boldsymbol{C}=\begin{pmatrix} 1 & 1 \\ 0 & 0 \\ 0 & 0 \end{pmatrix}$，求 $\boldsymbol{AC}$ 和 $\boldsymbol{BC}$.

解

$$\boldsymbol{AC}=\begin{pmatrix} 1 & 2 & -2 \\ 3 & 2 & 4 \end{pmatrix}\begin{pmatrix} 1 & 1 \\ 0 & 0 \\ 0 & 0 \end{pmatrix}=\begin{pmatrix} 1 & 1 \\ 3 & 3 \end{pmatrix}$$

$$\boldsymbol{BC}=\begin{pmatrix} 1 & 4 & -1 \\ 3 & 1 & -3 \end{pmatrix}\begin{pmatrix} 1 & 1 \\ 0 & 0 \\ 0 & 0 \end{pmatrix}=\begin{pmatrix} 1 & 1 \\ 3 & 3 \end{pmatrix}$$

可见，$\boldsymbol{AC}=\boldsymbol{BC}$，$\boldsymbol{C}\neq\boldsymbol{O}$，但 $\boldsymbol{A}\neq\boldsymbol{B}$，矩阵乘法运算不满足消去律.

同样，仅由 $\boldsymbol{AB}=\boldsymbol{O}$ 不能推断 $\boldsymbol{A}=\boldsymbol{O}$ 或 $\boldsymbol{B}=\boldsymbol{O}$. 例如：

$$\begin{pmatrix} 1 & -2 \\ -1 & 2 \end{pmatrix}\begin{pmatrix} 2 & 2 \\ 1 & 1 \end{pmatrix}=\begin{pmatrix} 0 & 0 \\ 0 & 0 \end{pmatrix}$$

矩阵的乘法满足下列运算律(假定等式的左端或右端有意义)：

(1) 结合律：$(\boldsymbol{AB})\boldsymbol{C}=\boldsymbol{A}(\boldsymbol{BC})$.

(2) 右分配律：$\boldsymbol{A}(\boldsymbol{B}+\boldsymbol{C})=\boldsymbol{AB}+\boldsymbol{AC}$；左分配律：$(\boldsymbol{B}+\boldsymbol{C})\boldsymbol{A}=\boldsymbol{BA}+\boldsymbol{CA}$.

(3) $k(\boldsymbol{AB})=(k\boldsymbol{A})\boldsymbol{B}=\boldsymbol{A}(k\boldsymbol{B})$.

例 2－11 平面图形由一个封闭曲线围成的区域或多个封闭曲线围成的区域

构成. 例如，字母 L 由 a，b，c，d，e，f 的连线构成(见图 2－3). 如果将这 6 个点的坐标记录下来，便可由此生成这个字母. 将 6 个点的坐标按矩阵 $\boldsymbol{A}=\begin{pmatrix}0 & 4 & 4 & 1 & 1 & 0\\ 0 & 0 & 1 & 1 & 6 & 6\end{pmatrix}$ 的方式记录下来，第 i 个行向量就是第 i 个点的坐标. 数乘矩阵 $k\boldsymbol{A}$ 所对应的图形相当于把图形放大 k 倍，用矩阵 $\boldsymbol{P}=\begin{pmatrix}1 & 0.25\\ 0 & 1\end{pmatrix}$ 乘 $\boldsymbol{A}$，即

$$\boldsymbol{PA}=\begin{pmatrix}0 & 4 & 4.25 & 1.25 & 2.5 & 1.5\\ 0 & 0 & 1 & 1 & 6 & 6\end{pmatrix}$$

矩阵所对应的字母变成斜体(见图 2－4).

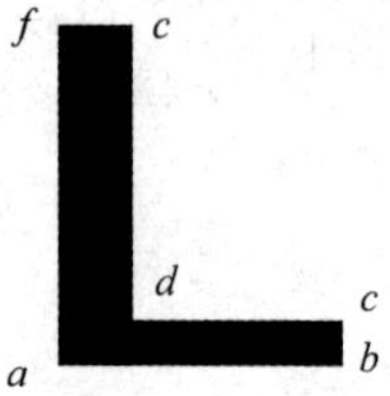

图 2－3　字母 L 的构成

图 2－4　斜体字母 L

3. 线性方程组的矩阵表示

设有 n 个未知数 m 个方程的线性方程组：

$$\begin{cases}a_{11}x_1+a_{12}x_2+\cdots+a_{1n}x_n=b_1\\ a_{21}x_1+a_{22}x_2+\cdots+a_{2n}x_n=b_2\\ \qquad\qquad\vdots\\ a_{m1}x_1+a_{m2}x_2+\cdots+a_{mn}x_n=b_m\end{cases}\tag{2-1}$$

其中，a_{ij} 是未知数的系数；b_1，b_2，…，b_m 称为方程组的常数项.

当 b_1，b_2，…，b_m 不全为零时，线性方程组(2－1)称为 n 元非齐次线性方程组；当 b_1，b_2，…，b_m 全为零时，线性方程组(2－1)称为齐次线性方程组，即

$$\begin{cases}a_{11}x_1+a_{12}x_2+\cdots+a_{1n}x_n=0\\ a_{21}x_1+a_{22}x_2+\cdots+a_{2n}x_n=0\\ \qquad\qquad\vdots\\ a_{m1}x_1+a_{m2}x_2+\cdots+a_{mn}x_n=0\end{cases}$$

线性方程组中，若记$\boldsymbol{A}=\begin{pmatrix} a_{11} & a_{12} & \cdots & a_{1n} \\ a_{21} & a_{22} & \cdots & a_{2n} \\ \vdots & \vdots & & \vdots \\ a_{m1} & a_{m2} & \cdots & a_{mn} \end{pmatrix}$，$\boldsymbol{x}=\begin{pmatrix} x_1 \\ x_2 \\ \vdots \\ x_n \end{pmatrix}$，$\boldsymbol{b}=\begin{pmatrix} b_1 \\ b_2 \\ \vdots \\ b_m \end{pmatrix}$，利用矩阵乘法，线性方程组可以表示为$\boldsymbol{Ax}=\boldsymbol{b}$. 其中，$\boldsymbol{A}$为方程组的系数矩阵.

将线性方程组写成矩阵方程的形式，不仅书写方便，而且可以把线性方程组的理论与矩阵理论联系起来，这给线性方程组的讨论带来了很大的便利.

4. 线性变换的概念

变量x_1，x_2，…，x_n与变量y_1，y_2，…，y_m之间的关系式：

$$\begin{cases} y_1 = a_{11}x_1 + a_{12}x_2 + \cdots + a_{1n}x_n \\ y_2 = a_{21}x_1 + a_{22}x_2 + \cdots + a_{2n}x_n \\ \qquad\qquad \vdots \\ y_m = a_{m1}x_1 + a_{m2}x_2 + \cdots + a_{mn}x_n \end{cases} \tag{2-2}$$

称为从变量x_1，x_2，…，x_n到变量y_1，y_2，…，y_m的线性变换，其中a_{ij}（$i=1, 2, \cdots, m$；$j=1, 2, \cdots, n$）为常数，式(2-2)的系数a_{ij}构成的矩阵$\boldsymbol{A}=(a_{ij})_{m\times s}$称为式(2-2)的系数矩阵.

设$\boldsymbol{A}=\begin{pmatrix} a_{11} & a_{12} & \cdots & a_{1n} \\ a_{21} & a_{22} & \cdots & a_{2n} \\ \vdots & \vdots & & \vdots \\ a_{m1} & a_{m2} & \cdots & a_{mn} \end{pmatrix}$，$\boldsymbol{x}=\begin{pmatrix} x_1 \\ x_2 \\ \vdots \\ x_n \end{pmatrix}$，$\boldsymbol{y}=\begin{pmatrix} y_1 \\ y_2 \\ \vdots \\ y_m \end{pmatrix}$，则变换关系式(2-2)可表示为列矩阵形式：

$$\boldsymbol{y}=\boldsymbol{Ax} \tag{2-3}$$

易见，线性变换与其系数矩阵之间存在着一一对应的关系. 因而可利用矩阵来研究线性变换，也可以利用线性变换来研究矩阵. 当线性变换的系数矩阵为单位矩阵$\boldsymbol{E}$时，线性变换$\boldsymbol{y}=\boldsymbol{Ex}$称为恒等变换，因为$\boldsymbol{Ex}=\boldsymbol{x}$. 从矩阵运算的角度来看，线性变换式(2-3)实际上建立了一种从矩阵$\boldsymbol{x}$到矩阵$\boldsymbol{Ax}$的矩阵变换关系：$\boldsymbol{x}\rightarrow\boldsymbol{Ax}$.

例 2-12 设有线性变换$\boldsymbol{y}=\boldsymbol{Ax}$，其中$\boldsymbol{A}=\begin{pmatrix} 1 & 2 \\ 0 & 1 \end{pmatrix}$，$\boldsymbol{x}=\begin{pmatrix} 1 \\ 1 \end{pmatrix}$，试求出向量$\boldsymbol{y}$，

并指出该变换的几何意义.

解
$$y=Ax=\begin{pmatrix}1 & 2\\0 & 1\end{pmatrix}\begin{pmatrix}1\\1\end{pmatrix}=\begin{pmatrix}3\\1\end{pmatrix}$$

其几何意义是：线性变换 $\boldsymbol{y}=\boldsymbol{A}\boldsymbol{x}$ 将平面 x_1Ox_2 上的向量 $\boldsymbol{x}=\begin{pmatrix}1\\1\end{pmatrix}$ 变换为该平面上的另一向量 $\boldsymbol{y}=\begin{pmatrix}3\\1\end{pmatrix}$，见图 2－5.

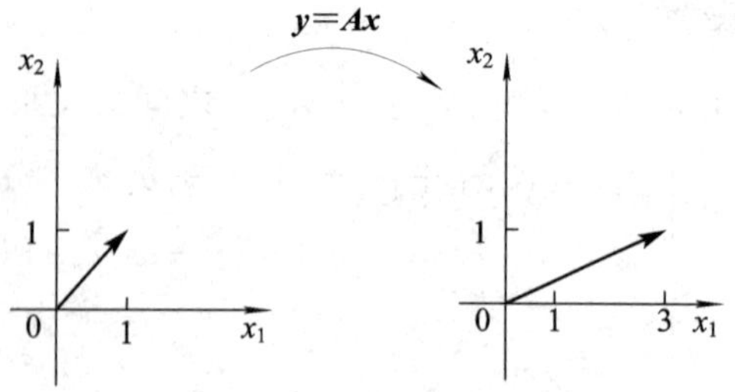

图 2－5　例 2－12 图

我们可以对例 2－12 的结果做进一步的延伸，来看看线性变换在图像处理中的一个应用.

事实上，计算机图像处理中的缩放与旋转变换就是一种线性变换. 这里我们以极坐标函数 $\rho=\sin(2.9\theta)\mathrm{e}^{\sin^4(4.9\theta)}$ 图像的线性变换为例来说明. 首先用计算机生成该函数在指定区间上的图像(见图 2－6)，若以矩阵 $\boldsymbol{A}$ 表示该图像所有像素点信息构成的数值矩阵，给定下列三个线性变换：

$$\boldsymbol{y}=\begin{pmatrix}0.8 & 0\\0 & 0.7\end{pmatrix}\boldsymbol{x}$$

$$\boldsymbol{y}=\frac{\sqrt{2}}{2}\begin{pmatrix}1 & 1\\-1 & 1\end{pmatrix}\boldsymbol{x}$$

$$\boldsymbol{y}=\begin{pmatrix}-0.6 & 0.6\sqrt{3}\\-0.4\sqrt{3} & 0.4\end{pmatrix}\boldsymbol{x}$$

并设原图 $\boldsymbol{A}$ 在上述三个线性变换下的图像分别为变换图 $\boldsymbol{A}_1$、$\boldsymbol{A}_2$ 与 $\boldsymbol{A}_3$，则可计算得到图 2－6 所示的变换图 $\boldsymbol{A}_1$、$\boldsymbol{A}_2$ 与 $\boldsymbol{A}_3$.

原图$\boldsymbol{A}$

变换图 $\boldsymbol{A}_1=\begin{pmatrix}0.8 & 0\\ 0 & 0.7\end{pmatrix}\boldsymbol{A}$

变换图 $\boldsymbol{A}_2=\dfrac{\sqrt{2}}{2}\begin{pmatrix}1 & 1\\ -1 & 1\end{pmatrix}\boldsymbol{A}$

变换图 $\boldsymbol{A}_3=\begin{pmatrix}-0.6 & 0.6\sqrt{3}\\ -0.4\sqrt{3} & 0.4\end{pmatrix}\boldsymbol{A}$

图 2－6　变换结果

例 2－13　设 $\boldsymbol{A}=\begin{pmatrix}1 & 0 & 0\\ 0 & 1 & 0\\ 0 & 0 & 0\end{pmatrix}$ 为三维空间的一个向量，试讨论矩阵变换 $\boldsymbol{x}\to\boldsymbol{A}\boldsymbol{x}$ 的几何意义.

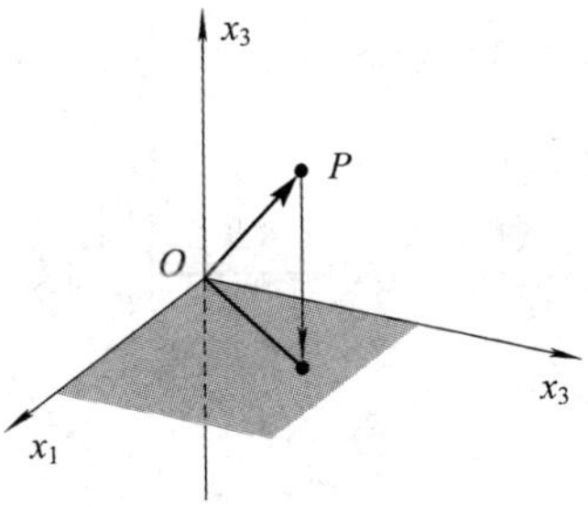

图 2－7　例 2－13 图

解　如图 2－7 所示，设 $\boldsymbol{x}=\overrightarrow{OP}=\begin{pmatrix}x_1\\ x_2\\ x_3\end{pmatrix}$，则

$$\begin{pmatrix}x_1\\ x_2\\ x_3\end{pmatrix}\to\begin{pmatrix}1 & 0 & 0\\ 0 & 1 & 0\\ 0 & 0 & 0\end{pmatrix}\begin{pmatrix}x_1\\ x_2\\ x_3\end{pmatrix}=\begin{pmatrix}x_1\\ x_2\\ 0\end{pmatrix}$$

从几何上看，在变换 $\boldsymbol{x}\to\boldsymbol{A}\boldsymbol{x}$ 下，空间中的点 $P(x_1, x_2, x_3)$ 被投影到了 x_1Ox_2 平面上.

5. 矩阵的转置满足的运算律(假设运算都是可行的)

(1) $(\boldsymbol{A}^{\mathrm{T}})^{\mathrm{T}}=\boldsymbol{A}$;

(2) $(\boldsymbol{A}+\boldsymbol{B})^{\mathrm{T}}=\boldsymbol{A}^{\mathrm{T}}+\boldsymbol{B}^{\mathrm{T}}$;

(3) $(\lambda\boldsymbol{A})^{\mathrm{T}}=\lambda\boldsymbol{A}^{\mathrm{T}}$($\lambda$ 为数);

(4) $(\boldsymbol{AB})^{\mathrm{T}}=\boldsymbol{B}^{\mathrm{T}}\boldsymbol{A}^{\mathrm{T}}$.

证明 性质(1)、(2)、(3)显然成立，现证性质(4). 设 $\boldsymbol{A}=(a_{ik})_{m\times s}$，$\boldsymbol{B}=(b_{kj})_{s\times n}$，$\boldsymbol{AB}$ 是 $m\times n$ 矩阵，所以 $(\boldsymbol{AB})^{\mathrm{T}}$ 是 $n\times m$ 矩阵，而 $\boldsymbol{B}^{\mathrm{T}}$ 是 $n\times s$ 矩阵，$\boldsymbol{A}^{\mathrm{T}}$ 是 $s\times m$ 矩阵，所以 $\boldsymbol{B}^{\mathrm{T}}\boldsymbol{A}^{\mathrm{T}}$ 也是 $n\times m$，记 $\boldsymbol{AB}=\boldsymbol{C}=(c_{ij})_{m\times n}$，$\boldsymbol{B}^{\mathrm{T}}\boldsymbol{A}^{\mathrm{T}}=\boldsymbol{D}=(d_{ij})_{n\times m}$.

$(\boldsymbol{AB})^{\mathrm{T}}$ 的第 i 行第 j 列元素就是 $\boldsymbol{AB}$ 的第 j 行第 i 列的元素：

$$c_{ji}=a_{j1}b_{1i}+a_{j2}b_{2i}+\cdots+a_{js}b_{si}$$

而 $\boldsymbol{B}^{\mathrm{T}}\boldsymbol{A}^{\mathrm{T}}$ 的第 i 行第 j 列元素是 $\boldsymbol{B}^{\mathrm{T}}$ 的第 i 行 $(b_{1i}, b_{2i}, \cdots, b_{si})$ 与 $\boldsymbol{A}^{\mathrm{T}}$ 的第 j 列 $(a_{j1}, a_{j2}, \cdots, a_{js})^{\mathrm{T}}$ 的乘积，所以

$$d_{ji}=b_{1i}a_{j1}+b_{2i}a_{j2}+\cdots+b_{si}a_{js}$$

因此 $d_{ij}=c_{ji}(i=1, 2, \cdots, n; j=1, 2, \cdots, m)$，即 $(\boldsymbol{AB})^{\mathrm{T}}=\boldsymbol{B}^{\mathrm{T}}\boldsymbol{A}^{\mathrm{T}}$.

例 2－14 矩阵 $\boldsymbol{A}=\begin{pmatrix}2 & 0 & -1\\1 & 2 & 3\end{pmatrix}$，$\boldsymbol{B}=\begin{pmatrix}1 & 4 & -1\\0 & 2 & 3\\2 & 0 & 1\end{pmatrix}$，求 $\boldsymbol{AB}$、$(\boldsymbol{AB})^{\mathrm{T}}$ 和 $\boldsymbol{B}^{\mathrm{T}}\boldsymbol{A}^{\mathrm{T}}$.

解

$$\boldsymbol{AB}=\begin{pmatrix}2 & 0 & -1\\1 & 2 & 3\end{pmatrix}\begin{pmatrix}1 & 4 & -1\\0 & 2 & 3\\2 & 0 & 1\end{pmatrix}=\begin{pmatrix}0 & 8 & -3\\7 & 8 & 8\end{pmatrix}$$

$$(\boldsymbol{AB})^{\mathrm{T}}=\begin{pmatrix}0 & 7\\8 & 8\\-3 & 8\end{pmatrix}$$

$$\boldsymbol{B}^{\mathrm{T}}\boldsymbol{A}^{\mathrm{T}}=\begin{pmatrix}1 & 0 & 2\\4 & 2 & 0\\-1 & 3 & 1\end{pmatrix}\begin{pmatrix}2 & 1\\0 & 2\\-1 & 3\end{pmatrix}=\begin{pmatrix}0 & 7\\8 & 8\\-3 & 8\end{pmatrix}=(\boldsymbol{AB})^{\mathrm{T}}$$

6. 方阵的幂

定义 2.5 设 $\boldsymbol{A}$ 为 n 阶方阵，规定 $\boldsymbol{A}^0=\boldsymbol{E}$，$\boldsymbol{A}^1=\boldsymbol{A}$，$\boldsymbol{A}^2=\boldsymbol{AA}$，$\cdots$，$\boldsymbol{A}^{k+1}=\boldsymbol{A}^k\boldsymbol{A}^1$（$k$ 为正整数）.

显然，$\boldsymbol{A}^k$ 是 k 个 $\boldsymbol{A}$ 连乘. 只有当 $\boldsymbol{A}$ 是方阵时，它的幂才有意义.

根据矩阵乘法的结合律，易证方阵的幂有以下性质：

(1) $\boldsymbol{A}^k\boldsymbol{A}^l=\boldsymbol{A}^{k+l}$；

(2) $(\boldsymbol{A}^k)^l=\boldsymbol{A}^{kl}$，其中，$k$、$l$ 均为正整数.

值得注意的是，对于 n 阶方阵 $\boldsymbol{A}$、$\boldsymbol{B}$，因为矩阵乘法不满足交换律，所以一般而言 $(\boldsymbol{AB})^k\neq\boldsymbol{A}^k\boldsymbol{B}^k$，只有当 $\boldsymbol{A}$、$\boldsymbol{B}$ 可交换时，才有 $(\boldsymbol{AB})^k=\boldsymbol{A}^k\boldsymbol{B}^k$. 类似可知，例如，$(\boldsymbol{A}+\boldsymbol{B})^2=\boldsymbol{A}^2+2\boldsymbol{AB}+\boldsymbol{B}^2$，$(\boldsymbol{A}-\boldsymbol{B})(\boldsymbol{A}+\boldsymbol{B})=\boldsymbol{A}^2-\boldsymbol{B}^2$ 等公式，也只有当 $\boldsymbol{A}$、$\boldsymbol{B}$ 可交换时才成立.

例 2-15 举反例说明下列命题是错误的：

(1) 若 $\boldsymbol{A}^2=\boldsymbol{O}$，则 $\boldsymbol{A}=\boldsymbol{O}$；

(2) 若 $\boldsymbol{A}^2=\boldsymbol{A}$，则 $\boldsymbol{A}=\boldsymbol{O}$ 或 $\boldsymbol{A}=\boldsymbol{E}$.

解 (1) 取 $\boldsymbol{A}=\begin{pmatrix}0&1\\0&0\end{pmatrix}$，显然 $\boldsymbol{A}^2=\boldsymbol{O}$，但 $\boldsymbol{A}\neq\boldsymbol{O}$；

(2) 取 $\boldsymbol{A}=\begin{pmatrix}1&1\\0&0\end{pmatrix}$，显然 $\boldsymbol{A}^2=\boldsymbol{A}$，但 $\boldsymbol{A}\neq\boldsymbol{O}$ 且 $\boldsymbol{A}\neq\boldsymbol{E}$.

例 2-16 设 $\boldsymbol{A}=\begin{pmatrix}\lambda&1&0\\0&\lambda&1\\0&0&\lambda\end{pmatrix}$，求 $\boldsymbol{A}^3$.

解
$$\boldsymbol{A}^2=\begin{pmatrix}\lambda&1&0\\0&\lambda&1\\0&0&\lambda\end{pmatrix}\begin{pmatrix}\lambda&1&0\\0&\lambda&1\\0&0&\lambda\end{pmatrix}=\begin{pmatrix}\lambda^2&2\lambda&1\\0&\lambda^2&2\lambda\\0&0&\lambda^2\end{pmatrix}$$

$$\boldsymbol{A}^3=\boldsymbol{A}^2\boldsymbol{A}=\begin{pmatrix}\lambda^2&2\lambda&1\\0&\lambda^2&2\lambda\\0&0&\lambda^2\end{pmatrix}\begin{pmatrix}\lambda&1&0\\0&\lambda&1\\0&0&\lambda\end{pmatrix}=\begin{pmatrix}\lambda^3&3\lambda^2&3\lambda\\0&\lambda^3&3\lambda^2\\0&0&\lambda^3\end{pmatrix}$$

7. 方阵的行列式

定义 2.6 由 n 阶方阵 $\boldsymbol{A}$ 的元素所构成的行列式(各元素的位置不变)，称为方阵 $\boldsymbol{A}$ 的行列式，记作 $|\boldsymbol{A}|$ 或 $\det\boldsymbol{A}$.

注：方阵与行列式是两个不同的概念，n 阶方阵是 n^2 个数按一定方式排成的数表，而 n 阶行列式则是这些数按一定的运算法则所确定的一个数值(实数或复数).

方阵 $\boldsymbol{A}$ 的行列式 $|\boldsymbol{A}|$ 满足以下运算规律(设 $\boldsymbol{A}$、$\boldsymbol{B}$ 为 n 阶方阵，k 为常数)：

(1) $|\boldsymbol{A}^{\mathrm{T}}|=|\boldsymbol{A}|$(行列式性质)；

(2) $|kA| = k^n |A|$;

(3) $|AB| = |A||B|$.

习题 2.2

1. 计算：

(1) $\begin{pmatrix} 1 & 6 & 4 \\ -4 & 2 & 8 \end{pmatrix} + \begin{pmatrix} -2 & 0 & 1 \\ 2 & -3 & 4 \end{pmatrix}$； (2) $\begin{pmatrix} 1 & -1 \\ 2 & 1 \end{pmatrix} - \begin{pmatrix} -1 & 0 \\ 1 & 3 \end{pmatrix}$.

2. 设 $\boldsymbol{A} = \begin{pmatrix} 1 & 2 & 1 & 2 \\ 2 & 1 & 2 & 1 \\ 1 & 2 & 3 & 4 \end{pmatrix}$，$\boldsymbol{B} = \begin{pmatrix} 4 & 3 & 2 & 1 \\ -2 & 1 & -2 & 1 \\ 0 & 1 & 0 & -1 \end{pmatrix}$，计算：

(1) $3\boldsymbol{A} - \boldsymbol{B}$；

(2) $2\boldsymbol{A} + 3\boldsymbol{B}$；

(3) 若 $\boldsymbol{X}$ 满足 $\boldsymbol{A} + \boldsymbol{X} = \boldsymbol{B}$，求 $\boldsymbol{X}$.

3. 计算：

(1) $\begin{pmatrix} 4 & 3 & 1 \\ 1 & -2 & 3 \\ 5 & 7 & 0 \end{pmatrix} \begin{pmatrix} 7 \\ 2 \\ 1 \end{pmatrix}$； (2) $\begin{pmatrix} 1 & 2 & 3 \\ 2 & 4 & 6 \\ 3 & 6 & 9 \end{pmatrix} \begin{pmatrix} -1 & -2 & -4 \\ -1 & -2 & -4 \\ 1 & 2 & 4 \end{pmatrix}$；

(3) $\begin{pmatrix} 3 \\ 2 \\ 1 \end{pmatrix} (1 \quad 2 \quad 3)$； (4) $(1 \quad 2 \quad 3) \begin{pmatrix} 3 \\ 2 \\ 1 \end{pmatrix}$；

(5) $\begin{pmatrix} 0 & 0 & 1 \\ 0 & 1 & 0 \\ 1 & 0 & 0 \end{pmatrix} \begin{pmatrix} 6 & 2 & -1 \\ 1 & 4 & -6 \\ 3 & -5 & 4 \end{pmatrix}$；(6) $\begin{pmatrix} 3 & 1 & 2 & -1 \\ 0 & 3 & 1 & 0 \end{pmatrix} \begin{pmatrix} 1 & 0 & 5 \\ 0 & 2 & 0 \\ 1 & 0 & 1 \\ 0 & 3 & 0 \end{pmatrix} \begin{pmatrix} -1 & 0 \\ 1 & 5 \\ 0 & 2 \end{pmatrix}$.

4. 设 $\boldsymbol{A} = \begin{pmatrix} 1 & 1 & 1 \\ 1 & 1 & -1 \\ 1 & -1 & 1 \end{pmatrix}$，$\boldsymbol{B} = \begin{pmatrix} 1 & 2 & 3 \\ -1 & -2 & 4 \\ 0 & 5 & 1 \end{pmatrix}$，求 $3\boldsymbol{AB} - 2\boldsymbol{A}$ 及 $\boldsymbol{A}^{\mathrm{T}}\boldsymbol{B}$.

5. 设有线性变换 $\boldsymbol{y} = \boldsymbol{Ax}$，其中系数矩阵 $\boldsymbol{A}$ 分别取 $\begin{pmatrix} 1 & 0 \\ 0 & 0 \end{pmatrix}$、$\begin{pmatrix} 1 & 0 \\ 0 & -1 \end{pmatrix}$ 时，试

求出向量 $\boldsymbol{x}=\begin{pmatrix}1\\1\end{pmatrix}$ 在相应变换下对应的新变量 $\boldsymbol{y}$，并指出该变换的几何意义.

6. 已知两个线性变换：

$$\begin{cases}x_1=2y_1+y_3\\x_2=-2y_1+3y_2+2y_3\\x_3=4y_1+y_2+5y_3\end{cases},\quad\begin{cases}y_1=-3z_1+z_2\\y_2=2z_1+z_3\\y_3=-z_2+3z_3\end{cases}$$

求从 z_1，z_2，z_3 到 x_1，x_2，x_3 的线性变换.

7. 计算下列矩阵(其中 n 为正整数)：

(1) $\begin{pmatrix}1&1\\0&0\end{pmatrix}^n$；　　(2) $\begin{pmatrix}a&0&0\\0&b&0\\0&0&c\end{pmatrix}^n$.

8. 设 $\boldsymbol{\alpha}=\begin{pmatrix}1\\2\\3\end{pmatrix}$，$\boldsymbol{\beta}=\begin{pmatrix}1\\\frac{1}{2}\\\frac{1}{3}\end{pmatrix}$，$\boldsymbol{A}=\boldsymbol{\alpha}\boldsymbol{\beta}^{\mathrm{T}}$，求 $\boldsymbol{A}^n$.

9. 设 $\boldsymbol{A}$、$\boldsymbol{B}$ 都是 n 阶对称矩阵，证明 $\boldsymbol{AB}$ 是对称矩阵的充分必要条件是$\boldsymbol{AB}=\boldsymbol{BA}$.

10. 证明：对任意 $m\times n$ 矩阵 $\boldsymbol{A}$，$\boldsymbol{A}^{\mathrm{T}}\boldsymbol{A}$ 及 $\boldsymbol{A}\boldsymbol{A}^{\mathrm{T}}$ 都是对称矩阵.

11. 设 $\boldsymbol{A}$、$\boldsymbol{B}$ 均为 3 阶方阵，$|\boldsymbol{A}|=2$，$|\boldsymbol{B}|=-3$，求行列式 $|2\boldsymbol{AB}|$ 的值.

12. 设 $\boldsymbol{\gamma}_1$，$\boldsymbol{\gamma}_2$，$\boldsymbol{\gamma}_3$，$\boldsymbol{\alpha}$，$\boldsymbol{\beta}$ 均为四维列向量，$\boldsymbol{A}=(\boldsymbol{\gamma}_1, \boldsymbol{\gamma}_2, \boldsymbol{\gamma}_3, \boldsymbol{\alpha})$，$\boldsymbol{B}=(\boldsymbol{\gamma}_1, \boldsymbol{\gamma}_2, \boldsymbol{\gamma}_3, \boldsymbol{\beta})$，且 $|\boldsymbol{A}|=2$，$|\boldsymbol{B}|=3$，求 $|\boldsymbol{A}+\boldsymbol{B}|$.

13. 设 $\boldsymbol{A}=(\boldsymbol{a}_1, \boldsymbol{a}_2, \boldsymbol{a}_3, \boldsymbol{a}_4)$，$\boldsymbol{B}=(\boldsymbol{a}_2, 2\boldsymbol{a}_1, \boldsymbol{a}_3, 2\boldsymbol{a}_4)$，其中 $\boldsymbol{a}_i$ 是四维列向量，$i=1, 2, 3, 4$，已知 $|\boldsymbol{A}|=a$，求 $|\boldsymbol{A}+\boldsymbol{B}|$.

14. 设三阶方阵 $\boldsymbol{A}$、$\boldsymbol{B}$ 满足 $\boldsymbol{A}^2+\boldsymbol{AB}+2\boldsymbol{E}=\boldsymbol{O}$，已知 $|\boldsymbol{A}|=2$，求 $|\boldsymbol{A}+\boldsymbol{B}|$.

2.3 逆 矩 阵

在数的乘法中，对于数 $a\neq0$，总存在唯一的一个数 b，使得 $ab=ba=1$，数 b 是 a 的倒数，即 $b=\dfrac{1}{a}=a^{-1}$. 利用倒数，数的除法可以转化为乘积的形式：$x\div a=$

$x \cdot \frac{1}{a}=x \cdot a^{-1}$，这里 $a \neq 0$. 对于一个矩阵 $\boldsymbol{A}$，是否也存在类似的运算？其实把这一思想应用到矩阵的运算中，并注意到单位矩阵 $\boldsymbol{E}$ 在矩阵的乘法运算中作用与 1 类似，由此我们引入逆矩阵的概念.

1. 逆矩阵的概念与性质

定义 2.7 对于 n 阶方阵 $\boldsymbol{A}$，如果存在一个 n 阶方阵 $\boldsymbol{B}$，使得 $\boldsymbol{AB}=\boldsymbol{BA}=\boldsymbol{E}$，则称 $\boldsymbol{A}$ 是可逆的，并把矩阵 $\boldsymbol{B}$ 称为 $\boldsymbol{A}$ 的逆矩阵或 $\boldsymbol{A}$ 的逆阵. 如果矩阵 $\boldsymbol{A}$ 是可逆的，那么 $\boldsymbol{A}$ 的逆矩阵是唯一的.

事实上，若 $\boldsymbol{B}$ 和 $\boldsymbol{C}$ 都是 $\boldsymbol{A}$ 的逆矩阵，则有 $\boldsymbol{AB}=\boldsymbol{BA}=\boldsymbol{E}$，$\boldsymbol{AC}=\boldsymbol{CA}=\boldsymbol{E}$，于是根据矩阵乘法的结合律及单位矩阵的性质有 $\boldsymbol{B}=\boldsymbol{BE}=\boldsymbol{B}(\boldsymbol{AC})=(\boldsymbol{BA})\boldsymbol{C}=\boldsymbol{EC}=\boldsymbol{C}$，因此 $\boldsymbol{B}=\boldsymbol{C}$，所以逆矩阵是唯一的.

$\boldsymbol{A}$ 的逆矩阵记为 $\boldsymbol{A}^{-1}$，即若 $\boldsymbol{AB}=\boldsymbol{BA}=\boldsymbol{E}$，则 $\boldsymbol{B}=\boldsymbol{A}^{-1}$.

可逆矩阵的性质如下：

(1) 若矩阵 $\boldsymbol{A}$ 可逆，则 $\boldsymbol{A}^{-1}$ 也可逆，且 $(\boldsymbol{A}^{-1})^{-1}=\boldsymbol{A}$；

(2) 若矩阵 $\boldsymbol{A}$ 可逆，数 $\lambda \neq 0$，则 $\lambda\boldsymbol{A}$ 可逆，且 $(\lambda\boldsymbol{A})^{-1}=\frac{1}{\lambda}\boldsymbol{A}^{-1}$；

(3) 若矩阵 $\boldsymbol{A}$ 可逆，那么 $\boldsymbol{A}^{\mathrm{T}}$ 也可逆，且 $(\boldsymbol{A}^{\mathrm{T}})^{-1}=(\boldsymbol{A}^{-1})^{\mathrm{T}}$；

(4) 若矩阵 $\boldsymbol{A}$、$\boldsymbol{B}$ 均为 n 阶可逆阵，则 $\boldsymbol{AB}$ 也可逆，且 $(\boldsymbol{AB})^{-1}=\boldsymbol{B}^{-1}\boldsymbol{A}^{-1}$；

证明 因 $\boldsymbol{A}^{-1}$、$\boldsymbol{B}^{-1}$ 存在，故

$$(\boldsymbol{AB})(\boldsymbol{B}^{-1}\boldsymbol{A}^{-1})=\boldsymbol{ABB}^{-1}\boldsymbol{A}^{-1}=\boldsymbol{AEA}^{-1}=\boldsymbol{AA}^{-1}=\boldsymbol{E}$$

$$(\boldsymbol{B}^{-1}\boldsymbol{A}^{-1})(\boldsymbol{AB})=\boldsymbol{B}^{-1}(\boldsymbol{A}^{-1}\boldsymbol{A})\boldsymbol{B}=\boldsymbol{B}^{-1}\boldsymbol{EB}=\boldsymbol{B}^{-1}\boldsymbol{B}=\boldsymbol{E}$$

可知 $\boldsymbol{B}^{-1}\boldsymbol{A}^{-1}$ 是 $\boldsymbol{AB}$ 的逆矩阵.

推广 如果 $\boldsymbol{A}_1$，$\boldsymbol{A}_2$，…，$\boldsymbol{A}_s$ 都是同阶可逆阵，那么 $\boldsymbol{A}_1\boldsymbol{A}_2\cdots\boldsymbol{A}_s$ 也是可逆矩阵，且 $(\boldsymbol{A}_1\boldsymbol{A}_2\cdots\boldsymbol{A}_s)^{-1}=\boldsymbol{A}_s^{-1}\cdots\boldsymbol{A}_2^{-1}\boldsymbol{A}_1^{-1}$.

(5) 若矩阵 $\boldsymbol{A}$ 可逆，则 $|\boldsymbol{A}^{-1}|=|\boldsymbol{A}|^{-1}$.

若 $\boldsymbol{A}$ 可逆，则 $\boldsymbol{AA}^{-1}=\boldsymbol{A}^{-1}\boldsymbol{A}=\boldsymbol{E}$，两边取行列式，得 $|\boldsymbol{A}||\boldsymbol{A}^{-1}|=1$，因而 $|\boldsymbol{A}|\neq 0$，且 $|\boldsymbol{A}^{-1}|=\frac{1}{|\boldsymbol{A}|}$.

若 n 阶矩阵 $\boldsymbol{A}$ 的行列式不为零，即 $|\boldsymbol{A}|\neq 0$，则称 $\boldsymbol{A}$ 为非奇异矩阵，否则称为奇异矩阵.

例 2-17 若方阵 $\boldsymbol{A}$ 满足等式 $\boldsymbol{A}^2-\boldsymbol{A}+\boldsymbol{E}=\boldsymbol{O}$，$\boldsymbol{A}$ 是否可逆？若 $\boldsymbol{A}$ 可逆，求出 $\boldsymbol{A}^{-1}$.

解 由 $\boldsymbol{A}^2-\boldsymbol{A}+\boldsymbol{E}=\boldsymbol{O}$ 可得，$\boldsymbol{A}-\boldsymbol{A}^2=\boldsymbol{E}$ 再变形得 $\boldsymbol{A}(\boldsymbol{E}-\boldsymbol{A})=(\boldsymbol{E}-\boldsymbol{A})\boldsymbol{A}=\boldsymbol{E}$. 由逆矩阵的定义可知，$\boldsymbol{A}$ 可逆且 $\boldsymbol{A}^{-1}=\boldsymbol{E}-\boldsymbol{A}$.

例 2-18 设 n 阶方阵 $\boldsymbol{A}$、$\boldsymbol{B}$ 及 $\boldsymbol{A}+\boldsymbol{B}$ 都可逆，证明 $\boldsymbol{A}^{-1}+\boldsymbol{B}^{-1}$ 也可逆，并求其逆矩阵.

分析 直接用定义比较困难，考虑利用“化和积”的思想把 $\boldsymbol{A}^{-1}+\boldsymbol{B}^{-1}$ 表示成可逆矩阵的乘积.

证明 因为 n 阶方阵 $\boldsymbol{A}$、$\boldsymbol{B}$ 及 $\boldsymbol{A}+\boldsymbol{B}$ 都可逆，所以 $\boldsymbol{A}\boldsymbol{A}^{-1}=\boldsymbol{A}^{-1}\boldsymbol{A}=\boldsymbol{E}$，$\boldsymbol{B}\boldsymbol{B}^{-1}=\boldsymbol{B}^{-1}\boldsymbol{B}=\boldsymbol{E}$，于是

$$\boldsymbol{A}^{-1}+\boldsymbol{B}^{-1}=\boldsymbol{A}^{-1}\boldsymbol{E}+\boldsymbol{E}\boldsymbol{B}^{-1}=\boldsymbol{A}^{-1}\boldsymbol{B}\boldsymbol{B}^{-1}+\boldsymbol{A}^{-1}\boldsymbol{A}\boldsymbol{B}^{-1}=\boldsymbol{A}^{-1}(\boldsymbol{B}+\boldsymbol{A})\boldsymbol{B}^{-1}$$

而 $[\boldsymbol{A}^{-1}(\boldsymbol{B}+\boldsymbol{A})\boldsymbol{B}^{-1}][\boldsymbol{B}(\boldsymbol{B}+\boldsymbol{A})^{-1}\boldsymbol{A}]=\boldsymbol{E}$，所以 $(\boldsymbol{A}^{-1}+\boldsymbol{B}^{-1})^{-1}=\boldsymbol{B}(\boldsymbol{B}+\boldsymbol{A})^{-1}\boldsymbol{A}$.

2. 伴随矩阵求逆矩阵

若 $\boldsymbol{A}=\begin{pmatrix} a_{11} & a_{12} & \cdots & a_{1n} \\ a_{21} & a_{22} & \cdots & a_{2n} \\ \vdots & \vdots & & \vdots \\ a_{n1} & a_{n2} & \cdots & a_{nn} \end{pmatrix}$，行列式 $|\boldsymbol{A}|$ 的各个元素的代数余子式 A_{ij} 所构成的矩阵 $\boldsymbol{A}^*=\begin{pmatrix} A_{11} & A_{21} & \cdots & A_{n1} \\ A_{12} & A_{22} & \cdots & A_{n2} \\ \vdots & \vdots & & \vdots \\ A_{1n} & A_{2n} & \cdots & A_{nn} \end{pmatrix}$ 称为 $\boldsymbol{A}$ 的伴随矩阵，记为 $\boldsymbol{A}^*$.

定理 2.1 n 阶矩阵 $\boldsymbol{A}$ 可逆的充要条件为 $|\boldsymbol{A}|\neq 0$，且当 $\boldsymbol{A}$ 可逆时，$\boldsymbol{A}^{-1}=\dfrac{1}{|\boldsymbol{A}|}\boldsymbol{A}^*$，其中 $\boldsymbol{A}^*$ 为 $\boldsymbol{A}$ 的伴随矩阵.

证明 **必要性** 见逆矩阵的性质(5).

充分性 $\boldsymbol{A}\boldsymbol{A}^*=\begin{pmatrix} a_{11} & a_{12} & \cdots & a_{1n} \\ a_{21} & a_{22} & \cdots & a_{2n} \\ \vdots & \vdots & & \vdots \\ a_{n1} & a_{n2} & \cdots & a_{nn} \end{pmatrix}\begin{pmatrix} A_{11} & A_{21} & \cdots & A_{n1} \\ A_{12} & A_{22} & \cdots & A_{n2} \\ \vdots & \vdots & & \vdots \\ A_{1n} & A_{2n} & \cdots & A_{nn} \end{pmatrix}$

$$=\begin{pmatrix}|\boldsymbol{A}| & 0 & \cdots & 0\\ 0 & |\boldsymbol{A}| & \cdots & 0\\ \vdots & \vdots & & \vdots\\ 0 & 0 & \cdots & |\boldsymbol{A}|\end{pmatrix}=|\boldsymbol{A}|\boldsymbol{E}$$

且当$|\boldsymbol{A}|\neq 0$时，$\boldsymbol{A}\left(\frac{1}{|\boldsymbol{A}|}\boldsymbol{A}^*\right)=\left(\frac{1}{|\boldsymbol{A}|}\boldsymbol{A}^*\right)\boldsymbol{A}=\boldsymbol{E}$. 由逆矩阵的唯一性可知，$\boldsymbol{A}$可逆，且

$$\boldsymbol{A}^{-1}=\frac{1}{|\boldsymbol{A}|}\boldsymbol{A}^*$$

推论 若$\boldsymbol{AB}=\boldsymbol{E}$(或$\boldsymbol{BA}=\boldsymbol{E}$)，则$\boldsymbol{B}=\boldsymbol{A}^{-1}$.

证明 $|\boldsymbol{A}|\cdot|\boldsymbol{B}|=|\boldsymbol{E}|=1$，故$|\boldsymbol{A}|\neq 0$，因而$\boldsymbol{A}^{-1}$存在，于是

$$\boldsymbol{B}=\boldsymbol{EB}=(\boldsymbol{A}^{-1}\boldsymbol{A})\boldsymbol{B}=\boldsymbol{A}^{-1}(\boldsymbol{AB})=\boldsymbol{A}^{-1}\boldsymbol{E}=\boldsymbol{A}^{-1}$$

例 2－19 设矩阵$\boldsymbol{A}=\begin{pmatrix}1 & 1 & 2\\ 2 & 2 & 1\\ 0 & 1 & 2\end{pmatrix}$，判断矩阵是否可逆，若可逆，求$\boldsymbol{A}^{-1}$.

解 因为$|\boldsymbol{A}|=3\neq 0$，所以$\boldsymbol{A}$可逆.

$$A_{11}=(-1)^{1+1}\begin{vmatrix}2 & 1\\ 1 & 2\end{vmatrix}=3$$

$$A_{12}=(-1)^{1+2}\begin{vmatrix}2 & 1\\ 0 & 2\end{vmatrix}=-4$$

$$A_{13}=(-1)^{1+3}\begin{vmatrix}2 & 2\\ 0 & 1\end{vmatrix}=2$$

$$\vdots$$

$$A_{21}=0$$

$$A_{22}=2$$

$$A_{23}=-1$$

$$A_{31}=-3$$

$$A_{32}=3$$

$$A_{33}=0$$

矩阵 $\boldsymbol{A}$ 的伴随矩阵 $\boldsymbol{A}^*=\begin{pmatrix}3&0&-3\\-4&2&3\\2&-1&0\end{pmatrix}$，所以

$$\boldsymbol{A}^{-1}=\frac{1}{|\boldsymbol{A}|}A^*=\begin{pmatrix}1&0&-1\\-\frac{4}{3}&\frac{2}{3}&1\\\frac{2}{3}&-\frac{1}{3}&0\end{pmatrix}$$

3. 逆矩阵的应用

例 2-20 设 $\boldsymbol{A}=\begin{pmatrix}1&2&3\\2&2&1\\3&4&3\end{pmatrix}$，$\boldsymbol{B}=\begin{pmatrix}2&1\\5&3\end{pmatrix}$，$\boldsymbol{C}=\begin{pmatrix}1&3\\2&0\\3&1\end{pmatrix}$，求矩阵 $\boldsymbol{X}$ 使满足 $\boldsymbol{AXB}=\boldsymbol{C}$.

解 $|\boldsymbol{A}|=\begin{vmatrix}1&2&3\\2&2&1\\3&4&3\end{vmatrix}=2\neq0$，$|\boldsymbol{B}|=\begin{vmatrix}2&1\\5&3\end{vmatrix}=1\neq0$

所以 $\boldsymbol{A}^{-1}$，$\boldsymbol{B}^{-1}$都存在，且

$$\boldsymbol{A}^{-1}=\begin{pmatrix}1&3&-2\\-\frac{3}{2}&-3&\frac{5}{2}\\1&1&-1\end{pmatrix},\quad \boldsymbol{B}^{-1}=\begin{pmatrix}3&-1\\-5&2\end{pmatrix}$$

又由 $\boldsymbol{AXB}=\boldsymbol{C}$ 得

$$\boldsymbol{A}^{-1}\boldsymbol{AXBB}^{-1}=\boldsymbol{A}^{-1}\boldsymbol{CB}^{-1}$$

即 $$\boldsymbol{X}=\boldsymbol{A}^{-1}\boldsymbol{CB}^{-1}=\begin{pmatrix}1&3&-2\\-\frac{3}{2}&-3&\frac{5}{2}\\1&1&-1\end{pmatrix}\begin{pmatrix}1&3\\2&0\\3&1\end{pmatrix}\begin{pmatrix}3&-1\\-5&2\end{pmatrix}=\begin{pmatrix}-2&1\\10&-4\\-10&4\end{pmatrix}$$

例 2-21 设 $\boldsymbol{P}=\begin{pmatrix}1&2\\1&4\end{pmatrix}$，$\boldsymbol{\Lambda}=\begin{pmatrix}1&0\\0&2\end{pmatrix}$，$\boldsymbol{AP}=\boldsymbol{P\Lambda}$，求 $\boldsymbol{A}^n$.

解 $|\boldsymbol{P}|=2$，$\boldsymbol{P}^{-1}=\frac{1}{2}\begin{pmatrix}4&-2\\-1&1\end{pmatrix}$. 由于

$$\boldsymbol{A}=\boldsymbol{P}\boldsymbol{\Lambda}\boldsymbol{P}^{-1},\ \boldsymbol{A}^2=\boldsymbol{P}\boldsymbol{\Lambda}\boldsymbol{P}^{-1}\boldsymbol{P}\boldsymbol{\Lambda}\boldsymbol{P}^{-1}=\boldsymbol{P}\boldsymbol{\Lambda}^2\boldsymbol{P}^{-1},\ \cdots,\ \boldsymbol{A}^n=\boldsymbol{P}\boldsymbol{\Lambda}^n\boldsymbol{P}^{-1}$$

而 $\boldsymbol{\Lambda}^2=\begin{pmatrix}1&0\\0&2\end{pmatrix}\begin{pmatrix}1&0\\0&2\end{pmatrix}=\begin{pmatrix}1&0\\0&2^2\end{pmatrix}$，…，$\boldsymbol{\Lambda}^n=\begin{pmatrix}1&0\\0&2^n\end{pmatrix}$，故

$$\boldsymbol{A}^n=\begin{pmatrix}1&2\\1&4\end{pmatrix}\begin{pmatrix}1&0\\0&2^n\end{pmatrix}\frac{1}{2}\begin{pmatrix}4&-2\\-1&1\end{pmatrix}=\frac{1}{2}\begin{pmatrix}1&2^{n+1}\\1&2^{n+2}\end{pmatrix}\begin{pmatrix}4&-2\\-1&1\end{pmatrix}$$

$$=\frac{1}{2}\begin{pmatrix}4-2^{n+1}&2^{n+1}-2\\4-2^{n+2}&2^{n+2}-2\end{pmatrix}=\begin{pmatrix}2-2^n&2^n-1\\2-2^{n+1}&2^{n+1}-1\end{pmatrix}$$

例 2-22 设方阵 $\boldsymbol{A}$ 满足方程 $a\boldsymbol{A}^2+b\boldsymbol{A}+c\boldsymbol{E}=\boldsymbol{O}$，证明 $\boldsymbol{A}$ 为可逆矩阵，并求 $\boldsymbol{A}^{-1}$（a，b，c 为常数，$c\neq 0$）.

证明 由 $a\boldsymbol{A}^2+b\boldsymbol{A}+c\boldsymbol{E}=\boldsymbol{O}$ 得 $a\boldsymbol{A}^2+b\boldsymbol{A}=-c\boldsymbol{E}$，因为 $c\neq 0$，所以 $-\frac{a}{c}\boldsymbol{A}^2-\frac{b}{c}\boldsymbol{A}=\boldsymbol{E}$，得 $\left(-\frac{a}{c}\boldsymbol{A}-\frac{b}{c}\boldsymbol{E}\right)\boldsymbol{A}=\boldsymbol{E}$，则 $\boldsymbol{A}$ 可逆，且 $\boldsymbol{A}^{-1}=-\frac{a}{c}\boldsymbol{A}-\frac{b}{c}\boldsymbol{E}$.

设 $\varphi(x)=a_0+a_1x+\cdots+a_mx^m$ 为 x 的 m 次多项式，$\boldsymbol{A}$ 为 n 阶矩阵，记 $\varphi(\boldsymbol{A})=a_0\boldsymbol{E}+a_1\boldsymbol{A}+\cdots+a_m\boldsymbol{A}^m$，$\varphi(\boldsymbol{A})$ 为矩阵 $\boldsymbol{A}$ 的 m 次多项式.

因为矩阵 $\boldsymbol{A}^k$、$\boldsymbol{A}^l$ 和 $\boldsymbol{E}$ 都是可交换的，所以矩阵 $\boldsymbol{A}$ 的两个多项式 $\varphi(\boldsymbol{A})$ 和 $f(\boldsymbol{A})$ 也是可交换的，即总有 $\varphi(\boldsymbol{A})f(\boldsymbol{A})=f(\boldsymbol{A})\varphi(\boldsymbol{A})$，从而 $\boldsymbol{A}$ 的几个多项式可以像数 x 的多项式一样相乘或分解因式.

例如，$(\boldsymbol{E}+\boldsymbol{A})(2\boldsymbol{E}-\boldsymbol{A})=2\boldsymbol{E}+\boldsymbol{A}-\boldsymbol{A}^2$，$(\boldsymbol{E}-\boldsymbol{A})^3=\boldsymbol{E}-3\boldsymbol{A}+3\boldsymbol{A}^2-\boldsymbol{A}^3$.

我们常用例 2-21 中计算 $\boldsymbol{A}^k$ 的方法来计算 $\boldsymbol{A}$ 的多项式 $\varphi(\boldsymbol{A})$，即

(1) 如果 $\boldsymbol{A}=\boldsymbol{P}\boldsymbol{\Lambda}\boldsymbol{P}^{-1}$，则 $\boldsymbol{A}^k=\boldsymbol{P}\boldsymbol{\Lambda}^k\boldsymbol{P}^{-1}$，从而

$$\varphi(\boldsymbol{A})=a_0\boldsymbol{E}+a_1\boldsymbol{A}+\cdots+a_m\boldsymbol{A}^m$$

$$\boldsymbol{P}a_0\boldsymbol{E}\boldsymbol{P}^{-1}+\boldsymbol{P}a_1\boldsymbol{\Lambda}\boldsymbol{P}^{-1}+\cdots+\boldsymbol{P}a_m\boldsymbol{\Lambda}^m\boldsymbol{P}^{-1}=\boldsymbol{P}\varphi(\boldsymbol{\Lambda})\boldsymbol{P}^{-1}$$

(2) 如果 $\boldsymbol{\Lambda}=\mathrm{diag}(\lambda_1,\lambda_2,\cdots,\lambda_n)$ 为对角矩阵，则 $\boldsymbol{\Lambda}^k=\mathrm{diag}(\lambda_1^k,\lambda_2^k,\cdots,\lambda_n^k)$，从而

$$\varphi(\boldsymbol{\Lambda})=a_0\boldsymbol{E}+a_1\boldsymbol{\Lambda}+\cdots+a_m\boldsymbol{\Lambda}^m$$

$$=a_0\begin{pmatrix}1&&&\\&1&&\\&&\ddots&\\&&&1\end{pmatrix}+a_1\begin{pmatrix}\lambda_1&&&\\&\lambda_2&&\\&&\ddots&\\&&&\lambda_n\end{pmatrix}+\cdots+a_m\begin{pmatrix}\lambda_1^m&&&\\&\lambda_2^m&&\\&&\ddots&\\&&&\lambda_n^m\end{pmatrix}$$

$$=\begin{pmatrix}\varphi(\lambda_1) & & & \\ & \varphi(\lambda_2) & & \\ & & \ddots & \\ & & & \varphi(\lambda_n)\end{pmatrix}$$

上式表明当 $\boldsymbol{\Lambda}=\mathrm{diag}(\lambda_1, \lambda_2, \cdots, \lambda_n)$ 为 n 阶对角矩阵时，$\varphi(\boldsymbol{\Lambda})$ 也是 n 阶对角矩阵，且它的第 i 个对角元为 $\varphi(\lambda_i)$，归结为数的多项式计算($i=1, 2, \cdots, n$)，这给计算 $\varphi(\boldsymbol{\Lambda})$ 以及经由(1)来计算 $\varphi(A)$ 带来了很大的方便.

例 2-23 设 $\boldsymbol{P}=\begin{pmatrix}-1 & 1 & 1\\ 1 & 0 & 2\\ 1 & 1 & -1\end{pmatrix}$，$\boldsymbol{\Lambda}=\begin{pmatrix}1 & & \\ & 2 & \\ & & -3\end{pmatrix}$，$\boldsymbol{AP}=\boldsymbol{P\Lambda}$，求 $\varphi(\boldsymbol{A})=\boldsymbol{A}^3+2\boldsymbol{A}^2-3\boldsymbol{A}$.

解 $|\boldsymbol{P}|=\begin{vmatrix}-1 & 1 & 1\\ 1 & 0 & 2\\ 1 & 1 & -1\end{vmatrix}=6\neq 0$，故 $\boldsymbol{P}$ 可逆，从而

$$\boldsymbol{A}=\boldsymbol{P\Lambda P}^{-1},\quad \varphi(\boldsymbol{A})=\boldsymbol{P}\varphi(\boldsymbol{\Lambda})\boldsymbol{P}^{-1}$$

而 $\varphi(1)=0$，$\varphi(2)=10$，$\varphi(-3)=0$，故

$$\varphi(\boldsymbol{\Lambda})=\mathrm{diag}(0, 10, 0)$$

$$\varphi(\boldsymbol{A})=\boldsymbol{P}\varphi(\boldsymbol{\Lambda})\boldsymbol{P}^{-1}=\begin{pmatrix}-1 & 1 & 1\\ 1 & 0 & 2\\ 1 & 1 & -1\end{pmatrix}\begin{pmatrix}0 & & \\ & 10 & \\ & & 0\end{pmatrix}\frac{1}{|\boldsymbol{P}|}\boldsymbol{P}^*$$

$$=\frac{10}{6}\begin{pmatrix}0 & 1 & 0\\ 0 & 0 & 0\\ 0 & 1 & 0\end{pmatrix}\begin{pmatrix}\boldsymbol{A}_{11} & \boldsymbol{A}_{21} & \boldsymbol{A}_{31}\\ \boldsymbol{A}_{12} & \boldsymbol{A}_{22} & \boldsymbol{A}_{32}\\ \boldsymbol{A}_{13} & \boldsymbol{A}_{23} & \boldsymbol{A}_{33}\end{pmatrix}=\frac{5}{3}\begin{pmatrix}\boldsymbol{A}_{12} & \boldsymbol{A}_{22} & \boldsymbol{A}_{32}\\ 0 & 0 & 0\\ \boldsymbol{A}_{12} & \boldsymbol{A}_{22} & \boldsymbol{A}_{32}\end{pmatrix}$$

而 $\boldsymbol{A}_{12}=-\begin{vmatrix}1 & 2\\ 1 & -1\end{vmatrix}=3$，$\boldsymbol{A}_{22}=-\begin{vmatrix}-1 & 1\\ 1 & -1\end{vmatrix}=0$，$\boldsymbol{A}_{32}=-\begin{vmatrix}-1 & 1\\ 1 & 2\end{vmatrix}=3$，于是

$$\varphi(\boldsymbol{A})=5\begin{pmatrix}1 & 0 & 1\\ 0 & 0 & 0\\ 1 & 0 & 1\end{pmatrix}$$

习题 2.3

1. 求下列矩阵的逆矩阵：

(1) $\begin{pmatrix} 1 & 2 \\ 3 & 4 \end{pmatrix}$；　(2) $\begin{pmatrix} 1 & 2 & -1 \\ 3 & 4 & -2 \\ 5 & -4 & 1 \end{pmatrix}$；　(3) $\begin{pmatrix} 1 & 2 & 3 & 4 \\ 0 & 1 & 2 & 3 \\ 0 & 0 & 1 & 2 \\ 0 & 0 & 0 & 1 \end{pmatrix}$.

2. 设 n 阶方阵 $\boldsymbol{A}$ 满足$\boldsymbol{A}^2-\boldsymbol{A}-2\boldsymbol{E}=\boldsymbol{0}$，证明：$\boldsymbol{A}$ 与 $\boldsymbol{E}-\boldsymbol{A}$ 都可逆，并求它们的逆矩阵.

3. 设 $\boldsymbol{A}$ 是n 阶矩阵，若 $\boldsymbol{A}^2=\boldsymbol{A}$，证明：$\boldsymbol{A}+\boldsymbol{E}$ 可逆 .

4. 已知线性变换$\begin{cases} x_1=2y_1+2y_2+y_3 \\ x_2=3y_1+y_2+5y_3 \\ x_3=3y_1+2y_2+3y_3 \end{cases}$，求从变量 x_1，x_2，x_3 到变量 y_1，y_2，y_3 的线性变换.

5. 若 $\boldsymbol{A}^k=\boldsymbol{O}$($k$ 是正整数)，求证：$(\boldsymbol{E}-\boldsymbol{A})^{-1}=\boldsymbol{E}+\boldsymbol{A}+\boldsymbol{A}^2+\cdots+\boldsymbol{A}^{k-1}$.

6. 设 $\boldsymbol{A}$ 是一个 n 阶上三角矩阵，主对角线元素 $a_{ii}\neq 0\,(i=1, 2, \cdots, n)$，证明：$\boldsymbol{A}$ 可逆，且 $\boldsymbol{A}^{-1}$也是上三角形矩阵.

7. 设矩阵 $\boldsymbol{A}$ 可逆，证明：其伴随矩阵 $\boldsymbol{A}^*$ 也可逆，且$(\boldsymbol{A}^*)^{-1}=(\boldsymbol{A}^{-1})^*$.

8. 设 $\boldsymbol{A}$ 为三阶方阵，$\boldsymbol{A}^*$ 是 $\boldsymbol{A}$ 的伴随矩阵，若$|\boldsymbol{A}|=2$，求$|\boldsymbol{A}^*|$.

9. 设 $\boldsymbol{A}$ 为三阶方阵，且$|\boldsymbol{A}|=\dfrac{1}{2}$，求$|\boldsymbol{A}^{-1}-4\boldsymbol{A}^*|$.

10. 设 $\boldsymbol{A}=\begin{pmatrix} 1 & 0 & 0 \\ 10 & 2 & 0 \\ 20 & 30 & 5 \end{pmatrix}$，$\boldsymbol{A}^*$ 是 $\boldsymbol{A}$ 的伴随矩阵，求$(\boldsymbol{A}^*)^{-1}$.

11. 设 $\boldsymbol{A}=\begin{pmatrix} 1 & 0 & 1 \\ 0 & 2 & 0 \\ 1 & 0 & 1 \end{pmatrix}$，$\boldsymbol{AB}+\boldsymbol{E}=\boldsymbol{A}^2+\boldsymbol{B}$，求 $\boldsymbol{B}$.

12. 设 $\boldsymbol{AP}=\boldsymbol{P\Lambda}$，其中 $\boldsymbol{P}=\begin{pmatrix} 1 & 1 & 1 \\ 1 & 0 & -2 \\ 1 & -1 & 1 \end{pmatrix}$，$\boldsymbol{\Lambda}=\begin{pmatrix} -1 & & \\ & 1 & \\ & & 5 \end{pmatrix}$，求 $\varphi(\boldsymbol{A})=$

$A^8(5E-6A+A^2)$.

2.4 克莱姆(Cramer)法则

用行列式解线性方程组，第1章开始已作了介绍，但只局限于解二、三元线性方程组，本节讨论求解由 n 个 n 元线性方程组成的方程组的克莱姆法则.

含有 n 个未知数 $x_1, x_2, \cdots, x_n$ 的线性方程组

$$\begin{cases} a_{11}x_1+a_{12}x_2+\cdots+a_{1n}x_n=b_1 \\ a_{21}x_1+a_{22}x_2+\cdots+a_{2n}x_n=b_2 \\ \qquad\vdots \\ a_{n1}x_1+a_{n2}x_2+\cdots+a_{nn}x_n=b_n \end{cases} \tag{2-4}$$

的系数 a_{ij} 构成的行列式称为该方程组的系数行列式 $|\boldsymbol{A}|$，即

$$|\boldsymbol{A}|=\begin{vmatrix} a_{11} & a_{12} & \cdots & a_{1n} \\ a_{21} & a_{22} & \cdots & a_{2n} \\ \vdots & \vdots & & \vdots \\ a_{n1} & a_{n2} & \cdots & a_{nn} \end{vmatrix} (j=1, 2, \cdots, n)$$

定理 2.2(克莱姆法则) 若线性方程组(2-4)的系数行列式 $D\neq 0$，则线性方程组(2-4)有唯一解，其解为 $x_j=\dfrac{|A_j|}{|A|}(j=1, 2, \cdots, n)$，其中 A_j 是把 $\boldsymbol{A}$ 中的第 j 列元素 $a_{1j}, a_{2j}, \cdots, a_{nj}$ 对应地换成常数项 $b_1, b_2, \cdots, b_n$，而其余各列均保持不变的行列式.

证明 根据方程组的矩阵形式 $\boldsymbol{AX}=\boldsymbol{B}$，由 $|\boldsymbol{A}|\neq 0$ 知 $\boldsymbol{A}$ 可逆，所以

$$\boldsymbol{X}=\boldsymbol{A}^{-1}\boldsymbol{B}=\frac{1}{|\boldsymbol{A}|}\boldsymbol{A}^*\boldsymbol{B}=\frac{1}{|\boldsymbol{A}|}\begin{pmatrix} A_{11} & A_{21} & \cdots & A_{n1} \\ A_{12} & A_{22} & \cdots & A_{n2} \\ \vdots & \vdots & & \vdots \\ A_{1n} & A_{2n} & \cdots & A_{nn} \end{pmatrix}\begin{pmatrix} b_1 \\ b_2 \\ \vdots \\ b_n \end{pmatrix}$$

即 $x_j=\dfrac{1}{|\boldsymbol{A}|}\sum\limits_{i=1}^{n}b_iA_{ij}\ (j=1, 2, \cdots, n)$. 其中，$\sum\limits_{i=1}^{n}b_iA_{ij}$ 就是 $|\boldsymbol{A}|$ 的按第 j 列展开式 $|\boldsymbol{A}|=\sum\limits_{i=1}^{n}a_{ij}A_{ij}$ 中用 $b_1, b_2, \cdots, b_n$ 替换 D 的第 j 列元素 $a_{1j}, a_{2j}, \cdots, a_{nj}$ 得

到的，即 $\sum_{i=1}^{n} b_i A_{ij} = |A_j|$，故

$$x_j = \frac{|A_j|}{|\boldsymbol{A}|}(j = 1, 2, \cdots, n)$$

克莱姆法则可视为行列式的一个应用，而所给出的证明又可作为逆矩阵的一个应用. 它解决的是方程的个数和未知数个数相等并且系数行列式不等于零的线性方程组. 所以它既是第 1 章中用二阶行列式求解方程组的推广，又是后面求解一般线性方程组的一个特殊情形.

例 2－24 用克莱姆法则和逆矩阵方法求解线性方程组 $\begin{cases} x_1 - x_2 - x_3 = 2 \\ 2x_1 - x_2 - 3x_3 = 1 \\ 3x_1 + 2x_2 - 5x_3 = 0 \end{cases}$.

解 (1) 克莱姆法则.

因方程组的系数行列式 $|\boldsymbol{A}| = \begin{vmatrix} 1 & -1 & -1 \\ 2 & -1 & -3 \\ 3 & 2 & -5 \end{vmatrix} = 3 \neq 0$，由克莱姆法则知，方程组有唯一解，且

$$x_1 = \frac{|\boldsymbol{A}_1|}{|\boldsymbol{A}|} = \frac{1}{3}\begin{vmatrix} 2 & -1 & -1 \\ 1 & -1 & -3 \\ 0 & 2 & -5 \end{vmatrix} = 5$$

$$x_2 = \frac{|\boldsymbol{A}_2|}{|\boldsymbol{A}|} = \frac{1}{3}\begin{vmatrix} 1 & 2 & -1 \\ 2 & 1 & -3 \\ 3 & 0 & -5 \end{vmatrix} = 0$$

$$x_3 = \frac{|\boldsymbol{A}_3|}{|\boldsymbol{A}|} = \frac{1}{3}\begin{vmatrix} 1 & -1 & 2 \\ 2 & -1 & 1 \\ 3 & 2 & 0 \end{vmatrix} = 3$$

(2) 逆矩阵法.

因为 $|\boldsymbol{A}| = 3 \neq 0$，所以 $\boldsymbol{A}$ 可逆，于是

$$\boldsymbol{X} = \boldsymbol{A}^{-1}\boldsymbol{B} = \begin{pmatrix} 1 & -1 & -1 \\ 2 & -1 & -3 \\ 3 & 2 & -5 \end{pmatrix}^{-1}\begin{pmatrix} 2 \\ 1 \\ 0 \end{pmatrix} = \frac{1}{3}\begin{pmatrix} 1 & -7 & 2 \\ 1 & -2 & 1 \\ 7 & -5 & 1 \end{pmatrix}\begin{pmatrix} 2 \\ 1 \\ 0 \end{pmatrix} = \frac{1}{3}\begin{pmatrix} 15 \\ 0 \\ 9 \end{pmatrix} = \begin{pmatrix} 5 \\ 0 \\ 3 \end{pmatrix}$$

即有$\begin{cases}x_1=5\\x_2=0.\\x_3=3\end{cases}$

用克莱姆法则求解方程组的方法有很大的局限性：第一，方程的系数矩阵必须是方阵；第二，方程的系数矩阵的行列式必须不等于零. 很多线性方程组不满足这两个条件，而且对于未知量多于 4 个的方程组来说，即使能满足这两个条件，用克莱姆法则求解的计算量也相当大，这在实际应用中是不可行的. 但克莱姆法则在一定条件下给出了线性方程组解的存在性、唯一性. 与其在计算方面的作用相比，克莱姆法则具有更大的理论价值. 若方程组为齐次线性方程组，则克莱姆法则可以叙述为下面的定理：

定理 2.3 对于齐次线性方程组 $\boldsymbol{AX}=\boldsymbol{0}$，当 $|\boldsymbol{A}|\neq 0$ 时，齐次线性方程组只有一组零解(未知数全取零的解). 若齐次线性方程组 $\boldsymbol{AX}=\boldsymbol{0}$ 有非零解，则它的系数行列式 $|\boldsymbol{A}|=0$.

例 2-25 问 λ 取何值时，齐次线性方程组$\begin{cases}(1-\lambda)x_1-2x_2+4x_3=0\\2x_1+(3-\lambda)x_2+x_3=0\\x_1+x_2+(1-\lambda)x_3=0\end{cases}$有非零解？

解 系数行列式为

$$|\boldsymbol{A}|=\begin{vmatrix}1-\lambda & -2 & 4\\2 & 3-\lambda & 1\\1 & 1 & 1-\lambda\end{vmatrix}=\begin{vmatrix}1-\lambda & -3+\lambda & 4\\2 & 1-\lambda & 1\\1 & 0 & 1-\lambda\end{vmatrix}$$

$$=(1-\lambda)^3+(\lambda-3)-4(1-\lambda)-2(1-\lambda)(-3+\lambda)$$

$$=-\lambda^3+5\lambda^2+6\lambda=-\lambda(\lambda-2)(\lambda-3)$$

令 $|\boldsymbol{A}|=0$，得 $\lambda=0$，$\lambda=2$，$\lambda=3$，即当 $\lambda=0$，$\lambda=2$ 或 $\lambda=3$ 时，该齐次线性方程组有非零解.

习题 2.4

1. 用克莱姆法则解下列方程组：

(1) $\begin{cases}2x+5y=1\\3x+7y=2\end{cases}$;　　(2) $\begin{cases}x+y-2z=-3\\5x-2y+7z=22.\\2x-5y+4z=4\end{cases}$

2. 如果齐次线性方程组有非零解，λ 应取什么值？

$$\begin{cases}\lambda x_1+x_2+x_3=0\\x_1+\lambda x_2-x_3=0\\2x_1-x_2+x_3=0\end{cases}$$

3. λ 取什么值时，齐次线性方程组 $\begin{cases}\lambda x_1+x_2-x_3=0\\x_1+\lambda x_2-x_3=0\\2x_1-x_2+x_3=0\end{cases}$ 仅有零解？

4. 当 λ、μ 取何值时，齐次线性方程组 $\begin{cases}\lambda x_1+x_2+x_3=0\\x_1+\mu x_2+x_3=0\\x_1+2\mu x_2+x_3=0\end{cases}$ 有非零解？

2.5 分块矩阵

1. 分块矩阵的概念

对于阶数较高的矩阵进行运算时，为了利用某些矩阵的特点，常常采用分块法将大矩阵的运算划分为若干个小矩阵的运算，使高阶矩阵的运算转化为低阶矩阵的运算，这是处理高阶矩阵常用的方法，它可以大大简化运算步骤.

所谓矩阵的分块，就是在矩阵的某些行之间插入横线，在某些列之间插入纵线，从而把矩阵分割成若干子块(子矩阵)，叫作矩阵的分块，被分块以后的矩阵称为分块矩阵.

矩阵的分块有多种方式，可根据具体需要而定. 例如，矩阵 $\boldsymbol{A}=\begin{pmatrix}1&0&0&2\\0&1&0&-1\\0&0&1&2\\0&0&0&1\end{pmatrix}$ 可分成

$$A=\left(\begin{array}{ccc:c}1&0&0&2\\0&1&0&-1\\0&0&1&2\\ \hdashline 0&0&0&1\end{array}\right)=\begin{pmatrix}E_3&A_1\\O&E_1\end{pmatrix}$$

其中，$E_3=\begin{pmatrix}1&0&0\\0&1&0\\0&0&1\end{pmatrix}$，$A_1=\begin{pmatrix}2\\-1\\2\end{pmatrix}$，$O=(0\quad 0\quad 0)$，$E_1=(1)$为子块.

也可以分成

$$A=\left(\begin{array}{cc:cc}1&0&0&2\\ \hdashline 0&1&0&-1\\0&0&1&2\\ \hdashline 0&0&0&1\end{array}\right)$$

$$A=\left(\begin{array}{c:cc:c}1&0&0&2\\0&1&0&-1\\ \hdashline 0&0&1&2\\0&0&0&1\end{array}\right)$$

$$A=\left(\begin{array}{c:c:c:c}1&0&0&2\\0&1&0&-1\\0&0&1&2\\0&0&0&1\end{array}\right)$$

2. 分块矩阵的运算

对分块矩阵进行运算时，是将子块当作元素来处理，按矩阵的运算规则来进行，即要求分块后的矩阵运算和对应子块的运算都必须是可行的. 现在说明如下：

1）分块加法

设矩阵A，B的行数相同，列数相同，则对A，B采用相同分法后可以分块相加，即

$$A=\begin{pmatrix}A_{11}&\cdots&A_{1t}\\ \vdots&&\vdots\\A_{s1}&\cdots&A_{st}\end{pmatrix},\quad B=\begin{pmatrix}B_{11}&\cdots&B_{1t}\\ \vdots&&\vdots\\B_{s1}&\cdots&B_{st}\end{pmatrix}$$

其中，A_{ij} 与 B_{ij} 的行数相同、列数相同，那么

$$A \pm B = \begin{pmatrix} A_{11} \pm B_{11} & \cdots & A_{1t} \pm B_{1t} \\ \vdots & & \vdots \\ A_{s1} \pm B_{s1} & \cdots & A_{st} \pm B_{st} \end{pmatrix}$$

2）分块数乘

设 A 是一个分块矩阵，则

$$kA = k\begin{pmatrix} A_{11} & \cdots & A_{1r} \\ \vdots & & \vdots \\ A_{s1} & \cdots & A_{sr} \end{pmatrix} = \begin{pmatrix} kA_{11} & \cdots & kA_{1r} \\ \vdots & & \vdots \\ kA_{s1} & \cdots & kA_{sr} \end{pmatrix}$$

3）分块矩阵的乘法

设 A 为 $m \times l$ 矩阵，B 为 $l \times n$ 矩阵，分块成

$$A = \begin{pmatrix} A_{11} & \cdots & A_{1t} \\ \vdots & & \vdots \\ A_{s1} & \cdots & A_{st} \end{pmatrix}, \quad B = \begin{pmatrix} B_{11} & \cdots & B_{1r} \\ \vdots & & \vdots \\ B_{t1} & \cdots & B_{tr} \end{pmatrix}$$

其中，A_{i1}，$A_{i2}\cdots$，A_{it} 的列数分别等于 B_{1j}，$B_{2j}\cdots$，B_{tj} 的行数，那么

$$AB = \begin{pmatrix} C_{11} & \cdots & C_{1r} \\ \vdots & & \vdots \\ C_{s1} & \cdots & C_{sr} \end{pmatrix}$$

其中，$C_{ij} = \sum_{k=1}^{t} A_{ik} B_{kj}\ (i = 1, \cdots, s;\ j = 1, \cdots, r)$.

也就是说，用分块法计算矩阵乘积时，对 A 的列的分块要与对 B 的行的分块一致，这样才能保证矩阵 A 与 B 的乘积是可行的.

例 2-26 设矩阵 $A = \begin{pmatrix} 1 & 0 & 1 & 3 \\ 0 & 1 & 2 & 4 \\ 0 & 0 & -1 & 0 \\ 0 & 0 & 0 & -1 \end{pmatrix}$，$B = \begin{pmatrix} 1 & 2 & 0 & 0 \\ 2 & 0 & 0 & 0 \\ 6 & 3 & 1 & 0 \\ 0 & -2 & 0 & 1 \end{pmatrix}$，用分块矩阵计算 kA、$A+B$ 及 AB.

解 将矩阵分块如下：

$$
\boldsymbol{A}=\left(\begin{array}{cc:cc}1&0&1&3\\0&1&2&4\\ \hdashline 0&0&-1&0\\0&0&0&-1\end{array}\right)=\begin{pmatrix}\boldsymbol{E}&\boldsymbol{C}\\ \boldsymbol{O}&-\boldsymbol{E}\end{pmatrix}
$$

$$
\boldsymbol{B}=\left(\begin{array}{cc:cc}1&2&0&0\\2&0&0&0\\ \hdashline 6&3&1&0\\0&-2&0&1\end{array}\right)=\begin{pmatrix}\boldsymbol{D}&\boldsymbol{O}\\ \boldsymbol{F}&\boldsymbol{E}\end{pmatrix}
$$

$$
k\boldsymbol{A}=k\begin{pmatrix}\boldsymbol{E}&\boldsymbol{C}\\ \boldsymbol{O}&-\boldsymbol{E}\end{pmatrix}=\begin{pmatrix}k\boldsymbol{E}&k\boldsymbol{C}\\ \boldsymbol{O}&-k\boldsymbol{E}\end{pmatrix}=\begin{pmatrix}k&0&k&3k\\0&k&2k&4k\\0&0&-k&0\\0&0&0&-k\end{pmatrix}
$$

$$
\boldsymbol{A}+\boldsymbol{B}=\begin{pmatrix}\boldsymbol{E}&\boldsymbol{C}\\ \boldsymbol{O}&-\boldsymbol{E}\end{pmatrix}+\begin{pmatrix}\boldsymbol{D}&\boldsymbol{O}\\ \boldsymbol{F}&\boldsymbol{E}\end{pmatrix}=\begin{pmatrix}\boldsymbol{E}+\boldsymbol{D}&\boldsymbol{C}\\ \boldsymbol{F}&\boldsymbol{O}\end{pmatrix}=\begin{pmatrix}2&2&1&3\\2&1&2&4\\6&3&0&0\\0&-2&0&0\end{pmatrix}
$$

$$
\boldsymbol{AB}=\begin{pmatrix}\boldsymbol{E}&\boldsymbol{C}\\ \boldsymbol{O}&-\boldsymbol{E}\end{pmatrix}\begin{pmatrix}\boldsymbol{D}&\boldsymbol{O}\\ \boldsymbol{F}&\boldsymbol{E}\end{pmatrix}=\begin{pmatrix}\boldsymbol{D}+\boldsymbol{CF}&\boldsymbol{C}\\ -\boldsymbol{F}&-\boldsymbol{E}\end{pmatrix}=\begin{pmatrix}7&-1&1&3\\14&-2&2&4\\-6&-3&-1&0\\0&2&0&-1\end{pmatrix}
$$

例 2-27 设 $\boldsymbol{A}=\left(\begin{array}{cc:c:cc}1&0&2&-1&0\\0&1&1&-2&1\\ \hdashline 0&0&3&1&0\\1&0&-2&0&1\end{array}\right)$，$\boldsymbol{B}=\left(\begin{array}{cc:c}1&0&2\\0&1&0\\ \hdashline -1&1&3\\ \hdashline 0&1&-1\\2&0&1\end{array}\right)$，也可写为

$$
\boldsymbol{A}=\begin{pmatrix}\boldsymbol{A}_{11}&\boldsymbol{A}_{12}&\boldsymbol{A}_{13}\\ \boldsymbol{A}_{21}&\boldsymbol{A}_{22}&\boldsymbol{A}_{23}\end{pmatrix},\quad \boldsymbol{B}=\begin{pmatrix}\boldsymbol{B}_{11}&\boldsymbol{B}_{12}\\ \boldsymbol{B}_{21}&\boldsymbol{B}_{22}\\ \boldsymbol{B}_{31}&\boldsymbol{B}_{32}\end{pmatrix}
$$

设 $\boldsymbol{C}=\boldsymbol{AB}$，易见 $\boldsymbol{C}$ 是 2×2 分块矩阵，若记 $\boldsymbol{C}=\begin{pmatrix}\boldsymbol{C}_{11}&\boldsymbol{C}_{12}\\ \boldsymbol{C}_{21}&\boldsymbol{C}_{22}\end{pmatrix}$，则

$$C_{11}=A_{11}B_{11}+A_{12}B_{21}+A_{13}B_{31}$$

$$=\begin{pmatrix}1&0\\0&1\end{pmatrix}\begin{pmatrix}1&0\\0&1\end{pmatrix}+\begin{pmatrix}2\\1\end{pmatrix}(-1,\ 1)+\begin{pmatrix}-1&0\\-2&1\end{pmatrix}\begin{pmatrix}0&1\\2&0\end{pmatrix}$$

$$=\begin{pmatrix}1&0\\0&1\end{pmatrix}+\begin{pmatrix}-2&2\\-1&1\end{pmatrix}+\begin{pmatrix}0&-1\\2&-2\end{pmatrix}=\begin{pmatrix}-1&1\\1&0\end{pmatrix}$$

$$C_{12}=A_{11}B_{12}+A_{12}B_{22}+A_{13}B_{32}$$

$$=\begin{pmatrix}1&0\\0&1\end{pmatrix}\begin{pmatrix}0\\2\end{pmatrix}+\begin{pmatrix}2\\1\end{pmatrix}(3)+\begin{pmatrix}-1&0\\-2&1\end{pmatrix}\begin{pmatrix}-1\\1\end{pmatrix}=\begin{pmatrix}2\\0\end{pmatrix}+\begin{pmatrix}6\\3\end{pmatrix}+\begin{pmatrix}1\\3\end{pmatrix}$$

$$=\begin{pmatrix}9\\6\end{pmatrix}$$

$$C_{21}=A_{21}B_{11}+A_{22}B_{21}+A_{23}B_{31}$$

$$=\begin{pmatrix}0&0\\1&1\end{pmatrix}\begin{pmatrix}1&0\\0&1\end{pmatrix}+\begin{pmatrix}3\\-2\end{pmatrix}(-1,\ 1)+\begin{pmatrix}1&0\\0&1\end{pmatrix}\begin{pmatrix}0&1\\2&0\end{pmatrix}$$

$$=\begin{pmatrix}0&0\\1&0\end{pmatrix}+\begin{pmatrix}-3&3\\2&-2\end{pmatrix}+\begin{pmatrix}0&1\\2&0\end{pmatrix}=\begin{pmatrix}-3&4\\5&-2\end{pmatrix}$$

$$C_{22}=A_{21}B_{12}+A_{22}B_{22}+A_{23}B_{32}$$

$$=\begin{pmatrix}0&0\\1&0\end{pmatrix}\begin{pmatrix}2\\0\end{pmatrix}+\begin{pmatrix}3\\-2\end{pmatrix}(3)+\begin{pmatrix}1&0\\0&1\end{pmatrix}\begin{pmatrix}-1\\1\end{pmatrix}=\begin{pmatrix}8\\-3\end{pmatrix}$$

则 $C_{11}=\begin{pmatrix}-1&1\\1&0\end{pmatrix}$，$C_{12}=\begin{pmatrix}9\\6\end{pmatrix}$，$C_{21}=\begin{pmatrix}-3&4\\5&-2\end{pmatrix}$，$C_{22}=\begin{pmatrix}8\\-3\end{pmatrix}$，于是

$$C=\begin{pmatrix}-1&1&9\\1&0&6\\-3&4&8\\5&-2&-3\end{pmatrix}$$

例 2-28 如果将矩阵 $A_{m\times n}$，E_n 分块为

$$A=\left(\begin{array}{c:c:c:c}a_{11}&a_{12}&\cdots&a_{1n}\\a_{21}&a_{22}&\cdots&a_{2n}\\\vdots&\vdots&&\vdots\\a_{n1}&a_{n2}&\cdots&a_{m}\end{array}\right)=(A_1\quad A_2\quad\cdots\quad A_n)$$

$$\boldsymbol{E}_n=\left(\begin{array}{c:c:c:c}1 & 0 & \cdots & 0\\ 0 & 1 & \cdots & 0\\ \vdots & \vdots & & \vdots\\ 0 & 0 & \cdots & 1\end{array}\right)=(\boldsymbol{\varepsilon}_1\quad \boldsymbol{\varepsilon}_2\quad \cdots\quad \boldsymbol{\varepsilon}_n)$$

则

$$\begin{aligned}\boldsymbol{AE}_n&=\boldsymbol{A}(\boldsymbol{\varepsilon}_1\quad \boldsymbol{\varepsilon}_2\quad \cdots\quad \boldsymbol{\varepsilon}_n)=(\boldsymbol{A\varepsilon}_1\quad \boldsymbol{A\varepsilon}_2\quad \cdots\quad \boldsymbol{A\varepsilon}_n)\\&=(\boldsymbol{A}_1\quad \boldsymbol{A}_2\quad \cdots\quad \boldsymbol{A}_n)\\&\Rightarrow \boldsymbol{A\varepsilon}_j=\boldsymbol{A}_j(j=1,2,\cdots,n)\end{aligned}$$

注：矩阵按行(列)分块是最常见的一种分块方法．一般地，$m\times n$ 矩阵 $\boldsymbol{A}$ 有 m 行，称矩阵 $\boldsymbol{A}$ 有 m 个**行向量**．若记第 i 行为

$$\boldsymbol{\alpha}_i^{\mathrm{T}}=(a_{i1},a_{i2},\cdots,a_{in})$$

则矩阵 $\boldsymbol{A}$ 就可表示为

$$\boldsymbol{A}=\begin{pmatrix}\boldsymbol{\alpha}_1^{\mathrm{T}}\\ \boldsymbol{\alpha}_2^{\mathrm{T}}\\ \vdots\\ \boldsymbol{\alpha}_m^{\mathrm{T}}\end{pmatrix}$$

$m\times n$ 矩阵 $\boldsymbol{A}$ 有 n 列，称矩阵 $\boldsymbol{A}$ 有 n 个**列向量**．若第 j 列记作

$$\boldsymbol{\alpha}_j=\begin{pmatrix}a_{1j}\\ a_{2j}\\ \vdots\\ a_{mj}\end{pmatrix}$$

则 $\boldsymbol{A}=(\boldsymbol{\alpha}_1,\boldsymbol{\alpha}_2,\cdots,\boldsymbol{\alpha}_n)$．

4）分块矩阵的转置

设 $\boldsymbol{A}=\begin{pmatrix}\boldsymbol{A}_{11} & \cdots & \boldsymbol{A}_{1t}\\ \vdots & & \vdots\\ \boldsymbol{A}_{s1} & \cdots & \boldsymbol{A}_{st}\end{pmatrix}$，则 $\boldsymbol{A}^{\mathrm{T}}=\begin{pmatrix}\boldsymbol{A}_{11}^{\mathrm{T}} & \cdots & \boldsymbol{A}_{s1}^{\mathrm{T}}\\ \vdots & & \vdots\\ \boldsymbol{A}_{1t}^{\mathrm{T}} & \cdots & \boldsymbol{A}_{st}^{\mathrm{T}}\end{pmatrix}$．

5）分块矩阵的逆

设 $\boldsymbol{A}$ 为 n 阶矩阵，若 $\boldsymbol{A}$ 的分块矩阵只有对角线上有非零子块，其余子块都为零矩阵，且对角线上的子块都是方阵，即

$$\boldsymbol{A}=\begin{pmatrix}\boldsymbol{A}_1 & & & \boldsymbol{O}\\ & \boldsymbol{A}_2 & & \\ & & \ddots & \\ \boldsymbol{O} & & & \boldsymbol{A}_s\end{pmatrix}$$

其中，$\boldsymbol{A}_i(i=1, 2, \cdots, s)$都是方阵，则称 $\boldsymbol{A}$ 为分块对角矩阵.

分块对角矩阵具有以下性质：

(1) 若 $|\boldsymbol{A}_i|\neq 0(i=1, 2, \cdots, s)$，则$|\boldsymbol{A}|\neq 0$，且$|\boldsymbol{A}|=|\boldsymbol{A}_1||\boldsymbol{A}_2|\cdots|\boldsymbol{A}_s|$；

(2) $\boldsymbol{A}^{-1}=\begin{pmatrix}\boldsymbol{A}_1^{-1} & & & \boldsymbol{O}\\ & \boldsymbol{A}_2^{-1} & & \\ & & \ddots & \\ \boldsymbol{O} & & & \boldsymbol{A}_s^{-1}\end{pmatrix}$.

(3) 同结构的对角分块矩阵的和、差、积、商仍是对角分块矩阵，且运算为对应子块的运算.

6) 上三角分块矩阵和下三角分块矩阵

形如

$$\begin{pmatrix}A_{11} & A_{12} & \cdots & A_{1s}\\ 0 & A_{22} & \cdots & A_{2s}\\ \vdots & \vdots & & \vdots\\ 0 & 0 & \cdots & A_{ss}\end{pmatrix} \text{或} \begin{pmatrix}A_{11} & 0 & \cdots & 0\\ A_{21} & A_{22} & \cdots & 0\\ \vdots & \vdots & & \vdots\\ A_{s1} & A_{s2} & \cdots & A_{ss}\end{pmatrix}$$

的分块矩阵，分别称为**上三角分块矩阵**或**下三角分块矩阵**，其中 $\boldsymbol{A}_{pp}(p=1, 2, \cdots, s)$是方阵.

同结构的上(下)三角分块矩阵的和、差、积以及逆仍是上(下)三角分块矩阵.

例 2-29 设 $\boldsymbol{A}=\begin{pmatrix}5 & 0 & 0\\ 0 & 3 & 1\\ 0 & 2 & 1\end{pmatrix}$，求 $\boldsymbol{A}^{-1}$.

解 $\boldsymbol{A}=\begin{pmatrix}5 & 0 & 0\\ 0 & 3 & 1\\ 0 & 2 & 1\end{pmatrix}=\begin{pmatrix}\boldsymbol{A}_1 & \boldsymbol{O}\\ \boldsymbol{O} & \boldsymbol{A}_2\end{pmatrix}$，其中

$$A_1=(5),\quad A_2=\begin{pmatrix}3&1\\2&1\end{pmatrix}$$

则 $A_1^{-1}=\left(\frac{1}{5}\right)$，$A_2^{-1}=\begin{pmatrix}1&-1\\-2&3\end{pmatrix}$，所以

$$A^{-1}=\begin{pmatrix}A_1^{-1}&O\\O&A_2^{-1}\end{pmatrix}=\begin{pmatrix}1/5&0&0\\0&1&-1\\0&-2&3\end{pmatrix}$$

例 2-30 设 $A=\begin{pmatrix}1&1&0&0&0\\-1&1&0&0&0\\0&0&1&0&0\\0&0&1&1&0\\0&0&0&0&1\end{pmatrix}$，求 A^{-1}.

解 $A=\left(\begin{array}{cc:cc:c}1&1&0&0&0\\-1&1&0&0&0\\ \hdashline 0&0&1&0&0\\0&0&1&1&0\\ \hdashline 0&0&0&0&1\end{array}\right)$，记 $A_1=\begin{pmatrix}1&1\\-1&1\end{pmatrix}$，$A_2=\begin{pmatrix}1&0\\1&1\end{pmatrix}$，$A_3=(1)$，则

$$A^{-1}=\begin{pmatrix}A_1^{-1}&&\\&A_2^{-1}&\\&&A_3^{-1}\end{pmatrix},\quad A_1^{-1}=\begin{pmatrix}\frac{1}{2}&-\frac{1}{2}\\\frac{1}{2}&\frac{1}{2}\end{pmatrix},$$

$$A_2^{-1}=\begin{pmatrix}1&0\\-1&1\end{pmatrix},\quad A_3^{-1}=(1)$$

所以

$$A^{-1}=\begin{pmatrix}\frac{1}{2}&-\frac{1}{2}&0&0&0\\\frac{1}{2}&\frac{1}{2}&0&0&0\\0&0&1&0&0\\0&0&-1&0&0\\0&0&0&0&1\end{pmatrix}$$

例 2-31 $A^TA=O$，证明 $A=O$.

证明 设 $A=(a_{ij})_{m\times n}$，把 A 用列向量表示为

$$A=(\boldsymbol{\alpha}_1, \boldsymbol{\alpha}_2, \cdots, \boldsymbol{\alpha}_n)$$

则

$$A^TA=\begin{pmatrix}\boldsymbol{\alpha}_1^T\\ \boldsymbol{\alpha}_2^T\\ \vdots\\ \boldsymbol{\alpha}_n^T\end{pmatrix}(\boldsymbol{\alpha}_1, \boldsymbol{\alpha}_2, \cdots, \boldsymbol{\alpha}_n)=\begin{pmatrix}\boldsymbol{\alpha}_1^T\boldsymbol{\alpha}_1 & \boldsymbol{\alpha}_1^T\boldsymbol{\alpha}_2 & \cdots & \boldsymbol{\alpha}_1^T\boldsymbol{\alpha}_n\\ \boldsymbol{\alpha}_2^T\boldsymbol{\alpha}_1 & \boldsymbol{\alpha}_2^T\boldsymbol{\alpha}_2 & \cdots & \boldsymbol{\alpha}_2^T\boldsymbol{\alpha}_n\\ \vdots & \vdots & & \vdots\\ \boldsymbol{\alpha}_n^T\boldsymbol{\alpha}_1 & \boldsymbol{\alpha}_n^T\boldsymbol{\alpha}_2 & \cdots & \boldsymbol{\alpha}_n^T\boldsymbol{\alpha}_n\end{pmatrix}$$

即 A^TA 的 (i, j) 元为 $\boldsymbol{\alpha}_i^T\boldsymbol{\alpha}_j$，因 $A^TA=O$，故

$$\boldsymbol{\alpha}_i^T\boldsymbol{\alpha}_j=0 \quad (i, j=1, 2, \cdots, n)$$

特别地，有 $\boldsymbol{\alpha}_j^T\boldsymbol{\alpha}_j=0(j=1, 2, \cdots, n)$，而

$$\boldsymbol{\alpha}_j^T\boldsymbol{\alpha}_j=(a_{1j}, a_{2j}, \cdots, a_{mj})\begin{pmatrix}a_{1j}\\ a_{2j}\\ \vdots\\ a_{mj}\end{pmatrix}=a_{1j}^2+a_{2j}^2+\cdots+a_{mj}^2$$

由 $a_{1j}^2+a_{2j}^2+\cdots+a_{mj}^2=0$（因 a_{ij} 为实数）得

$$a_{1j}=a_{2j}=\cdots=a_{mj}=0 \quad (j=1, 2, \cdots, n)$$

即

$$A=O$$

例 2-32 设 A，B 分别为 s 阶、t 阶可逆矩阵，C 为 $t\times s$ 矩阵，O 为 $s\times t$ 零矩阵，求 $\begin{pmatrix}A & O\\ C & B\end{pmatrix}$ 的逆矩阵.

解 由逆矩阵定义有

$$\begin{pmatrix}A & O\\ C & B\end{pmatrix}\begin{pmatrix}X & Y\\ Z & W\end{pmatrix}=\begin{pmatrix}E_s & O_{s\times t}\\ O_{t\times s} & E_t\end{pmatrix}$$

于是

$$AX=E,\quad AY=O,\quad CX+BZ=O,\quad CY+BW=E$$

依次可解

$$X=A^{-1},\quad Y=O,\quad Z=-B^{-1}CA^{-1},\quad W=B^{-1}$$

因此

$$\begin{pmatrix} A & O \\ C & B \end{pmatrix}^{-1} = \begin{pmatrix} A^{-1} & O \\ -B^{-1}CA^{-1} & B^{-1} \end{pmatrix}$$

习题 2.5

1. 设矩阵 $A=\begin{pmatrix} 1 & 0 & 0 & 0 \\ 0 & 1 & 0 & 0 \\ -1 & 2 & 1 & 0 \\ 1 & 1 & 0 & 1 \end{pmatrix}$，$B=\begin{pmatrix} 1 & 0 & 1 & 0 \\ -1 & 2 & 0 & 1 \\ 1 & 0 & 4 & 1 \\ -1 & -1 & 2 & 0 \end{pmatrix}$，用分块矩阵计算 kA，$A+B$，AB.

2. (1) 设 n 阶矩阵 A 及 s 阶矩阵 B 都可逆，求 $\begin{pmatrix} O & A \\ B & O \end{pmatrix}^{-1}$；

(2) 求矩阵 $\begin{pmatrix} 0 & 0 & 4 & 1 \\ 0 & 0 & 3 & 1 \\ 1 & 0 & 0 & 0 \\ 0 & 1 & 0 & 0 \end{pmatrix}$ 的逆矩阵.

3. 设 $A=\begin{pmatrix} 2 & 4 & 0 & 0 & 0 \\ 0 & -2 & 0 & 0 & 0 \\ 0 & 0 & 3 & 0 & 0 \\ 0 & 0 & 0 & 1 & 0 \\ 0 & 0 & 0 & 3 & 4 \end{pmatrix}$，求 A^{-1}.

4. 设 $A=\begin{pmatrix} 3 & 4 & 0 & 0 \\ 4 & -3 & 0 & 0 \\ 0 & 0 & 2 & 0 \\ 0 & 0 & 2 & 2 \end{pmatrix}$，求 $|A^8|$ 及 A^4.

5. 设 A 为 3×3 矩阵，$|A|=-2$，把 A 按列分块为 $A=(A_1, A_2, A_3)$，其中 $A_j\,(j=1, 2, 3)$ 为 A 的第 j 列，求：

(1) $|A_1, 2A_2, A_3|$；

(2) $|A_3-2A_1, 3A_2, A_1|$.

2.6 矩阵的初等变换

矩阵的初等变换是矩阵的一种最基本的运算，它有着广泛的应用. 矩阵的初等变换不只可用语言表述，而且可用矩阵的乘法运算来表示. 本节主要介绍矩阵的初等变换的概念及初等变换在求逆矩阵中的应用.

1. 矩阵的初等变换

定义 2.8 下面三种变换称为矩阵的初等行(列)变换：

(1) 行(列)互换：互换矩阵中 i，j 两行(列)的位置，记为 $r_i \leftrightarrow r_j$；

(2) 行倍：用非零常数 k 乘矩阵的第 i 行(列)中各元素，记为 kr_i；

(3) 行倍加：把第 i 行(列)所有元素的 k 倍加到第 j 行(列)上去，记为$r_j + kr_i$.

矩阵的行初等变换和列初等变换统称为矩阵的初等变换.

注：初等变换的逆变换仍是初等变换，且变换类型相同.

例如，变换 $r_i \leftrightarrow r_j$ 的逆变换是其本身；变换 kr_i 的逆变换是$\frac{1}{k}r_i$；变换 $r_j + kr_i$ 的逆变换是 $r_j + (-k)r_i$ 或 $r_j - kr_i$.

定义 2.9 若矩阵 $\boldsymbol{A}$ 经过有限次初等变换变成矩阵 $\boldsymbol{B}$，则称矩阵 $\boldsymbol{A}$ 与 $\boldsymbol{B}$ 等价，记作 $\boldsymbol{A} \sim \boldsymbol{B}$.

矩阵之间的等价关系具有下列性质：

(1) 自反性：$\boldsymbol{A} \sim \boldsymbol{A}$；

(2) 对称性：若 $\boldsymbol{A} \sim \boldsymbol{B}$，则 $\boldsymbol{B} \sim \boldsymbol{A}$；

(3) 传递性：若 $\boldsymbol{A} \sim \boldsymbol{B}$，$\boldsymbol{B} \sim \boldsymbol{C}$，则 $\boldsymbol{A} \sim \boldsymbol{C}$.

例 2-33 已知矩阵 $\boldsymbol{A} = \begin{pmatrix} 3 & 2 & 9 & 6 \\ -1 & -3 & 4 & -17 \\ 1 & 4 & -7 & 3 \\ -1 & -4 & 7 & -3 \end{pmatrix}$，对其进行如下初等行变换：

$$A=\begin{pmatrix}3&2&9&6\\-1&-3&4&-17\\1&4&-7&3\\-1&-4&7&-3\end{pmatrix}\xrightarrow{(r_1,\ r_3)}\begin{pmatrix}1&4&-7&3\\-1&-3&4&-17\\3&2&9&6\\-1&-4&7&-3\end{pmatrix}$$

$$\xrightarrow[r_4+r_1]{\substack{r_2+r_1\\ r_3-3r_1}}\begin{pmatrix}1&4&-7&3\\0&1&-3&-14\\0&-10&30&-3\\0&0&0&0\end{pmatrix}\xrightarrow{r_3+10r_2}\begin{pmatrix}1&4&-7&3\\0&1&-3&-14\\0&0&0&-143\\0&0&0&0\end{pmatrix}=B$$

B 依其形状的特征称为行阶梯形矩阵.

一般地，称满足下列条件的矩阵为**行阶梯形矩阵**：

(1) 若矩阵含有零行，则零行在最下方(矩阵可以没有零行)；

(2) 矩阵的非零行的首非零元(从左至右第一个不为零的元素)的列标随着行标的增加而严格增加.

若对例 2-33 中的矩阵 $B=\begin{pmatrix}1&4&-7&3\\0&1&-3&-14\\0&0&0&-143\\0&0&0&0\end{pmatrix}$ 再作初等行变换：

$$B=\begin{pmatrix}1&4&-7&3\\0&1&-3&-14\\0&0&0&-143\\0&0&0&0\end{pmatrix}\xrightarrow{\left(-\frac{1}{143}\right)r_3}\begin{pmatrix}1&4&-7&3\\0&1&-3&-14\\0&0&0&1\\0&0&0&0\end{pmatrix}$$

$$\xrightarrow{\substack{r_2+14r_3\\ r_1-3r_3}}\begin{pmatrix}1&4&-7&0\\0&1&-3&0\\0&0&0&1\\0&0&0&0\end{pmatrix}\xrightarrow{r_1-4r_2}\begin{pmatrix}1&0&5&0\\0&1&-3&0\\0&0&0&1\\0&0&0&0\end{pmatrix}=C$$

称这种特殊形状的阶梯形矩阵 C 为**行最简形矩阵**.

定义 2.10 若矩阵是阶梯形且满足以下条件，则称为**简化阶梯形矩阵**，或简称为**行最简形(矩阵)**：

(1) 各非零行的首个非零元都是 1；

(2) 矩阵首个非零元 1 所在的那一列的其余元素也全为零.

如果对行最简阶梯矩阵再施以初等列变换，则可变成一种形状更简单的矩阵，即

$$\begin{pmatrix}1&0&5&0\\0&1&-3&0\\0&0&0&1\\0&0&0&0\end{pmatrix}\xrightarrow[c_3+3c_2]{c_3-5c_1}\begin{pmatrix}1&0&0&0\\0&1&0&0\\0&0&0&1\\0&0&0&0\end{pmatrix}\xrightarrow{c_3\leftrightarrow c_4}\begin{pmatrix}1&0&0&0\\0&1&0&0\\0&0&1&0\\0&0&0&0\end{pmatrix}=\boldsymbol{F}$$

这里称矩阵 $\boldsymbol{F}$ 为 $\boldsymbol{A}$ 的标准形.

标准形的特点是：$\boldsymbol{F}$ 的左上角是一个单位矩阵，其余元素全为 0.

定理 2.4 任意一个矩阵 $\boldsymbol{A}=(a_{ij})_{m\times n}$ 经过有限次初等变换，可以化为下列标准形矩阵：

$$\boldsymbol{A}=\underbrace{\begin{pmatrix}1&&&&&\\&\ddots&&&&\\&&1&&&\\&&&0&&\\&&&&\ddots&\\&&&&&0\end{pmatrix}}_{r\text{ 列}}r\text{ 行}=\begin{pmatrix}\boldsymbol{E}_r&\boldsymbol{O}_{r\times(n-r)}\\\boldsymbol{O}_{(m-r)\times r}&\boldsymbol{O}_{(m-r)\times(n-r)}\end{pmatrix}$$

证明 如果所有的 a_{ij} 都等于 0，则 $\boldsymbol{A}$ 已经是 $\boldsymbol{F}$ 的形式($r=0$)；如果至少有一个元素不等于 0，不妨设 $a_{11}\neq 0$(否则总可以通过第一种初等变换，使左上角元素不等于 0)，以 $-\dfrac{a_{1j}}{a_{11}}$ 乘第一行加至第 $i(i=1, 2, \cdots, m)$ 行上，以 $-\dfrac{a_{1j}}{a_{11}}$ 乘所得矩阵第一列加至第 $j(j=1, 2, \cdots, n)$ 列上，然后以 $\dfrac{1}{a_{11}}$ 乘第一行，于是矩阵 $\boldsymbol{A}$ 化为 $\begin{pmatrix}\boldsymbol{E}_1&\boldsymbol{O}_{1\times(n-1)}\\\boldsymbol{O}_{(m-r)\times r}&\boldsymbol{O}_{(m-r)\times(n-r)}\end{pmatrix}$. 如果 $\boldsymbol{B}_1=\boldsymbol{O}$，则 $\boldsymbol{A}$ 已化为 $\boldsymbol{F}$ 的形式，否则按照上述方法对矩阵 $\boldsymbol{B}_1$ 继续进行下去.

注：定理 2.4 的证明实质上给出了下列结论：

定理 2.5 任一矩阵 $\boldsymbol{A}$ 总可以经过有限次初等行变换化为行阶梯形矩阵，并进而化为行最简形矩阵.

根据定理 2.5 的证明及初等变换的可逆性，有如下推论：

推论 如果 $\boldsymbol{A}$ 为 n 阶可逆矩阵，则矩阵 $\boldsymbol{A}$ 经过有限次初等变换可化为单位矩阵 $\boldsymbol{E}$，即 $\boldsymbol{A}\sim\boldsymbol{E}$.

2. 初等矩阵

定义 2.11 对单位矩阵 $\boldsymbol{E}$ 施以一次初等变换得到矩阵称为初等矩阵.

三种初等变换分别对应着三种初等矩阵.

(1) $\boldsymbol{E}$ 的第 i，j 行(列)互换得到的矩阵：

$$\boldsymbol{E}(i,\ j)=\begin{pmatrix}
1 &&&&&&&&& \\
& \ddots &&&&&&&& \\
&& 1 &&&&&&& \\
&&& 0 && \cdots && 1 &&& \\
&&&& 1 &&&&&& \\
&&& \vdots && \ddots && \vdots &&& \\
&&&&&& 1 &&&& \\
&&& 1 && \cdots && 0 &&& \\
&&&&&&&& 1 && \\
&&&&&&&&& \ddots & \\
&&&&&&&&&& 1
\end{pmatrix}\begin{matrix} \\ \\ \\ i\text{ 行} \\ \\ \\ \\ j\text{ 行} \\ \\ \\ \\ \end{matrix}$$

i 列　　　　j 列

(2) $\boldsymbol{E}$ 的第 i 行(列)乘以非零数 k 得到的矩阵：

$$\boldsymbol{E}(i(k))=\begin{pmatrix}
1 &&&& \\
& \ddots &&& \\
&& k && \\
&&& \ddots & \\
&&&& 1
\end{pmatrix}\begin{matrix} \\ \\ i\text{ 行} \\ \\ \\ \end{matrix}$$

i 列

(3) $\boldsymbol{E}$ 的第 j 行乘以数 k 加到第 i 行上，或 $\boldsymbol{E}$ 的第 i 列乘以数 k 加到第 j 列上得到的矩阵：

$$
\boldsymbol{E}(ij(k))=\begin{pmatrix}1 & & & & & & \\ & \ddots & & & & & \\ & & 1 & \cdots & k & & \\ & & & \ddots & \vdots & & \\ & & & & 1 & & \\ & & & & & \ddots & \\ & & & & & & 1\end{pmatrix}\begin{matrix} \\ \\ i\text{行} \\ \\ j\text{行} \\ \\ \\ \end{matrix}
$$

i 列　j 列

初等矩阵有下列性质：

(1) $\boldsymbol{E}^{-1}(i,j)=\boldsymbol{E}(i,j)$；$\boldsymbol{E}^{-1}(i(k))=\boldsymbol{E}(i(k^{-1}))$；$\boldsymbol{E}^{-1}(ij(k))=\boldsymbol{E}(ij(-k))$.

(2) $|\boldsymbol{E}(i,j)|=-1$，$|\boldsymbol{E}(i(k))|=k$，$|\boldsymbol{E}(ij(k))|=1$.

定理 2.6　设 $\boldsymbol{A}$ 是一个 $m\times n$ 矩阵，对 $\boldsymbol{A}$ 施行一次某种初等行(列)变换，相当于用同种 $m(n)$ 阶初等矩阵左(右)乘 $\boldsymbol{A}$.

证明　交换 $\boldsymbol{A}$ 的第 i 行与第 j 行等于用 $\boldsymbol{E}_m(i,j)$ 左乘 $\boldsymbol{A}$. 将 $\boldsymbol{A}$ 与 $\boldsymbol{E}$ 分块为

$$
\boldsymbol{A}=\begin{pmatrix}\boldsymbol{A}_1\\ \boldsymbol{A}_2\\ \vdots\\ \boldsymbol{A}_i\\ \vdots\\ \boldsymbol{A}_j\\ \vdots\\ \boldsymbol{A}_m\end{pmatrix},\quad \boldsymbol{E}=\begin{pmatrix}\boldsymbol{\varepsilon}_1\\ \boldsymbol{\varepsilon}_2\\ \vdots\\ \boldsymbol{\varepsilon}_i\\ \vdots\\ \boldsymbol{\varepsilon}_j\\ \vdots\\ \boldsymbol{\varepsilon}_m\end{pmatrix}
$$

则

$$
\boldsymbol{E}_m(i,j)\boldsymbol{A}=\begin{pmatrix}\boldsymbol{\varepsilon}_1\\ \boldsymbol{\varepsilon}_2\\ \vdots\\ \boldsymbol{\varepsilon}_j\\ \vdots\\ \boldsymbol{\varepsilon}_i\\ \vdots\\ \boldsymbol{\varepsilon}_m\end{pmatrix}\boldsymbol{A}=\begin{pmatrix}\boldsymbol{\varepsilon}_1\boldsymbol{A}\\ \boldsymbol{\varepsilon}_2\boldsymbol{A}\\ \vdots\\ \boldsymbol{\varepsilon}_j\boldsymbol{A}\\ \vdots\\ \boldsymbol{\varepsilon}_i\boldsymbol{A}\\ \vdots\\ \boldsymbol{\varepsilon}_m\boldsymbol{A}\end{pmatrix}=\begin{pmatrix}\boldsymbol{A}_1\\ \boldsymbol{A}_2\\ \vdots\\ \boldsymbol{A}_j\\ \vdots\\ \boldsymbol{A}_i\\ \vdots\\ \boldsymbol{A}_m\end{pmatrix}
$$

其中，$\boldsymbol{A}_k=(a_{k1},a_{k2},\cdots,a_{kn})$，$\boldsymbol{\varepsilon}_k=(0,0,\cdots,\underset{k列}{1},\cdots,0)\ (k=1,2,\cdots,m)$.

由此可见，$\boldsymbol{E}_m(i,\ j)\boldsymbol{A}$ 恰好等于矩阵 $\boldsymbol{A}$ 第 i 行与第 j 行互换得到的矩阵. 同理可证其他变换的情况.

例如，令 $\boldsymbol{A}=\begin{pmatrix} a_{11} & a_{12} & a_{13} \\ a_{21} & a_{22} & a_{23} \end{pmatrix}$，则

$$\boldsymbol{E}_2(1,\ 2)\boldsymbol{A}=\begin{pmatrix} 0 & 1 \\ 1 & 0 \end{pmatrix}\begin{pmatrix} a_{11} & a_{12} & a_{13} \\ a_{21} & a_{22} & a_{23} \end{pmatrix}=\begin{pmatrix} a_{21} & a_{22} & a_{23} \\ a_{11} & a_{12} & a_{13} \end{pmatrix}.$$

$$\boldsymbol{AE}_3(1,\ 2)=\begin{pmatrix} a_{11} & a_{12} & a_{13} \\ a_{21} & a_{22} & a_{23} \end{pmatrix}\begin{pmatrix} 0 & 1 & 0 \\ 1 & 0 & 0 \\ 0 & 0 & 1 \end{pmatrix}=\begin{pmatrix} a_{12} & a_{11} & a_{13} \\ a_{22} & a_{21} & a_{23} \end{pmatrix}$$

$$\boldsymbol{E}_2(2(k))\boldsymbol{A}=\begin{pmatrix} 1 & 0 \\ 0 & k \end{pmatrix}\begin{pmatrix} a_{11} & a_{12} & a_{13} \\ a_{21} & a_{22} & a_{23} \end{pmatrix}=\begin{pmatrix} a_{11} & a_{12} & a_{13} \\ ka_{21} & ka_{22} & ka_{23} \end{pmatrix}$$

$$\boldsymbol{AE}_3(2(k))=\begin{pmatrix} a_{11} & a_{12} & a_{13} \\ a_{21} & a_{22} & a_{23} \end{pmatrix}\begin{pmatrix} 1 & 0 & 0 \\ 0 & k & 0 \\ 0 & 0 & 1 \end{pmatrix}=\begin{pmatrix} a_{11} & ka_{12} & a_{13} \\ a_{21} & ka_{22} & a_{23} \end{pmatrix}$$

$$\boldsymbol{E}_2(1,\ 2(k))\boldsymbol{A}=\begin{pmatrix} 1 & k \\ 0 & 1 \end{pmatrix}\begin{pmatrix} a_{11} & a_{12} & a_{13} \\ a_{21} & a_{22} & a_{23} \end{pmatrix}=\begin{pmatrix} a_{11}+ka_{21} & a_{12}+ka_{22} & a_{13}+ka_{23} \\ a_{21} & a_{22} & a_{23} \end{pmatrix}$$

$$\boldsymbol{AE}_3(1,\ 2(k))=\begin{pmatrix} a_{11} & a_{12} & a_{13} \\ a_{21} & a_{22} & a_{23} \end{pmatrix}\begin{pmatrix} 1 & k & 0 \\ 0 & 1 & 0 \\ 0 & 0 & 1 \end{pmatrix}=\begin{pmatrix} a_{11} & ka_{11}+a_{12} & a_{13} \\ a_{21} & ka_{21}+a_{22} & a_{23} \end{pmatrix}$$

例 2-34 设有矩阵 $\boldsymbol{A}=\begin{pmatrix} 3 & 0 & 1 \\ 1 & -1 & 2 \\ 0 & 1 & 1 \end{pmatrix}$，施以第一种初等行变换，交换矩阵 $\boldsymbol{A}$ 的第 1 行与第 2 行，有

$$\boldsymbol{E}_3(1,\ 2)=\begin{pmatrix} 0 & 1 & 0 \\ 1 & 0 & 0 \\ 0 & 0 & 1 \end{pmatrix},\quad \boldsymbol{E}_3(3\quad 1(2))=\begin{pmatrix} 1 & 0 & 0 \\ 0 & 1 & 0 \\ 2 & 0 & 1 \end{pmatrix}$$

则

$$\boldsymbol{E}_3(1,\ 2)\boldsymbol{A}=\begin{pmatrix} 0 & 1 & 0 \\ 1 & 0 & 0 \\ 0 & 0 & 1 \end{pmatrix}\begin{pmatrix} 3 & 0 & 1 \\ 1 & -1 & 2 \\ 0 & 1 & 1 \end{pmatrix}=\begin{pmatrix} 1 & -1 & 2 \\ 3 & 0 & 1 \\ 0 & 1 & 1 \end{pmatrix}$$

即用$E_3(1,2)$左乘 A，相当于交换矩阵 A 的第 1 行与第 2 行，又

$$AE_3(3\quad 1(2))=\begin{pmatrix}3&0&1\\1&-1&2\\0&1&1\end{pmatrix}\begin{pmatrix}1&0&0\\0&1&0\\2&0&1\end{pmatrix}=\begin{pmatrix}5&0&1\\5&-1&2\\2&1&1\end{pmatrix}$$

即用$E_3(3\quad 1(2))$右乘 A，相当于将 A 的第 3 列乘 2 加到第 1 列.

定理 2.7 n 阶方阵 A 可逆的充分必要条件是它可以表示为有限个初等矩阵 P_1，P_2，…，P_s的乘积.

证明 充分性 设 $A=P_1P_2\cdots P_s$，因初等矩阵可逆，有限个可逆矩阵的乘积仍可逆，故 A 可逆.

必要性 设 n 阶方阵 A 可逆，由定理 2.5 的推论知，A 经过有限次初等变换成单位矩阵 E，即存在初等矩阵P_1，P_2，…，P_s，Q_1，Q_2，…，Q_t，使得$P_1P_2\cdots P_sAQ_1Q_2\cdots Q_t=E$，所以

$$A=P_s^{-1}\cdots P_1^{-1}EQ_1^{-1}\cdots Q_t^{-1}=P_s^{-1}\cdots P_1^{-1}Q_1^{-1}\cdots Q_t^{-1}$$

即 A 可以表示为一些初等矩阵的乘积.

显然，如果 A 可逆，则A^{-1}也可逆，由定理 2.7 可知，存在初等矩阵G_1，G_2，…，G_k，使$A^{-1}=G_1G_2\cdots G_k$，在上式两边右乘矩阵 A，得$A^{-1}A=G_1G_2\cdots G_kA$，即

$$E=G_1G_2\cdots G_kA \qquad (2-1)$$

$$A^{-1}=G_1G_2\cdots G_kE \qquad (2-2)$$

式(2－1)表示对 A 的行施以若干次初等行变换化为 E，式(2－2)表示对 E 的行施以同样的初等行变换化为A^{-1}，于是可以得到以下求逆的方法：

构造 $n\times 2n$ 矩阵(A,E)，然后对其做初等行变换，那么当 A 化为单位阵 E 时，则上述初等行变换同时也将其中的单位矩阵 E 化为 A^{-1}，即 $(A\ E)\xrightarrow{\text{初等行变换}}(E\ A^{-1})$. 这种方法称为初等变换求逆法.

例 2－35 设 $A=\begin{pmatrix}1&2&3\\2&2&1\\3&4&3\end{pmatrix}$，求 A^{-1}.

解

$$(A\quad E)=\begin{pmatrix}1&2&3&1&0&0\\2&2&1&0&1&0\\3&4&3&0&0&1\end{pmatrix}\xrightarrow[r_3-3r_1]{r_2-2r_1}\begin{pmatrix}1&2&3&1&0&0\\0&-2&-5&-2&1&0\\0&-2&-6&-3&0&1\end{pmatrix}$$

$$\xrightarrow[r_3-r_2]{r_1+r_2}\begin{pmatrix}1&0&-2&-1&1&0\\0&-2&-5&-2&1&0\\0&0&-1&-1&-1&1\end{pmatrix}$$

$$\xrightarrow[r_2-5r_3]{r_1-2r_3}\begin{pmatrix}1&0&0&1&3&-2\\0&-2&0&3&6&-5\\0&0&-1&-1&-1&1\end{pmatrix}$$

$$\xrightarrow[-r_3]{-\frac{1}{2}r_2}\begin{pmatrix}1&0&0&1&3&-2\\0&1&0&-\frac{3}{2}&-3&\frac{5}{2}\\0&0&1&1&1&-1\end{pmatrix}$$

$$\boldsymbol{A}^{-1}=\begin{pmatrix}1&3&-2\\-\frac{3}{2}&-3&\frac{5}{2}\\1&1&-1\end{pmatrix}$$

例 2-36 已知矩阵 $\boldsymbol{A}=\begin{pmatrix}1&0&1\\2&1&0\\-3&2&-5\end{pmatrix}$，求$(\boldsymbol{E}-\boldsymbol{A})^{-1}$.

解 $\boldsymbol{A}=\begin{pmatrix}1&0&1\\2&1&0\\-3&2&-5\end{pmatrix}$，$\boldsymbol{E}-\boldsymbol{A}=\begin{pmatrix}0&0&-1\\-2&0&0\\3&-2&6\end{pmatrix}$

$$(\boldsymbol{E}-\boldsymbol{A}\quad\boldsymbol{E})=\left(\begin{array}{ccc|ccc}0&0&-1&1&0&0\\-2&0&0&0&1&0\\3&-2&6&0&0&1\end{array}\right)\rightarrow\left(\begin{array}{ccc|ccc}-2&0&0&0&1&0\\0&0&-1&1&0&0\\3&-2&6&0&0&1\end{array}\right)\rightarrow$$

$$\left(\begin{array}{ccc|ccc}-2&0&0&0&1&0\\3&-2&6&0&0&1\\0&0&-1&1&0&0\end{array}\right)\rightarrow\left(\begin{array}{ccc|ccc}1&0&0&0&-\frac{1}{2}&0\\3&-2&6&0&0&1\\0&0&-1&1&0&0\end{array}\right)\rightarrow$$

$$\left(\begin{array}{ccc|ccc}1&0&0&0&-\frac{1}{2}&0\\0&1&-3&0&-\frac{3}{4}&-\frac{1}{2}\\0&0&1&-1&0&0\end{array}\right)\rightarrow\left(\begin{array}{ccc|ccc}1&0&0&0&-\frac{1}{2}&0\\0&1&0&-3&-\frac{3}{4}&-\frac{1}{2}\\0&0&1&-1&0&0\end{array}\right)$$

$$(\boldsymbol{E}-\boldsymbol{A})^{-1}=\begin{pmatrix}0 & -\frac{1}{2} & 0\\ -3 & -\frac{3}{4} & -\frac{1}{2}\\ -1 & 0 & 0\end{pmatrix}$$

例 2-37 求矩阵 $\boldsymbol{X}$，使 $\boldsymbol{AX}=\boldsymbol{B}$，其中 $\boldsymbol{A}=\begin{pmatrix}1 & 2 & 3\\ 2 & 2 & 1\\ 3 & 4 & 3\end{pmatrix}$，$\boldsymbol{B}=\begin{pmatrix}2 & 5\\ 3 & 1\\ 4 & 3\end{pmatrix}$.

解 （法一） $\boldsymbol{X}=\begin{pmatrix}1 & 2 & 3\\ 2 & 2 & 1\\ 3 & 4 & 3\end{pmatrix}^{-1}\begin{pmatrix}2 & 5\\ 3 & 1\\ 4 & 3\end{pmatrix}=\begin{pmatrix}1 & 3 & -2\\ -\frac{3}{2} & -3 & \frac{5}{2}\\ 1 & 1 & -1\end{pmatrix}\begin{pmatrix}2 & 5\\ 3 & 1\\ 4 & 3\end{pmatrix}$

$$=\begin{pmatrix}3 & 2\\ -2 & -3\\ 1 & 3\end{pmatrix}$$

求矩阵方程 $\boldsymbol{AX}=\boldsymbol{B}$ 等价于求矩阵 $\boldsymbol{X}=\boldsymbol{A}^{-1}\boldsymbol{B}$，为此，可采用类似于初等行变换求矩阵逆的方法，构造矩阵 $(\boldsymbol{A}\ \boldsymbol{B})$，对其施以初等行变换将矩阵 $\boldsymbol{A}$ 化为单位矩阵 $\boldsymbol{E}$，则上述初等行变换同时也将其中的矩阵 $\boldsymbol{B}$ 化为 $\boldsymbol{A}^{-1}\boldsymbol{B}$，即

$$(\boldsymbol{A}\,\vdots\,\boldsymbol{B})\xrightarrow{\text{初等行变换}}(\boldsymbol{E}\,\vdots\,\boldsymbol{A}^{-1}\boldsymbol{B})$$

（法二） 若 $\boldsymbol{A}$ 可逆，则 $\boldsymbol{X}=\boldsymbol{A}^{-1}\boldsymbol{B}$.

$$(\boldsymbol{A}\quad\boldsymbol{B})=\begin{pmatrix}1 & 2 & 3 & 2 & 5\\ 2 & 2 & 1 & 3 & 1\\ 3 & 4 & 3 & 4 & 3\end{pmatrix}\xrightarrow[r_3-3r_1]{r_2-2r_1}\begin{pmatrix}1 & 2 & 3 & 2 & 5\\ 0 & -2 & -5 & -1 & -9\\ 0 & -2 & -6 & -2 & -12\end{pmatrix}\xrightarrow[r_3-r_2]{r_1+r_2}$$

$$\begin{pmatrix}1 & 0 & -2 & 1 & -4\\ 0 & -2 & -5 & -1 & -9\\ 0 & 0 & -1 & -1 & -3\end{pmatrix}\xrightarrow[r_2-5r_3]{r_1-2r_3}\begin{pmatrix}1 & 0 & 0 & 3 & 2\\ 0 & -2 & 0 & 4 & 6\\ 0 & 0 & -1 & -1 & -3\end{pmatrix}$$

$$\xrightarrow[-r_3]{-\frac{1}{2}r_2}\begin{pmatrix}1 & 0 & 0 & 3 & 2\\ 0 & 1 & 0 & -2 & -3\\ 0 & 0 & 1 & 1 & 3\end{pmatrix}$$

$$X=\begin{pmatrix}3&2\\-2&-3\\1&3\end{pmatrix}$$

例 2-38 求解矩阵方程 $\boldsymbol{AX}=\boldsymbol{A}+\boldsymbol{X}$，其中 $\boldsymbol{A}=\begin{pmatrix}2&2&0\\2&1&3\\0&1&0\end{pmatrix}$.

解 把所给方程变形为 $(\boldsymbol{A}-\boldsymbol{E})\boldsymbol{X}=\boldsymbol{A}$，则 $\boldsymbol{X}=(\boldsymbol{A}-\boldsymbol{E})^{-1}\boldsymbol{A}$.

$$(\boldsymbol{A}-\boldsymbol{E}\quad \boldsymbol{A})=\begin{pmatrix}1&2&0&2&2&0\\2&0&3&2&1&3\\0&1&-1&0&1&0\end{pmatrix}$$

$$\xrightarrow[r_2\leftrightarrow r_3]{r_2-2r_1}\begin{pmatrix}1&2&0&2&2&0\\0&1&-1&0&1&0\\0&-4&3&-2&-3&3\end{pmatrix}$$

$$\xrightarrow[-r_3]{r_3+4r_2}\begin{pmatrix}1&2&0&2&2&0\\0&1&-1&0&1&0\\0&0&1&2&-1&-3\end{pmatrix}$$

$$\xrightarrow{r_2+r_3}\begin{pmatrix}1&2&0&2&2&0\\0&1&0&2&0&-3\\0&0&1&2&-1&-3\end{pmatrix}$$

$$\xrightarrow{r_1-2r_2}\begin{pmatrix}1&0&0&-2&2&6\\0&1&0&2&0&-3\\0&0&1&2&-1&-3\end{pmatrix}$$

即得

$$\boldsymbol{X}=\begin{pmatrix}-2&2&6\\2&0&-3\\2&-1&-3\end{pmatrix}$$

注 在求 $\boldsymbol{A}$ 的逆矩阵，构造 $n\times 2n$ 矩阵 $(\boldsymbol{A},\boldsymbol{E})$ 时，要用初等行变换的方法，不能在变换过程中换为初等列变换的方法，如果想做初等列变换，则需要构造 $2n\times n$ 矩阵 $\begin{pmatrix}\boldsymbol{A}\\\boldsymbol{E}\end{pmatrix}$，对其进行初等列变换，当 $\boldsymbol{A}$ 化为单位矩阵 $\boldsymbol{E}$ 时，其中的单位矩

阵 $\boldsymbol{E}$ 化为$\boldsymbol{A}^{-1}$. 同理，若要求解矩阵方程 $\boldsymbol{XA}=\boldsymbol{B}$，则得 $\boldsymbol{X}=\boldsymbol{BA}^{-1}$，可以做如下构造$\begin{pmatrix}\boldsymbol{A}\\\boldsymbol{B}\end{pmatrix}$，通过初等列变换求出，即

$$\begin{pmatrix}\boldsymbol{A}\\\boldsymbol{B}\end{pmatrix}\xrightarrow{\text{初等列变换}}\begin{pmatrix}\boldsymbol{E}\\\boldsymbol{BA}^{-1}\end{pmatrix}$$

例 2-39 求解矩阵方程 $\boldsymbol{XA}=\boldsymbol{A}+2\boldsymbol{X}$，其中 $\boldsymbol{A}=\begin{pmatrix}4&2&3\\1&1&0\\-1&2&3\end{pmatrix}$.

解 先将原方程作恒等变形：

$$\boldsymbol{XA}-2\boldsymbol{X}=\boldsymbol{A}\Rightarrow\boldsymbol{X}(\boldsymbol{A}-2\boldsymbol{E})=\boldsymbol{A}$$

由于

$$\boldsymbol{A}-2\boldsymbol{E}=\begin{pmatrix}2&2&3\\1&-1&0\\-1&2&1\end{pmatrix}$$

而$|\boldsymbol{A}-2\boldsymbol{E}|=-1\neq0$，故 $\boldsymbol{A}-2\boldsymbol{E}$ 可逆，从而 $\boldsymbol{X}=\boldsymbol{A}(\boldsymbol{A}-2\boldsymbol{E})^{-1}$.

$$\begin{pmatrix}\boldsymbol{A}-2\boldsymbol{E}\\\boldsymbol{A}\end{pmatrix}=\begin{pmatrix}2&2&3\\1&-1&0\\-1&2&1\\4&2&3\\1&1&0\\-1&2&3\end{pmatrix}\to\begin{pmatrix}-1&2&3\\1&-1&0\\-2&2&1\\1&2&3\\1&1&0\\-4&2&3\end{pmatrix}\to\begin{pmatrix}-1&0&0\\1&1&3\\-2&-2&-5\\1&4&6\\1&3&3\\-4&-6&-9\end{pmatrix}$$

$$\to\begin{pmatrix}1&0&0\\-1&1&0\\2&-2&1\\-1&4&-6\\-1&3&-6\\4&-6&9\end{pmatrix}\to\begin{pmatrix}1&0&0\\-1&1&0\\0&0&1\\11&-8&-6\\11&-9&-6\\-14&12&9\end{pmatrix}\to\begin{pmatrix}1&0&0\\0&1&0\\0&0&1\\3&-8&-6\\2&-9&-6\\-2&12&9\end{pmatrix}$$

即

$$\boldsymbol{X}=\begin{pmatrix}3&-8&-6\\2&-9&-6\\-2&12&9\end{pmatrix}$$

习题 2.6

1. 用初等行变换把下列矩阵化为行最简阶梯形矩阵：

(1) $\begin{pmatrix} 1 & 0 & 2 & -1 \\ 2 & 0 & 3 & 1 \\ 3 & 0 & 4 & 3 \end{pmatrix}$；　(2) $\begin{pmatrix} 0 & 2 & -3 & 1 \\ 0 & 3 & -4 & 3 \\ 0 & 4 & -7 & -1 \end{pmatrix}$；

(3) $\begin{pmatrix} 1 & -1 & 3 & -4 & 3 \\ 3 & -3 & 5 & -4 & 1 \\ 2 & -2 & 3 & -2 & 0 \\ 3 & -3 & 4 & -2 & -1 \end{pmatrix}$；　(4) $\begin{pmatrix} 2 & 3 & 1 & -3 & -7 \\ 1 & 2 & 0 & -2 & -4 \\ 3 & -2 & 8 & 3 & 0 \\ 2 & -3 & 7 & 4 & 3 \end{pmatrix}$.

2. 选择题：

(1) 设矩阵 $\boldsymbol{A}=\begin{pmatrix} a_{11} & a_{12} & a_{13} & a_{14} \\ a_{21} & a_{22} & a_{23} & a_{24} \\ a_{31} & a_{32} & a_{33} & a_{34} \\ a_{41} & a_{42} & a_{43} & a_{44} \end{pmatrix}$，$\boldsymbol{B}=\begin{pmatrix} a_{14} & a_{13} & a_{12} & a_{11} \\ a_{24} & a_{23} & a_{22} & a_{21} \\ a_{34} & a_{33} & a_{32} & a_{31} \\ a_{44} & a_{43} & a_{42} & a_{41} \end{pmatrix}$，

$\boldsymbol{P}_1=\begin{pmatrix} 0 & 0 & 0 & 1 \\ 0 & 1 & 0 & 0 \\ 0 & 0 & 1 & 0 \\ 1 & 0 & 0 & 0 \end{pmatrix}$，$\boldsymbol{P}_2=\begin{pmatrix} 1 & 0 & 0 & 0 \\ 0 & 0 & 1 & 0 \\ 0 & 1 & 0 & 0 \\ 0 & 0 & 0 & 1 \end{pmatrix}$，其中 $\boldsymbol{A}$ 可逆，则 $\boldsymbol{B}^{-1}=$(　).

A. $\boldsymbol{A}^{-1}\boldsymbol{P}_1\boldsymbol{P}_2$　　B. $\boldsymbol{P}_1\boldsymbol{A}^{-1}\boldsymbol{P}_2$　　C. $\boldsymbol{P}_1\boldsymbol{P}_2\boldsymbol{A}^{-1}$　　D. $\boldsymbol{P}_2\boldsymbol{A}^{-1}\boldsymbol{P}_1$

(2) 设矩阵 $\boldsymbol{A}=\begin{pmatrix} a_{11} & a_{12} & a_{13} \\ a_{21} & a_{22} & a_{23} \\ a_{31} & a_{32} & a_{33} \end{pmatrix}$，$\boldsymbol{B}=\begin{pmatrix} a_{21} & a_{22} & a_{23} \\ a_{11} & a_{12} & a_{13} \\ a_{31}+a_{11} & a_{32}+a_{12} & a_{33}+a_{13} \end{pmatrix}$，

$\boldsymbol{P}_1=\begin{pmatrix} 0 & 1 & 0 \\ 1 & 0 & 0 \\ 0 & 0 & 1 \end{pmatrix}$，$\boldsymbol{P}_2=\begin{pmatrix} 1 & 0 & 0 \\ 0 & 1 & 0 \\ 1 & 0 & 1 \end{pmatrix}$，则必有(　).

A. $\boldsymbol{A}\boldsymbol{P}_1\boldsymbol{P}_2=\boldsymbol{B}$　　B. $\boldsymbol{A}\boldsymbol{P}_2\boldsymbol{P}_1=\boldsymbol{B}$　　C. $\boldsymbol{P}_1\boldsymbol{P}_2\boldsymbol{A}=\boldsymbol{B}$　　D. $\boldsymbol{P}_2\boldsymbol{P}_1\boldsymbol{A}=\boldsymbol{B}$

(3) 设矩阵 $\boldsymbol{A}=\begin{pmatrix} a_{11} & a_{12} & a_{13} \\ a_{21} & a_{22} & a_{23} \\ a_{31} & a_{32} & a_{33} \end{pmatrix}$，$\boldsymbol{B}=\begin{pmatrix} a_{21} & a_{22}+ka_{23} & a_{23} \\ a_{31} & a_{32}+ka_{33} & a_{33} \\ a_{11} & a_{12}+ka_{13} & a_{13} \end{pmatrix}$，

$\boldsymbol{P}_1=\begin{pmatrix}0&1&0\\0&0&1\\1&0&0\end{pmatrix}$，$\boldsymbol{P}_2=\begin{pmatrix}1&0&0\\0&1&0\\0&k&1\end{pmatrix}$，则 $\boldsymbol{A}$ 等于（　）.

A. $\boldsymbol{P}_1^{-1}\boldsymbol{B}\boldsymbol{P}_2^{-1}=\boldsymbol{A}$　B. $\boldsymbol{P}_2^{-1}\boldsymbol{B}\boldsymbol{P}_1^{-1}=\boldsymbol{A}$　C. $\boldsymbol{P}_1^{-1}\boldsymbol{P}_2^{-1}\boldsymbol{B}$　D. $\boldsymbol{B}\boldsymbol{P}_1^{-1}\boldsymbol{P}_2^{-1}$

3. 用初等变换判定下列矩阵是否可逆，如可逆，求其逆矩阵.

(1) $\begin{pmatrix}1&0&0\\1&2&0\\1&2&3\end{pmatrix}$；　(2) $\begin{pmatrix}2&2&-1\\1&-2&4\\5&8&2\end{pmatrix}$；

(3) $\begin{pmatrix}3&2&1\\3&1&5\\3&2&3\end{pmatrix}$；　(4) $\begin{pmatrix}3&-2&0&-1\\0&2&2&1\\1&-2&-3&-2\\0&1&2&1\end{pmatrix}$.

4. 解下列矩阵方程：

(1) 设 $\boldsymbol{A}=\begin{pmatrix}4&1&-2\\2&2&1\\3&1&-1\end{pmatrix}$，$\boldsymbol{B}=\begin{pmatrix}1&-3\\2&2\\3&-1\end{pmatrix}$，求 $\boldsymbol{X}$ 使 $\boldsymbol{AX}=\boldsymbol{B}$.

(2) 设 $\boldsymbol{A}=\begin{pmatrix}0&2&1\\2&-1&3\\-3&3&-4\end{pmatrix}$，$\boldsymbol{B}=\begin{pmatrix}1&2&3\\2&-3&1\end{pmatrix}$，求 $\boldsymbol{X}$ 使 $\boldsymbol{AX}=\boldsymbol{B}$.

(3) 设 $\boldsymbol{A}=\begin{pmatrix}1&-1&0\\0&1&-1\\-1&0&1\end{pmatrix}$，$\boldsymbol{AX}=2\boldsymbol{X}+\boldsymbol{A}$，求 $\boldsymbol{X}$.

(4) 设 $\begin{pmatrix}0&1&0\\1&0&0\\0&0&1\end{pmatrix}\boldsymbol{X}\begin{pmatrix}1&0&0\\-2&1&0\\0&0&1\end{pmatrix}=\begin{pmatrix}1&-4&3\\2&0&-1\\0&-2&1\end{pmatrix}$，求 $\boldsymbol{X}$.

5. 设 $\boldsymbol{A}$、$\boldsymbol{B}$ 为 n 阶矩阵，且满足 $2\boldsymbol{B}^{-1}\boldsymbol{A}=\boldsymbol{A}-4\boldsymbol{E}$，其中 $\boldsymbol{E}$ 为 n 阶单位矩阵.

(1) 证明：$\boldsymbol{B}-2\boldsymbol{E}$ 为可逆矩阵，并求 $(\boldsymbol{B}-2\boldsymbol{E})^{-1}$；

(2) 已知 $\begin{pmatrix}1&-2&0\\1&2&0\\0&0&2\end{pmatrix}$，求矩阵 $\boldsymbol{B}$.

6. 求矩阵 $\boldsymbol{X}$ 满足 $\boldsymbol{AX}=\boldsymbol{A}+2\boldsymbol{X}$，其中 $\boldsymbol{A}=\begin{pmatrix}3&0&1\\1&1&0\\0&1&4\end{pmatrix}$.

2.7 矩阵的秩

矩阵的秩的概念是讨论向量组的线性相关性、线性方程组解的存在性等问题的重要工具. 通过 2.6 节的学习，我们知道任何一个矩阵都可经过初等行变换化为阶梯形矩阵，且阶梯形矩阵所含的非零行的行数是唯一确定的，这个数实质上就是矩阵的“秩”. 鉴于这个数的唯一性尚未证明，在本节中，我们首先利用行列式来定义矩阵的秩，然后给出利用初等变换求矩阵秩的方法.

定义 2.12 设 $\boldsymbol{A}$ 是一个 $m\times n$ 矩阵，任取 $\boldsymbol{A}$ 的 k 行与 k 列 ($0<k\leqslant m$，$0<k\leqslant n$)，位于这些行列交叉处的 k^2 个元素，按原来的次序所构成的 k 阶行列式，称为矩阵 A 的 $\boldsymbol{k}$ 阶子式.

注：$m\times n$ 矩阵 $\boldsymbol{A}$ 的 k 阶子式共有 $C_m^k C_n^k$ 个.

显然，$\boldsymbol{A}$ 的每一个元素 a_{ij} 是 $\boldsymbol{A}$ 的一个一阶子式，而当 $\boldsymbol{A}$ 为 n 阶方阵时，它的 n 阶子式只有一个，即 $\boldsymbol{A}$ 的行列式 $|\boldsymbol{A}|$.

例如，在 $\boldsymbol{A}=\begin{pmatrix}1&2&3&4\\0&1&2&0\\2&6&4&5\end{pmatrix}$ 中选取第 2、3 行及第 1、4 列，它们交叉点处元素构成了 $\boldsymbol{A}$ 的一个二阶子式 $\begin{vmatrix}0&0\\2&5\end{vmatrix}$，若选取 1，2，3 行及 2，3，4 列，则得到 $\boldsymbol{A}$ 的一个三阶子式 $\begin{vmatrix}2&3&4\\1&2&0\\6&4&5\end{vmatrix}$.

设 $\boldsymbol{A}$ 为 $m\times n$ 矩阵，当 $\boldsymbol{A}=\boldsymbol{O}$ 时，它的任何子式都为零. 当 $\boldsymbol{A}\neq\boldsymbol{O}$ 时，它至少有一个元素不为零，即它至少有一个一阶子式不为零. 再考察二阶子式，若 $\boldsymbol{A}$ 中有一个二阶子式不为零，则往下考察三阶子式，如此进行下去，最后必达到 $\boldsymbol{A}$ 中有 r 阶子式不为零，但是所有的 $r+1$ 阶子式都为零(前提是矩阵存在 $r+1$ 阶子式). 这个不为零的子式的最高阶数 r 反映了矩阵 $\boldsymbol{A}$ 的内在重要特征，在矩阵的理论与应用中都有重要意义.

定义 2.13 设 $\boldsymbol{A}$ 为 $m\times n$ 矩阵，如果存在 $\boldsymbol{A}$ 的 r 阶子式不为零，而任何 $r+1$ 阶子式(设 $\boldsymbol{A}$ 存在 $r+1$ 阶子式)都为零，则称数 r 为矩阵 $\boldsymbol{A}$ 的秩，记为 $R(\boldsymbol{A})$ 或 $r(\boldsymbol{A})$，并规定零矩阵的秩等于零.

例 2-40 求矩阵 $\boldsymbol{A}=\begin{pmatrix}1 & 2 & 3\\ 2 & 3 & -5\\ 4 & 7 & 1\end{pmatrix}$ 的秩.

解 在矩阵 $\boldsymbol{A}$ 中，存在一个二阶子式 $\begin{vmatrix}1 & 3\\ 2 & -5\end{vmatrix}\neq 0$. 又因为 $\boldsymbol{A}$ 的 3 阶子式只有一个 $|\boldsymbol{A}|$，且

$$|\boldsymbol{A}|=\begin{vmatrix}1 & 2 & 3\\ 2 & 3 & -5\\ 4 & 7 & 1\end{vmatrix}=\begin{vmatrix}1 & 2 & 3\\ 0 & -1 & -11\\ 0 & -1 & -11\end{vmatrix}=0$$

所以 $R(\boldsymbol{A})=2$.

例 2-41 求矩阵 $\boldsymbol{B}=\begin{pmatrix}2 & -1 & 0 & 3 & -2\\ 0 & 3 & 1 & -2 & 5\\ 0 & 0 & 0 & 4 & -3\\ 0 & 0 & 0 & 0 & 0\end{pmatrix}$ 的秩.

解 因为 $\boldsymbol{B}$ 是一个行阶梯形矩阵，其非零行只有 3 行，所以 $\boldsymbol{B}$ 的所有四阶子式全为零.

存在 $\boldsymbol{B}$ 的一个三阶子式：

$$\begin{vmatrix}2 & -1 & 3\\ 0 & 3 & -2\\ 0 & 0 & 4\end{vmatrix}\neq 0$$

所以 $R(\boldsymbol{B})=3$.

显然，矩阵的秩具有下列性质：

(1) 若 $R(\boldsymbol{A})$ 是 $\boldsymbol{A}$ 的非零子式的最高阶数，矩阵 $\boldsymbol{A}$ 中有某个 s 阶子式不为 0，则 $R(\boldsymbol{A})\geqslant s$；若矩阵 $\boldsymbol{A}$ 中所有 t 阶子式全为 0，则 $R(\boldsymbol{A})<t$；

(2) 若 $\boldsymbol{A}$ 为 $m\times n$ 矩阵，则 $0\leqslant R(\boldsymbol{A}_{m\times n})\leqslant\min\{m, n\}$；

(3) $R(\boldsymbol{A}^{\mathrm{T}})=R(\boldsymbol{A})$；

由于行列式与其转置行列式相等，因此$\boldsymbol{A}^{\mathrm{T}}$ 的子式与 $\boldsymbol{A}$ 的子式对应相等，从而 $R(\boldsymbol{A}^{\mathrm{T}})=R(\boldsymbol{A})$.

(4) 对于 n 阶方阵 $\boldsymbol{A}$，有 $R(\boldsymbol{A})=n \Leftrightarrow |\boldsymbol{A}| \neq 0$.

对于 n 阶方阵 $\boldsymbol{A}$，由于 $\boldsymbol{A}$ 的 n 阶子式只有一个 $|\boldsymbol{A}|$，因此当 $|\boldsymbol{A}| \neq 0$ 时，$R(\boldsymbol{A})=n$；当 $|\boldsymbol{A}|=0$ 时，$R(\boldsymbol{A})<n$. 可见，可逆矩阵的秩等于矩阵的阶数，不可逆矩阵的秩小于矩阵的阶数. 因此，可逆矩阵又称满秩矩阵，不可逆矩阵又称降秩矩阵.

定理 2.8 若 $\boldsymbol{A} \sim \boldsymbol{B}$，则 $R(\boldsymbol{A})=R(\boldsymbol{B})$.

证明 先证 $\boldsymbol{B}$ 是 $\boldsymbol{A}$ 经过一次初等行变换的情形.

设 $\boldsymbol{D}$ 是 $\boldsymbol{A}$ 中的 s 阶非零子式. 即 $R(\boldsymbol{A})=s$，当 $\boldsymbol{A} \xrightarrow{r_i \leftrightarrow r_j} \boldsymbol{B}$ 或 $\boldsymbol{A} \xrightarrow{k r_i} \boldsymbol{B}$ 时，在 $\boldsymbol{B}$ 中总能找到与 D 相对应的 s 阶子式D_1，由于$D_1=D$ 或$D_1=-D$ 或$D_1=kD$，因此$D_1 \neq 0$，从而 $R(\boldsymbol{B}) \geqslant s$.

当 $\boldsymbol{A} \xrightarrow{r_i+k r_j} \boldsymbol{B}$ 时，因为作变换$r_i \leftrightarrow r_j$时结论成立，所以只需考虑 $\boldsymbol{A} \xrightarrow{r_1+k r_2} \boldsymbol{B}$ 这一特殊情形.

下面分两种情形讨论：

(1) D 不包含 $\boldsymbol{A}$ 的第 1 行，这时 D 也是 $\boldsymbol{B}$ 的 s 阶非零子式，故 $R(\boldsymbol{B}) \geqslant s$；

(2) D 包含 $\boldsymbol{A}$ 的第 1 行，这时把 $\boldsymbol{B}$ 中与 D 对应的 s 阶子式D_1 记作

$$D_1=\begin{vmatrix} r_1+k r_2 \\ r_p \\ \vdots \\ r_q \end{vmatrix}=\begin{vmatrix} r_1 \\ r_p \\ \vdots \\ r_q \end{vmatrix}+k\begin{vmatrix} r_2 \\ r_p \\ \vdots \\ r_q \end{vmatrix}=D+k D_2$$

若 $p=2$，则 $D=D_1 \neq 0$；若 $p \neq 2$，则D_2 也是 $\boldsymbol{B}$ 的 s 阶子式. 由$D_1-k D_2=D \neq 0$ 知，D_1 和D_2 不同时为 0.

总之，$\boldsymbol{B}$ 中存在 s 阶非零子式D_1 或D_2，故 $R(\boldsymbol{B}) \geqslant s$.

以上证明了若 $\boldsymbol{A}$ 经过一次初等行变换变为 $\boldsymbol{B}$，则 $R(\boldsymbol{A}) \leqslant R(\boldsymbol{B})$. 因 $\boldsymbol{B}$ 亦可经过一次初等行变换变为 $\boldsymbol{A}$，故有 $R(\boldsymbol{B}) \leqslant R(\boldsymbol{A})$. 因此 $R(\boldsymbol{A})=R(\boldsymbol{B})$.

由于经过一次初等行变换后矩阵的秩不变，因此可知经有限次初等行变换后矩阵的秩也不变.

设 $\boldsymbol{A}$ 经过初等列变换变为 $\boldsymbol{B}$，则$\boldsymbol{A}^{\mathrm{T}}$ 经过初等行变换变为$\boldsymbol{B}^{\mathrm{T}}$，由于 $R(\boldsymbol{A}^{\mathrm{T}})=R(\boldsymbol{B}^{\mathrm{T}})$，又 $R(\boldsymbol{A})=R(\boldsymbol{A}^{\mathrm{T}})$，$R(\boldsymbol{B})=R(\boldsymbol{B}^{\mathrm{T}})$，因此 $R(\boldsymbol{A})=R(\boldsymbol{B})$.

总之，若 $\boldsymbol{A}$ 经过有限次初等变换变为 $\boldsymbol{B}$(即 $\boldsymbol{A}\sim\boldsymbol{B}$)，则 $R(\boldsymbol{A})=R(\boldsymbol{B})$.

推论 $\boldsymbol{A}$ 为 $m\times n$ 矩阵，$\boldsymbol{P}$ 是 m 阶可逆方阵，$\boldsymbol{Q}$ 是 n 可逆方阵，则$R(\boldsymbol{PAQ})=R(\boldsymbol{A})$.

定理指明了：矩阵的秩是一个反映矩阵本质属性的数，是矩阵在初等变换之下的不变量；对于一般的矩阵，当行数与列数比较高时，按定义求秩是很麻烦的. 可以通过初等变换将矩阵化为阶梯形来求出矩阵的秩，但与初等行变换无关.

例 2-42 求矩阵 $\boldsymbol{A}=\begin{pmatrix}1&2&3&4\\-1&-1&-4&-2\\3&4&11&8\end{pmatrix}$的秩.

解 $$\begin{pmatrix}1&2&3&4\\-1&-1&-4&-2\\3&4&11&8\end{pmatrix}\xrightarrow[r_3-3r_1]{r_2+r_1}\begin{pmatrix}1&2&3&4\\0&1&-1&2\\0&-2&2&-4\end{pmatrix}$$

$$\xrightarrow{r_3+2r_2}\begin{pmatrix}1&2&3&4\\0&1&-1&2\\0&0&0&0\end{pmatrix}$$

因此，$R(\boldsymbol{A})=3$.

例 2-43 求矩阵 $\boldsymbol{A}=\begin{pmatrix}1&-1&-1&0&-2\\-1&2&2&2&6\\0&1&1&2&4\\0&1&1&-1&1\end{pmatrix}$的秩.

解 $$\boldsymbol{A}\xrightarrow{r_2+r_1}\begin{pmatrix}1&-1&-1&0&-2\\0&1&1&2&4\\0&1&1&2&4\\0&1&1&-1&1\end{pmatrix}\xrightarrow[r_4-r_2]{r_3-r_2}\begin{pmatrix}1&-1&-1&0&-2\\0&1&1&2&4\\0&0&0&0&0\\0&0&0&-3&-3\end{pmatrix}$$

$$\xrightarrow{r_3\leftrightarrow r_4}\begin{pmatrix}1&-1&-1&0&-2\\0&1&1&2&4\\0&0&0&-3&-3\\0&0&0&0&0\end{pmatrix}$$

因此，$R(\boldsymbol{A})=3$.

例 2-44 设已知矩阵 $\boldsymbol{A}=\begin{pmatrix}1&1&2&a&3\\2&2&3&1&4\\1&0&1&1&5\\2&3&5&5&4\end{pmatrix}$ 的秩为 3，求 a 的值.

解
$$\boldsymbol{A}=\begin{pmatrix}1&1&2&a&3\\2&2&3&1&4\\1&0&1&1&5\\2&3&5&5&4\end{pmatrix}\to\begin{pmatrix}1&1&2&a&3\\0&0&-1&1-2a&-2\\0&-1&-1&1-a&2\\0&1&1&5-2a&-2\end{pmatrix}\to$$
$$\begin{pmatrix}1&0&1&1&5\\0&0&-1&1-2a&-2\\0&-1&-1&1-a&2\\0&0&0&6-3a&0\end{pmatrix}\to\begin{pmatrix}1&0&0&2-2a&3\\0&-1&0&a&4\\0&0&-1&1-2a&-2\\0&0&0&6-3a&0\end{pmatrix}$$
因为 $R(\boldsymbol{A})=3$，所以 $6-3a=0$，得 $a=2$.

例 2-45 设 $\boldsymbol{A}=\begin{pmatrix}1&-1&1&2\\3&\lambda&-1&2\\5&3&\mu&6\end{pmatrix}$，已知 $R(\boldsymbol{A})=2$，求 λ 与 μ 的值.

解
$$\boldsymbol{A}=\begin{pmatrix}1&-1&1&2\\3&\lambda&-1&2\\5&3&\mu&6\end{pmatrix}\xrightarrow[r_3-5r_1]{r_2-3r_1}\begin{pmatrix}1&-1&1&2\\0&\lambda+3&-4&-4\\0&8&\mu-5&-4\end{pmatrix}\xrightarrow{r_3-r_2}$$
$$\begin{pmatrix}1&-1&1&2\\0&\lambda+3&-4&-4\\0&5-\lambda&\mu-1&0\end{pmatrix}$$
因 $R(\boldsymbol{A})=2$，故 $5-\lambda=0$，$\mu-1=0$，即 $\lambda=5$，$\mu=1$.

例 2-46 设 $\boldsymbol{A}$ 为 n 阶非奇异矩阵，$\boldsymbol{B}$ 为 $n\times m$ 矩阵. 试证：$\boldsymbol{A}$ 与 $\boldsymbol{B}$ 之积的秩等于 $\boldsymbol{B}$ 的秩，即 $r(\boldsymbol{AB})=r(\boldsymbol{B})$.

证明 因为 $\boldsymbol{A}$ 非奇异，所以 $\boldsymbol{A}$ 可表示成若干初等矩阵之积，即 $\boldsymbol{A}=\boldsymbol{P}_1\boldsymbol{P}_2\cdots\boldsymbol{P}_s$，$\boldsymbol{P}_i(i=1, 2, \cdots, s)$ 皆为初等矩阵. $\boldsymbol{AB}=\boldsymbol{P}_1\boldsymbol{P}_2\cdots\boldsymbol{P}_s\boldsymbol{B}$，即 $\boldsymbol{AB}$ 是 $\boldsymbol{B}$ 经 s 次初等行变换后得出的. 因而 $R(\boldsymbol{AB})=R(\boldsymbol{B})$.

注：由矩阵的秩及满秩矩阵的定义知，若一个 n 阶矩阵 $\boldsymbol{A}$ 是满秩的，则 $|\boldsymbol{A}|\neq 0$，因而 $\boldsymbol{A}$ 非奇异；反之亦然.

下面再介绍几个常用的矩阵的秩的性质(假设其中的运算都是可行的)：

(1) $\max\{R(\boldsymbol{A}), R(\boldsymbol{B})\}\leqslant R(\boldsymbol{A}, \boldsymbol{B})\leqslant R(\boldsymbol{A})+R(\boldsymbol{B})$.

特别地，当 $\boldsymbol{B}=\boldsymbol{b}$ 为非零列向量时，有 $R(\boldsymbol{A})\leqslant R(\boldsymbol{A}, \boldsymbol{b})\leqslant R(\boldsymbol{A})+1$.

因为 $\boldsymbol{A}$ 的最高阶非零子式总是$(\boldsymbol{A}, \boldsymbol{B})$的非零子式，所以 $R(\boldsymbol{A})\leqslant R(\boldsymbol{A}, \boldsymbol{B})$. 同理有 $R(\boldsymbol{B})\leqslant R(\boldsymbol{A}, \boldsymbol{B})$. 两式合起来，即为 $\max\{R(\boldsymbol{A}), R(\boldsymbol{B})\}\leqslant R(\boldsymbol{A}, \boldsymbol{B})$.

设 $R(\boldsymbol{A})=r$, $R(\boldsymbol{B})=t$，把$\boldsymbol{A}^{\mathrm{T}}$ 和$\boldsymbol{B}^{\mathrm{T}}$ 分别作初等行变换化为行阶梯形矩阵 $\boldsymbol{A}'$ 和 $\boldsymbol{B}'$. 因为 $R(\boldsymbol{A}^{\mathrm{T}})=r$, $R(\boldsymbol{B}^{\mathrm{T}})=t$，所以 $\boldsymbol{A}'$和 $\boldsymbol{B}'$中分别含 r 和 t 个非零行，从而 $\begin{pmatrix}\boldsymbol{A}'\\ \boldsymbol{B}'\end{pmatrix}$中只含有 $r+t$ 个非零行，并且 $\begin{pmatrix}\boldsymbol{A}^{\mathrm{T}}\\ \boldsymbol{B}^{\mathrm{T}}\end{pmatrix}\xrightarrow{r}\begin{pmatrix}\boldsymbol{A}'\\ \boldsymbol{B}'\end{pmatrix}$，于是

$$R(\boldsymbol{A}, \boldsymbol{B})=R\begin{pmatrix}\boldsymbol{A}^{\mathrm{T}}\\ \boldsymbol{B}^{\mathrm{T}}\end{pmatrix}^{\mathrm{T}}=R\begin{pmatrix}\boldsymbol{A}^{\mathrm{T}}\\ \boldsymbol{B}^{\mathrm{T}}\end{pmatrix}=R\begin{pmatrix}\boldsymbol{A}'\\ \boldsymbol{B}'\end{pmatrix}\leqslant r+t=R(\boldsymbol{A})+R(\boldsymbol{B})$$

例如，令 $\boldsymbol{A}=\begin{pmatrix}1&0\\0&1\\0&0\end{pmatrix}$，$\boldsymbol{B}=\begin{pmatrix}0\\0\\1\end{pmatrix}$，$\boldsymbol{C}=\begin{pmatrix}1\\1\\0\end{pmatrix}$，则

$$R(\boldsymbol{A}, \boldsymbol{B})=R\begin{pmatrix}1&0&0\\0&1&0\\0&0&1\end{pmatrix}=3=R(\boldsymbol{A})+R(\boldsymbol{B})$$

$$R(\boldsymbol{A}, \boldsymbol{C})=R\begin{pmatrix}1&0&1\\0&1&1\\0&0&0\end{pmatrix}=2<R(\boldsymbol{A})+R(\boldsymbol{C})$$

(2) $R(\boldsymbol{A}, \boldsymbol{B})\leqslant R(\boldsymbol{A})+R(\boldsymbol{B})$.

证明　设 $\boldsymbol{A}$, $\boldsymbol{B}$ 为 $m\times n$ 矩阵，对矩阵 $\begin{pmatrix}\boldsymbol{A}+\boldsymbol{B}\\ \boldsymbol{B}\end{pmatrix}$作初等行变换$r_i-r_{n+i}$ $(i=1, 2, \cdots, n)$得$\begin{pmatrix}\boldsymbol{A}+\boldsymbol{B}\\ \boldsymbol{B}\end{pmatrix}\xrightarrow{r}\begin{pmatrix}\boldsymbol{A}\\ \boldsymbol{B}\end{pmatrix}$，于是

$$\begin{aligned}R(\boldsymbol{A}+\boldsymbol{B})&\leqslant R\begin{pmatrix}\boldsymbol{A}+\boldsymbol{B}\\ \boldsymbol{B}\end{pmatrix}=R\begin{pmatrix}\boldsymbol{A}\\ \boldsymbol{B}\end{pmatrix}=R(\boldsymbol{A}^{\mathrm{T}}, \boldsymbol{B}^{\mathrm{T}})^{\mathrm{T}}\\&=R(\boldsymbol{A}^{\mathrm{T}}, \boldsymbol{B}^{\mathrm{T}})\leqslant R(\boldsymbol{A}^{\mathrm{T}})+R(\boldsymbol{B}^{\mathrm{T}})=R(\boldsymbol{A})+R(\boldsymbol{B})\end{aligned}$$

下面两条性质的证明将在第 3 章中给出.

(3) $R(\boldsymbol{AB})\leqslant\min\{R(\boldsymbol{A}), R(\boldsymbol{B})\}$.

(4) 若$\boldsymbol{A}_{m\times n}\boldsymbol{B}_{n\times l}=\boldsymbol{O}$，则 $R(\boldsymbol{A})+R(\boldsymbol{B})\leqslant n$.

例 2-47 设 $\boldsymbol{A}$ 为 n 阶矩阵，证明 $R(\boldsymbol{A}+\boldsymbol{E})+R(\boldsymbol{A}-\boldsymbol{E})\geqslant n$.

证明 因$(\boldsymbol{A}+\boldsymbol{E})+(\boldsymbol{E}-\boldsymbol{A})=2\boldsymbol{E}$，由秩的性质有

$$R(\boldsymbol{A}+\boldsymbol{E})+R(\boldsymbol{E}-\boldsymbol{A})\geqslant R(2\boldsymbol{E})=n$$

而 $R(\boldsymbol{A}+\boldsymbol{E})=R(\boldsymbol{A}-\boldsymbol{E})$，所以 $R(\boldsymbol{A}+\boldsymbol{E})+R(\boldsymbol{A}-\boldsymbol{E})\geqslant n$.

例 2-48 证明：若$\boldsymbol{A}_{m\times n}\boldsymbol{B}_{n\times l}=\boldsymbol{C}$，且 $R(\boldsymbol{A})=n$，则 $R(\boldsymbol{B})=R(\boldsymbol{C})$.

证明 因 $R(\boldsymbol{A})=n$，故 $\boldsymbol{A}$ 的行最简阶梯形矩阵为 $\begin{pmatrix}\boldsymbol{E}_n\\\boldsymbol{O}\end{pmatrix}_{m\times n}$，并有 m 阶可逆矩阵 $\boldsymbol{P}$，使 $\boldsymbol{PA}=\begin{pmatrix}\boldsymbol{E}_n\\\boldsymbol{O}\end{pmatrix}$，于是

$$\boldsymbol{PC}=\boldsymbol{PAB}=\begin{pmatrix}\boldsymbol{E}_n\\\boldsymbol{O}\end{pmatrix}\boldsymbol{B}=\begin{pmatrix}\boldsymbol{B}\\\boldsymbol{O}\end{pmatrix}$$

由矩阵秩的性质知，秩 $R(\boldsymbol{C})=R(\boldsymbol{PC})$，而 $R\begin{pmatrix}\boldsymbol{B}\\\boldsymbol{O}\end{pmatrix}=R(\boldsymbol{B})$，故 $R(\boldsymbol{B})=R(\boldsymbol{C})$.

本例中矩阵 $\boldsymbol{A}$ 的秩等于它的列数，这样的矩阵称为列满秩矩阵. 当 $\boldsymbol{A}$ 为方阵时，列满秩矩阵就称为满秩矩阵，也就是可逆矩阵. 因此，本例结论当 $\boldsymbol{A}$ 为方阵这一特殊情形时就是定理 2.8 的推论.

本例另一个重要的特殊情形是 $\boldsymbol{C}=\boldsymbol{O}$，这时结论为：设 $\boldsymbol{AB}=\boldsymbol{O}$，若 $\boldsymbol{A}$ 为列满秩矩阵，则 $\boldsymbol{B}=\boldsymbol{O}$. 因为按照本例的结论，这时还有 $R(\boldsymbol{B})=0$，所以 $\boldsymbol{B}=\boldsymbol{O}$. 这一结论通常称为矩阵乘法的消去律.

习题 2.7

1. 在秩是 r 的矩阵中，有没有等于 0 的 $r-1$ 阶子式？有没有等于 0 的 r 阶子式？

2. 从矩阵 $\boldsymbol{A}$ 中划去一行得到矩阵 $\boldsymbol{B}$，问 $\boldsymbol{A}$，$\boldsymbol{B}$ 的秩的关系是怎样的？

3. 求下列矩阵的秩：

(1) $\begin{pmatrix}3&1&0&2\\1&-1&2&-1\\1&3&-4&4\end{pmatrix}$；　(2) $\begin{pmatrix}1&3&-2&2\\0&2&-1&3\\-2&0&1&5\end{pmatrix}$；

(3) $\begin{pmatrix} 3 & 2 & -1 & -3 & -2 \\ 2 & -1 & 3 & 1 & -3 \\ 7 & 0 & 5 & -1 & -8 \end{pmatrix}$； (4) $\begin{pmatrix} 3 & 2 & 0 & 5 & 0 \\ 3 & -2 & 3 & 6 & -1 \\ 2 & 0 & 1 & 5 & -3 \\ 1 & 6 & -4 & -1 & 4 \end{pmatrix}$.

4. 设矩阵 $\boldsymbol{A}=\begin{pmatrix} 1 & \lambda & -1 & 2 \\ 2 & -1 & \lambda & 5 \\ 1 & 10 & -6 & 1 \end{pmatrix}$，其中 λ 为参数，求矩阵 $\boldsymbol{A}$ 的秩.

5. 设 $\boldsymbol{A}=\begin{pmatrix} k & 1 & 1 \\ 1 & k & 1 \\ 1 & 1 & 2 \end{pmatrix}$，$\boldsymbol{b}=\begin{pmatrix} 1 \\ k \\ 2 \end{pmatrix}$，$\boldsymbol{B}=(\boldsymbol{A}, \boldsymbol{b})$，问 k 取何值，可使：

(1) $R(\boldsymbol{A})=R(\boldsymbol{B})=3$；

(2) $R(\boldsymbol{A})<R(\boldsymbol{B})$；

(3) $R(\boldsymbol{A})=R(\boldsymbol{B})<3$.

总习题 2

1. 设 $\boldsymbol{A}=\begin{pmatrix} 1 & 0 & 1 & 0 \\ 2 & 1 & 1 & 3 \\ 1 & 2 & 4 & 2 \end{pmatrix}$，$\boldsymbol{B}=\begin{pmatrix} 1 & 1 & 1 & 1 \\ -2 & 1 & -2 & 1 \\ 0 & 1 & 0 & -1 \end{pmatrix}$，计算：

(1) $\boldsymbol{A}-3\boldsymbol{B}$；

(2) $2\boldsymbol{A}+3\boldsymbol{B}$；

(3) 若 $\boldsymbol{X}$ 满足 $\boldsymbol{A}+2\boldsymbol{X}=\boldsymbol{B}$，求 $\boldsymbol{X}$.

2. 计算下列矩阵的乘积：

(1) $\begin{pmatrix} 1 \\ 2 \\ 3 \end{pmatrix}(-1, 2)$；

(2) $\begin{pmatrix} 1 & 2 \\ 4 & 2 \end{pmatrix}\begin{pmatrix} 2 & -1 & 1 \\ 0 & 3 & 2 \end{pmatrix}$；

(3) $\begin{pmatrix} 1 & 2 & 0 \\ 3 & -1 & 4 \end{pmatrix}\begin{pmatrix} 1 & 2 & 0 \\ 3 & -1 & 4 \end{pmatrix}^{\mathrm{T}}$；

(4) $\begin{pmatrix}1 & -1\\2 & 1\\0 & 2\end{pmatrix}\begin{pmatrix}2 & 1\\1 & -1\end{pmatrix}\begin{pmatrix}3 & -1 & 0 & 1\\1 & 2 & 1 & 0\end{pmatrix}$.

3. 设 $\boldsymbol{A}$，$\boldsymbol{B}$ 均为 n 阶方阵，证明下列命题等价：

(1) $\boldsymbol{AB}=\boldsymbol{BA}$；

(2) $(\boldsymbol{A}\pm\boldsymbol{B})^2=\boldsymbol{A}^2\pm2\boldsymbol{AB}+\boldsymbol{B}^2$；

(3) $(\boldsymbol{A}+\boldsymbol{B})(\boldsymbol{A}-\boldsymbol{B})=\boldsymbol{A}^2-\boldsymbol{B}^2$.

4. 已知 $\boldsymbol{A}$ 与 $\boldsymbol{B}$ 及 $\boldsymbol{A}$ 与 $\boldsymbol{C}$ 都可交换，证明：$\boldsymbol{A}$，$\boldsymbol{B}$，$\boldsymbol{C}$ 是同阶矩阵，且 $\boldsymbol{A}$ 与 $\boldsymbol{BC}$ 可交换.

5. (1) 设 $\boldsymbol{A}$，$\boldsymbol{B}$ 均为 n 阶矩阵，且 $\boldsymbol{A}$ 为对称矩阵，证明：$\boldsymbol{B}^{\mathrm{T}}\boldsymbol{AB}$ 也是对称矩阵.

(2) 设 $\boldsymbol{A}$，$\boldsymbol{B}$ 均为 n 阶对称矩阵，证明：$\boldsymbol{AB}$ 是对称矩阵的充要条件是$\boldsymbol{AB}=\boldsymbol{BA}$.

6. 设 $\boldsymbol{A}$ 均为 n 阶矩阵，n 为奇数，且 $\boldsymbol{A}\boldsymbol{A}^{\mathrm{T}}=\boldsymbol{E}_n$，$|\boldsymbol{A}|=1$，求 $|\boldsymbol{A}-\boldsymbol{E}_n|$.

7. (1) 设 $\boldsymbol{A}=\begin{pmatrix}1 & 0\\\lambda & 1\end{pmatrix}$，求$\boldsymbol{A}^2$，$\boldsymbol{A}^3$，…，$\boldsymbol{A}^k$.

(2) 设 $\boldsymbol{A}=\begin{pmatrix}0 & 1 & 0\\0 & 0 & 1\\0 & 0 & 0\end{pmatrix}$，求$\boldsymbol{A}^n$.

(3) 设 $\boldsymbol{A}=\begin{pmatrix}\lambda & 1 & 0\\0 & \lambda & 1\\0 & 0 & \lambda\end{pmatrix}$，求$\boldsymbol{A}^4$.

8. (1) 设 $\boldsymbol{A}=\begin{pmatrix}3 & 1\\1 & -3\end{pmatrix}$，求$\boldsymbol{A}^{50}$和$\boldsymbol{A}^{51}$.

(2) 设 $\boldsymbol{a}=\begin{pmatrix}2\\1\\-3\end{pmatrix}$，$\boldsymbol{b}=\begin{pmatrix}1\\2\\4\end{pmatrix}$，$\boldsymbol{A}=\boldsymbol{a}\,\boldsymbol{b}^{\mathrm{T}}$，求$\boldsymbol{A}^{100}$.

9. 设方阵 $\boldsymbol{A}$ 满足$\boldsymbol{A}^2-\boldsymbol{A}-2\boldsymbol{E}=\boldsymbol{O}$，证明 $\boldsymbol{A}$ 与 $\boldsymbol{A}+2\boldsymbol{E}$ 都可逆，并求它们的逆矩阵.

10. 将下列矩阵化成阶梯形及行简化阶梯形并确定其秩.

(1) $\begin{pmatrix} 1 & -1 & 2 & 1 \\ -1 & 2 & 3 & -2 \\ 2 & -3 & -2 & 2 \end{pmatrix}$；　　(2) $\begin{pmatrix} 1 & -2 & 3 & -4 & 4 \\ 0 & 1 & -1 & 1 & -3 \\ 1 & 3 & 0 & -3 & 1 \\ 0 & -7 & 3 & 1 & -3 \end{pmatrix}$.

11. 利用初等变换，求下列矩阵的逆矩阵：

(1) $\begin{pmatrix} 1 & 2 \\ 2 & 1 \end{pmatrix}$；　　(2) $\begin{pmatrix} 3 & -3 & 4 \\ 2 & -3 & 4 \\ 0 & -1 & 1 \end{pmatrix}$；

(3) $\begin{pmatrix} 2 & 1 & 2 \\ 1 & 2 & 2 \\ 2 & 2 & 1 \end{pmatrix}$；　　(4) $\begin{pmatrix} 2 & 2 & -1 \\ 1 & -2 & 4 \\ 5 & 8 & 2 \end{pmatrix}$；

(5) $\begin{pmatrix} 1 & 0 & 0 & 0 \\ 2 & 1 & 0 & 0 \\ 3 & 2 & 1 & 0 \\ 4 & 3 & 2 & 1 \end{pmatrix}$；　　(6) $\begin{pmatrix} 1 & 1 & 1 & 1 \\ 1 & 1 & 1 & 0 \\ 1 & 1 & 0 & 0 \\ 1 & 0 & 0 & 0 \end{pmatrix}$.

12. 解下列矩阵方程，求出未知矩阵 $\boldsymbol{X}$：

(1) $\boldsymbol{X}\begin{pmatrix} 2 & 5 \\ 1 & 3 \end{pmatrix} = \begin{pmatrix} 4 & -6 \\ 2 & 1 \end{pmatrix}$；　　(2) $\begin{pmatrix} 1 & 2 & 3 \\ 2 & -1 & 1 \\ 3 & 0 & -1 \end{pmatrix}\boldsymbol{X} = \begin{pmatrix} 9 & 4 \\ 8 & 3 \\ 3 & 10 \end{pmatrix}$；

(3) $\boldsymbol{X}\begin{pmatrix} 2 & 1 & -1 \\ 2 & 1 & 0 \\ 1 & -1 & 1 \end{pmatrix} = \begin{pmatrix} 1 & -1 & 3 \\ 4 & 3 & 2 \end{pmatrix}$.

13. 用矩阵的分块求下列矩阵的逆矩阵：

(1) $\begin{pmatrix} 0 & 0 & \frac{1}{5} \\ 2 & 1 & 0 \\ 4 & 3 & 0 \end{pmatrix}$；　　(2) $\begin{pmatrix} 5 & 2 & 0 & 0 \\ 2 & 1 & 0 & 0 \\ 0 & 0 & 8 & 3 \\ 0 & 0 & 5 & 2 \end{pmatrix}$；　　(3) $\begin{pmatrix} 1 & 0 & 0 & 0 \\ 1 & 2 & 0 & 0 \\ 2 & 1 & 3 & 0 \\ 1 & 2 & 1 & 4 \end{pmatrix}$.

14. 设 $\boldsymbol{A} = \begin{pmatrix} 0 & 3 & 3 \\ 1 & 1 & 0 \\ -1 & 2 & 3 \end{pmatrix}$，$\boldsymbol{AB} = \boldsymbol{A} + 2\boldsymbol{B}$，求 $\boldsymbol{B}$.

15. 设 $\boldsymbol{A}=\begin{pmatrix}1 & -1 & 0\\0 & 1 & -1\\-1 & 0 & 1\end{pmatrix}$，$\boldsymbol{AX}=\boldsymbol{A}+2\boldsymbol{X}$，求 $\boldsymbol{X}$.

16. 设 $\boldsymbol{A}=\begin{pmatrix}1 & 0 & 1\\0 & 2 & 0\\1 & 0 & 1\end{pmatrix}$，且 $\boldsymbol{AB}+\boldsymbol{E}=\boldsymbol{A}^2+\boldsymbol{B}$，求 $\boldsymbol{B}$.

17. 设 $\boldsymbol{A}=\begin{pmatrix}1 & 0 & 0\\0 & -2 & 0\\0 & 0 & 1\end{pmatrix}$，$\boldsymbol{A}^*\boldsymbol{BA}=2\boldsymbol{BA}-8\boldsymbol{E}$，求 $\boldsymbol{B}$.

18. 若 $\boldsymbol{A}$，$\boldsymbol{B}$ 为 n 阶方阵，$2\boldsymbol{A}-\boldsymbol{B}-\boldsymbol{AB}=\boldsymbol{E}$，$\boldsymbol{A}^2=\boldsymbol{A}$，其中 $\boldsymbol{E}$ 为 n 阶单位矩阵.

(1) 证明 $\boldsymbol{A}-\boldsymbol{B}$ 为可逆矩阵，并求$(\boldsymbol{A}-\boldsymbol{B})^{-1}$；

(2) 已知 $\boldsymbol{A}=\begin{pmatrix}1 & 0 & 0\\0 & 3 & -1\\0 & 6 & -2\end{pmatrix}$，试求矩阵 $\boldsymbol{B}$.

19. 若三阶矩阵 $\boldsymbol{A}$ 的伴随矩阵为 $\boldsymbol{A}^*$，已知 $|\boldsymbol{A}|=\dfrac{1}{2}$，求 $|(3\boldsymbol{A})^{-1}-2\boldsymbol{A}^*|$.

20. 若 $\boldsymbol{A}$、$\boldsymbol{B}$ 为四阶方阵，且 $|\boldsymbol{A}|=-2$，$|\boldsymbol{B}|=3$，求：

(1) $5\boldsymbol{AB}$；

(2) $|-\boldsymbol{AB}^{\mathrm{T}}|$；

(3) $|(\boldsymbol{AB})^{-1}|$；

(4) $|\boldsymbol{A}^{-1}\boldsymbol{B}^{-1}|$；

(5) $|((\boldsymbol{AB})^{\mathrm{T}})^{-1}|$.

21. 已知矩阵 $\boldsymbol{A}=\begin{pmatrix}1 & 1 & -1\\-1 & 1 & 1\\1 & -1 & 1\end{pmatrix}$，矩阵 $\boldsymbol{X}$ 满足 $\boldsymbol{A}^*\boldsymbol{X}=\boldsymbol{A}^{-1}+2\boldsymbol{X}$，其中 $\boldsymbol{A}^*$ 是 $\boldsymbol{A}$ 的伴随矩阵，求矩阵 $\boldsymbol{X}$.

22. 设四阶矩阵 $\boldsymbol{B}$ 满足 $\left[\left(\dfrac{1}{2}\boldsymbol{A}\right)^*\right]^{-1}\boldsymbol{BA}^{-1}=2\boldsymbol{AB}+12\boldsymbol{E}$，其中 $\boldsymbol{E}$ 是四阶单位

矩阵，而 $\boldsymbol{A}=\begin{pmatrix}1&2&0&0\\1&3&0&0\\0&0&0&2\\0&0&-1&0\end{pmatrix}$，求矩阵 $\boldsymbol{B}$.

23. 设 $\boldsymbol{A}=\begin{pmatrix}1&-2&3k\\-1&2k&-3\\k&-2&3\end{pmatrix}$，问 k 为何值，可使：

(1) $R(\boldsymbol{A})=1$；

(2) $R(\boldsymbol{A})=2$；

(3) $R(\boldsymbol{A})=3$.

24. 设 $\boldsymbol{A}$ 为 5×4 矩阵，$\boldsymbol{A}=\begin{pmatrix}1&2&3&1\\2&-1&k&2\\0&1&1&3\\1&-1&0&4\\2&0&2&5\end{pmatrix}$，且 $\boldsymbol{A}$ 的秩为 3，求 k.

25. 证明：$R\begin{pmatrix}\boldsymbol{A}&\boldsymbol{O}\\\boldsymbol{O}&\boldsymbol{B}\end{pmatrix}=R(\boldsymbol{A})+R(\boldsymbol{B})$.

26. 设 n 阶方阵 $\boldsymbol{A}$ 满足 $\boldsymbol{A}^2=\boldsymbol{A}$，$\boldsymbol{E}$ 为单位矩阵，证明：$R(\boldsymbol{A})+R(\boldsymbol{A}-\boldsymbol{E})=n$.

第 3 章　向量组的线性相关性

线性方程组是各个方程的未知量均为一次的方程组. 对线性方程组的研究，中国比欧洲国家至少早 1500 年，记载在公元初《九章算术》方程章中. 线性方程组在生活中有着广泛的应用，如 Google 的搜索功能就建立在其对网页强大而优秀的排序方法上. 这个方法建模使用了 Markov chain，问题最终归结为解一个矩阵方程. 除此之外，天气预测的 Navier-Stokes 方程其本质也是求解线性方程组. 可以说，线性方程组是线性代数的核心. 本章将在向量组相关知识的基础上，介绍如何化简线性方程组并表示线性方程组的通解.

3.1　线性方程组的可解性

我们知道，$m\times n$ 线性方程组：

$$\begin{cases} a_{11}x_1+a_{12}x_2+\cdots+a_{1n}x_n=b_1 \\ a_{21}x_1+a_{22}x_2+\cdots+a_{2n}x_n=b_2 \\ \qquad\qquad\vdots \\ a_{m1}x_1+a_{m2}x_2+\cdots+a_{mn}x_n=b_m \end{cases} \tag{3-1}$$

可以利用矩阵运算写成矩阵形式 $\boldsymbol{AX}=\boldsymbol{b}$. 其中，$\boldsymbol{A}=(a_{ij})_{m\times n}$ 是式(3－1)的系数矩阵. $\bar{\boldsymbol{A}}=(\boldsymbol{A},\boldsymbol{b})=\begin{pmatrix} a_{11} & a_{12} & \cdots & a_{1n} & b_1 \\ a_{21} & a_{22} & \cdots & a_{2n} & b_2 \\ \vdots & \vdots & & \vdots & \vdots \\ a_{m1} & a_{m2} & \cdots & a_{mn} & b_m \end{pmatrix}$ 称为方程组(3－1)的**增广矩阵**. 若 $\boldsymbol{x}=(x_1,x_2,\cdots,x_n)^{\mathrm{T}}$ 使式(3－1)的每个方程成为恒等式，就说 $\boldsymbol{x}=(x_1,x_2,\cdots,x_n)^{\mathrm{T}}$ 是方程组的一个**解(向量)**. 解的全体集合称为**解集**.

含有一定个数独立的任意常数的解称为**通解**. 线性方程的任何一个解都能在通解中适当选取任意常数的值得到. 若两个方程组的解集相等，则称这两个方程组同解.

中学代数中已学过用加减消元法解二元或三元线性方程组. 很明显，对于一个线性方程组进行一次如下变换所得到的新的方程组与原方程组是同解的.

(1) 交换方程组中两个方程的次序.

(2) 某方程乘以一个非零常数.

(3) 某方程加上另一个方程的倍数.

这里(2)、(3)就是我们熟知的加减消元法的基本步骤，(1)则是针对方程和未知量较多，为避免因消元过程纷繁可能导致的混乱而增添的. 以上三种变换称为线性方程组的同解变换.

由于线性方程组(3-1)的第 i 个方程对应的就是增广矩阵(系数矩阵)的第 i 行，因此线性方程组的同解变换即矩阵中的初等行变换. 下面我们通过同解变换化简方程组. 为了观察消元的过程，我们将每一个步骤方程组对应的矩阵列出.

例 3-1 解方程组

$$\begin{cases} x_1+x_2-2x_3+3x_4=1 \\ x_1+2x_2+x_3-2x_4=2 \\ 3x_1+5x_2-2x_4=6 \\ 3x_1+6x_2+3x_3-7x_4=\lambda \end{cases}$$

解 $$\bar{\mathbf{A}}=\begin{pmatrix} 1 & 1 & -2 & 3 & 1 \\ 1 & 2 & 1 & -2 & 2 \\ 3 & 5 & 0 & -2 & 6 \\ 3 & 6 & 3 & -7 & \lambda \end{pmatrix} \to \begin{pmatrix} 1 & 1 & -2 & 3 & 1 \\ 0 & 1 & 3 & -5 & 1 \\ 0 & 2 & 6 & -11 & 3 \\ 0 & 1 & 3 & -5 & \lambda-6 \end{pmatrix}$$

$$\to \begin{pmatrix} 1 & 1 & -2 & 3 & 1 \\ 0 & 1 & 3 & -5 & 1 \\ 0 & 0 & 0 & -1 & 1 \\ 0 & 0 & 0 & 0 & \lambda-7 \end{pmatrix}$$

这个初等行变换过程反映了方程组的消元过程：第一组三次行变换的作用是消去了 x_1，第二组两次行变换的作用是消去了 x_2，凑巧又把 x_3 消去了. 这样我们得出了与原方程组同解的方程组：

$$\begin{cases} x_1+x_2-2x_3+3x_4=1 \\ \qquad x_2+3x_3-5x_4=1 \\ \qquad\qquad\quad -\ x_4=1 \\ \qquad\qquad\qquad 0=\lambda-7 \end{cases}$$

(1) 若 $\lambda\neq 7$，则同解方程组第 4 个方程是矛盾方程，因此原方程组无解.

(2) 若 $\lambda=7$，则可由第 3 个方程解出 $x_4=-1$，向上代入第 2 个方程以及第 1 个方程，整理后可以表示为

$$\bar{\boldsymbol{A}}=\rightarrow\begin{pmatrix}1 & 1 & -2 & 3 & 1\\ 0 & 1 & 3 & -5 & 1\\ 0 & 0 & 0 & -1 & 1\\ 0 & 0 & 0 & 0 & 0\end{pmatrix}\rightarrow\begin{pmatrix}1 & 0 & -5 & 0 & 8\\ 0 & 1 & 3 & 0 & -4\\ 0 & 0 & 0 & 1 & -1\\ 0 & 0 & 0 & 0 & 0\end{pmatrix}$$

得同解方程组 $\begin{cases} x_1-5x_3=8 \\ x_2+3x_3=-4 \\ x_4=-1 \end{cases}$，它共有 3 个有效方程和 4 个未知量，所以有一个未知量可取任意实数(这样的未知量我们称为**自由未知量**).

通过例 3-1 我们可得如下方程组解的存在性定理：

定理 3.1 对于 n 元线性方程组 $\boldsymbol{AX}=\boldsymbol{b}$，有

(1) 无解的充分必要条件是 $R(\boldsymbol{A})<R(\boldsymbol{A},\boldsymbol{b})=R(\bar{\boldsymbol{A}})$.

(2) 有唯一解的充分必要条件是 $R(\boldsymbol{A})=R(\boldsymbol{A},\boldsymbol{b})=R(\bar{\boldsymbol{A}})=n$.

(3) 有无穷多个解的充分必要条件是 $R(\boldsymbol{A})=R(\boldsymbol{A},\boldsymbol{b})=R(\bar{\boldsymbol{A}})<n$.

设 $R(\boldsymbol{A})=r$，为叙述方便，设 $\boldsymbol{B}=(\boldsymbol{A},\boldsymbol{b})$ 的行最简阶梯形矩阵为

$$\boldsymbol{B}=\begin{pmatrix}1 & 0 & \cdots & 0 & b_{11} & \cdots & b_{1,n-r} & d_1\\ 0 & 1 & \cdots & 0 & b_{21} & \cdots & b_{2,n-r} & d_2\\ \vdots & \vdots & & \vdots & \vdots & & \vdots & \vdots\\ 0 & 0 & \cdots & 1 & b_{r1} & \cdots & b_{r,n-r} & d_r\\ 0 & 0 & \cdots & 0 & 0 & \cdots & 0 & d_{r+1}\\ 0 & 0 & \cdots & 0 & 0 & \cdots & 0 & 0\\ \vdots & \vdots & & \vdots & \vdots & & \vdots & \vdots\\ 0 & 0 & \cdots & 0 & 0 & \cdots & 0 & 0\end{pmatrix}$$

其相应的行最简阶梯形方程组为

$$\begin{cases} x_1+b_{11}x_{r+1}+\cdots+b_{1,n-r}x_n=d_1 \\ x_2+b_{21}x_{r+1}+\cdots+b_{2,n-r}x_n=d_2 \\ \vdots \\ x_r+b_{r1}x_{r+1}+\cdots+b_{r,n-r}x_n=d_r \\ 0=d_{r+1} \\ 0=0 \\ \vdots \\ 0=0 \end{cases}$$

由上面的讨论易知，行最简阶梯形方程组与原方程组是同解方程组；“0=0”形式的方程是多余的方程，去掉它们不影响方程组的解. 下面我们讨论行最简阶梯形方程组的解的各种情形.

(1) 若 $R(\boldsymbol{A})<R(\boldsymbol{B})$，则 $d_{r+1}\neq 0$，于是 $\boldsymbol{B}$ 的第 $r+1$ 行对应矛盾方程 $0=d_{r+1}$，故方程组无解.

(2) 若 $R(\boldsymbol{A})=R(\boldsymbol{B})=n$，则方程组可以写成

$$\begin{cases} x_1+b_{11}x_{r+1}+\cdots+b_{1,n-r}x_n=d_1 \\ x_2+b_{21}x_{r+1}+\cdots+b_{2,n-r}x_n=d_2 \\ \vdots \\ x_{n-1}+b_{n-1,n-r}x_n=d_{n-1} \\ x_n=d_n \end{cases}$$

所以方程组有唯一解. 从方程组中最后一个方程解出 x_n，再代入第 $n-1$ 个方程，求出x_{n-1}. 如此继续下去，则可求出其它未知量，得出它的唯一解. 因而方程组有唯一的一组解.

(3) 若 $R(\boldsymbol{A})=R(\boldsymbol{B})<n$，则方程组可以写成

$$\begin{cases} x_1+b_{11}x_{r+1}+\cdots+b_{1,n-r}x_n=d_1 \\ x_2+b_{21}x_{r+1}+\cdots+b_{2,n-r}x_n=d_2 \\ \vdots \\ x_r+b_{r1}x_{r+1}+\cdots+b_{r,n-r}x_n=d_r \end{cases}$$

即

$$
\begin{cases}
x_1 = -b_{11}x_{r+1} - \cdots - b_{1,n-r}x_n + d_1 \\
x_2 = -b_{21}x_{r+1} - \cdots - b_{2,n-r}x_n + d_2 \\
\vdots \\
x_r = -b_{r1}x_{r+1} - \cdots - b_{r,n-r}x_n + d_r
\end{cases}
$$

$n-r$ 个自由未知量 x_{r+1}，…，x_n 取不同值而得不同的解.

如果取 $x_{r+1}=c_1$，$x_{r+2}=c_2$，…，$x_n=c_{n-r}$ 为任意常数，则方程组有如下无穷多个解：

$$
\begin{cases}
x_1 = -b_{11}c_1 - \cdots - b_{1,n-r}c_{n-r} + d_1 \\
x_2 = -b_{21}c_1 - \cdots - b_{2,n-r}c_{n-r} + d_2 \\
\vdots \\
x_r = -b_{r1}c_1 - \cdots - b_{r,n-r}c_{n-r} + d_r \\
x_{r+1} = c_1 \\
x_{r+2} = c_2 \\
\vdots \\
x_n = c_{n-r}
\end{cases}
$$

例 3-2 a，b 取何值时，方程组 $\begin{cases} x_1+ax_2+x_3=2 \\ x_1+x_2+2x_3=3 \\ x_1+x_2+bx_3=4 \end{cases}$ 无解，有唯一解，有无穷多解？

解 对增广矩阵 $\bar{\mathbf{A}}$ 施行初等行变换变为阶梯形矩阵，有

$$
\bar{\mathbf{A}} = \begin{pmatrix} 1 & a & 1 & 2 \\ 1 & 1 & 2 & 3 \\ 1 & 1 & b & 4 \end{pmatrix} \xrightarrow[r_3-r_2]{r_1-r_2} \begin{pmatrix} 0 & a-1 & -1 & -1 \\ 1 & 1 & 2 & 3 \\ 0 & 0 & b-2 & 1 \end{pmatrix}
$$

$$
\xrightarrow{(r_1, r_2)} \begin{pmatrix} 1 & 1 & 2 & 3 \\ 0 & a-1 & -1 & -1 \\ 0 & 0 & b-2 & 1 \end{pmatrix}
$$

当 $b=2$ 时，$R(\mathbf{A})=2<R(\bar{\mathbf{A}})=3$，方程组无解；

当 $a\neq 1$ 且 $b\neq 2$ 时，$R(\mathbf{A})=R(\bar{\mathbf{A}})=3$，方程组有唯一解；

当 $a=1$ 且 $b=3$ 时，方程组有无穷多解.

例 3-3 已知 $\boldsymbol{\alpha}_1=(1, 0, 2, 3)^{\mathrm{T}}$，$\boldsymbol{\alpha}_2=(1, 1, 3, 5)^{\mathrm{T}}$，$\boldsymbol{\alpha}_3=(1, -1, a+2, 1)^{\mathrm{T}}$，$\boldsymbol{\alpha}_4=(1, 2, 4, a+8)^{\mathrm{T}}$，$\boldsymbol{\beta}=(1, 1, b+3, 5)^{\mathrm{T}}$，试求：

(1) a，b 为何值时，$\boldsymbol{\beta}$ 不能表示为 $\boldsymbol{\alpha}_1$，$\boldsymbol{\alpha}_2$，$\boldsymbol{\alpha}_3$，$\boldsymbol{\alpha}_4$ 的线性组合？

(2) a，b 为何值时，$\boldsymbol{\beta}$ 可以唯一地表示为 $\boldsymbol{\alpha}_1$，$\boldsymbol{\alpha}_2$，$\boldsymbol{\alpha}_3$，$\boldsymbol{\alpha}_4$ 的线性组合？

分析 $\boldsymbol{\beta}$ 不能表示为 $\boldsymbol{\alpha}_1$，$\boldsymbol{\alpha}_2$，$\boldsymbol{\alpha}_3$，$\boldsymbol{\alpha}_4$ 的线性组合$\Leftrightarrow$非齐次线性方程组 $x_1\boldsymbol{\alpha}_1+x_2\boldsymbol{\alpha}_2+x_3\boldsymbol{\alpha}_3+x_4\boldsymbol{\alpha}_4=\boldsymbol{\beta}$ 无解.

$\boldsymbol{\beta}$ 可唯一表示为 $\boldsymbol{\alpha}_1$，$\boldsymbol{\alpha}_2$，$\boldsymbol{\alpha}_3$，$\boldsymbol{\alpha}_4$ 的线性组合$\Leftrightarrow$非齐次线性方程组 $x_1\boldsymbol{\alpha}_1+x_2\boldsymbol{\alpha}_2+x_3\boldsymbol{\alpha}_3+x_4\boldsymbol{\alpha}_4=\boldsymbol{\beta}$ 有唯一解.

解 对增广矩阵 $\bar{\mathbf{A}}$ 施行初等行变换：

$$\bar{\mathbf{A}}=\begin{pmatrix}1 & 1 & 1 & 1 & 1\\ 0 & 1 & -1 & 2 & 1\\ 2 & 3 & a+2 & 4 & b+3\\ 3 & 5 & 1 & a+8 & 5\end{pmatrix}\rightarrow\begin{pmatrix}1 & 1 & 1 & 1 & 1\\ 0 & 1 & -1 & 2 & 1\\ 0 & 1 & a & 2 & b+1\\ 0 & 2 & -2 & a+5 & 2\end{pmatrix}$$

$$\rightarrow\begin{pmatrix}1 & 1 & 1 & 1 & 1\\ 0 & 1 & -1 & 2 & 1\\ 0 & 0 & a+1 & 0 & b\\ 0 & 0 & 0 & a+1 & 0\end{pmatrix}$$

(1) 当 $R(\mathbf{A})=2<R(\bar{\mathbf{A}})=3$，即 $a+1=0$，$a=-1$，$b\neq 0$ 时，$\boldsymbol{\beta}$ 不能表示为 $\boldsymbol{\alpha}_1$，$\boldsymbol{\alpha}_2$，$\boldsymbol{\alpha}_3$，$\boldsymbol{\alpha}_4$ 的线性组合.

(2) 当 $R(\mathbf{A})=R(\bar{\mathbf{A}})=4$，即 $a\neq -1$ 时，$\boldsymbol{\beta}$ 可唯一表示为 $\boldsymbol{\alpha}_1$，$\boldsymbol{\alpha}_2$，$\boldsymbol{\alpha}_3$，$\boldsymbol{\alpha}_4$ 的线性组合.

容易得出以下定理：

定理 3.2 n 元齐次线性方程组 $\mathbf{AX}=\mathbf{0}$ 有非零解的充分必要条件是 $R(\mathbf{A})<n$.

证明 根据定理 3.1，当 $R(\mathbf{A})=n$ 时，有唯一解 $\boldsymbol{x}=\mathbf{0}$。当 $R(\mathbf{A})<n$ 时，有 $n-r$ 个自由未知量，当它们选取一组不全为零的数时，就得到了一个非零解.

习题 3.1

1. 设一线性方程组的增广矩阵为 $\left(\begin{array}{ccc|c}1 & 2 & -1 & 0\\ 0 & -5 & 3 & 0\\ -1 & 4 & \beta & 0\end{array}\right)$，试判断：

(1) 此方程有可能无解吗？说明理由.

(2) β 取何值时方程组有无穷多个解？

2. 讨论下列阶梯形矩阵为增广矩阵的线性方程组是否有解，如有解，试区分是唯一解还是无穷多解.

(1) $\left(\begin{array}{ccc|c} -1 & 2 & -3 & 0 \\ 0 & 0 & 2 & -3 \\ 0 & 0 & 0 & 0 \end{array}\right)$； (2) $\left(\begin{array}{ccc|c} 1 & -3 & 2 & -1 \\ 0 & 2 & 0 & 3 \\ 0 & 0 & 1 & 4 \end{array}\right)$.

3. 求 λ 的值，使得方程组 $\begin{cases} (\lambda-2)x+y=0 \\ -x+(\lambda-2)y=0 \end{cases}$ 有非零解.

4. 问 λ，μ 取何值时，齐次线性方程组 $\begin{cases} \lambda x_1+x_2+x_3=0 \\ x_1+\mu x_2+x_3=0 \\ x_1+2\mu x_2+x_3=0 \end{cases}$ 有非零解？

5. 问 λ 取何值时，线性方程组 $\begin{cases} \lambda x_1+x_2+x_3=1 \\ x_1+\lambda x_2+x_3=\lambda \\ x_1+x_2+\lambda x_3=\lambda^2 \end{cases}$ 有唯一解、有无穷多解、无解？若有解，求出其解.

6. 设有线性方程组 $\begin{cases} (1+\lambda)x_1+x_2+x_3=0 \\ x_1+(1+\lambda)x_2+x_3=3 \\ x_1+x_2+(1+\lambda)x_3=\lambda \end{cases}$，问 λ 取何值时，方程组有唯一解、有无穷多解、无解？若有解，求出其解.

3.2 向量组及其线性组合

1. *n* 维向量及其线性运算

定义 3.1 n 个数 a_1，a_2，…，a_n 所组成的有序数组称为 n 维向量，记为

$\boldsymbol{\alpha}=\begin{pmatrix} a_1 \\ a_2 \\ \vdots \\ a_n \end{pmatrix}$ 或 $\boldsymbol{\alpha}^{\mathrm{T}}=(a_1, a_2, \cdots, a_n)$. 数 a_i $(i=1, 2, \cdots, n)$ 称为向量 $\boldsymbol{\alpha}$ 或 $\boldsymbol{\alpha}^{\mathrm{T}}$ 的

第 i 个分量. 分量全为实数的向量称为**实向量**，分量为复数的向量称为**复向量**.

向量 $\boldsymbol{\alpha}=\begin{pmatrix} a_1 \\ a_2 \\ \vdots \\ a_n \end{pmatrix}$ 称为**列向量**，向量 $\boldsymbol{\alpha}^{\mathrm{T}}=(a_1, a_2, \cdots, a_n)$ 称为**行向量**。列向量一般用黑体小写字母 $\boldsymbol{a}$，$\boldsymbol{b}$，$\boldsymbol{\alpha}$，$\boldsymbol{\beta}$ 等表示，行向量则用 $\boldsymbol{a}^{\mathrm{T}}$，$\boldsymbol{b}^{\mathrm{T}}$，$\boldsymbol{\alpha}^{\mathrm{T}}$，$\boldsymbol{\beta}^{\mathrm{T}}$ 等表示.

无特别声明，向量都视为列向量，且为了书写方便，有时以行向量的转置表示.

在解析几何中，我们把"既有大小又有方向的量"叫作向量，并把可随意平行移动的有向线段作为向量的几何形象. 在引进坐标系以后，这种向量就有了坐标表示式——三个有次序的实数，也就是本书定义的三维向量. 因此当 $n\leqslant 3$ 时，n 维向量可以把有向线段作为几何形象，但当 $n>3$ 时，n 维向量就不再有这种几何形象，只是沿用一些几何术语.

在空间解析几何中，"空间"通常作为点的集合，即构成"空间"的元素是点，这样的空间称为点空间. 因为空间中的点 $P(x, y, z)$ 与三维向量 $\boldsymbol{r}=(x, y, z)^{\mathrm{T}}$ 之间有一一对应的关系，所以又把三维向量全体所组成的集合 $R^3=\{\boldsymbol{r}=(x, y, z)^{\mathrm{T}} \mid x, y, z\in \mathbf{R}\}$ 称为三维向量空间. 类似地，n 维向量的全体所组成的集合 $R^n=\{\boldsymbol{r}=(x_1, x_2, \cdots, x_n)^{\mathrm{T}} \mid x_1, x_2, \cdots, x_n\in \mathbf{R}\}$ 称为 n 维向量空间.

若干个同维数的列向量(或同维数的行向量)所组成的集合称为向量组.

矩阵的列向量组和行向量组都是只含有有限个向量的向量组；反之，一个含有限个向量的向量组总可以构成一个矩阵. 例如，n 个 m 维列向量所组成的向量组 $\boldsymbol{a}_1, \boldsymbol{a}_2, \cdots, \boldsymbol{a}_n$ 构成一个 $m\times n$ 矩阵 $\boldsymbol{A}_{m\times n}=(\boldsymbol{a}_1, \boldsymbol{a}_2, \cdots, \boldsymbol{a}_n)$，$m$ 个 n 维行向量所组成的向量组 $\boldsymbol{\beta}_1^{\mathrm{T}}, \boldsymbol{\beta}_2^{\mathrm{T}}, \cdots, \boldsymbol{\beta}_m^{\mathrm{T}}$ 构成一个 $m\times n$ 矩阵 $\boldsymbol{B}_{m\times n}=\begin{pmatrix} \boldsymbol{\beta}_1^{\mathrm{T}} \\ \boldsymbol{\beta}_2^{\mathrm{T}} \\ \vdots \\ \boldsymbol{\beta}_m^{\mathrm{T}} \end{pmatrix}$. 总之，含有有限个向量的有序向量组可以与矩阵一一对应.

定义 3.2 设 n 维向量 $\boldsymbol{\alpha}=(a_1, a_2, \cdots, a_n)^{\mathrm{T}}$，$\boldsymbol{\beta}=(b_1, b_2, \cdots, b_n)^{\mathrm{T}}$，则 $\boldsymbol{\alpha}+\boldsymbol{\beta}=(a_1+b_1, a_2+b_2, \cdots, a_n+b_n)^{\mathrm{T}}$ 为 $\boldsymbol{\alpha}$ 与 $\boldsymbol{\beta}$ 的和. 由加法和负向量的定义，可定义向量的减法，即 $\boldsymbol{\alpha}-\boldsymbol{\beta}=\boldsymbol{\alpha}+(-\boldsymbol{\beta})=(a_1-b_1, a_2-b_2, \cdots, a_n-b_n)^{\mathrm{T}}$ 为 $\boldsymbol{\alpha}$

与$\boldsymbol{\beta}$的差.

定义 3.3 n维向量$\boldsymbol{\alpha}=(a_1, a_2, \cdots, a_n)^{\mathrm{T}}$各个坐标分量都乘以实数$\lambda$所组成的向量，称为数$\lambda$与向量$\boldsymbol{\alpha}$的乘积（简称为数乘），记为$\lambda\boldsymbol{\alpha}$，即$\lambda\boldsymbol{\alpha}=(\lambda a_1, \lambda a_2, \cdots, \lambda a_n)^{\mathrm{T}}$.

向量的加法和数乘运算称为向量的线性运算.

向量的线性运算与行(列)矩阵的运算规律相同，也满足下列运算规律(其中$\boldsymbol{\alpha}, \boldsymbol{\beta}, \boldsymbol{\gamma}\in\mathbf{R}^n$，$k, l\in\mathbf{R}$)：

(1) 交换律：$\boldsymbol{\alpha}+\boldsymbol{\beta}=\boldsymbol{\beta}+\boldsymbol{\alpha}$；

(2) 结合律：$(\boldsymbol{\alpha}+\boldsymbol{\beta})+\boldsymbol{\gamma}=\boldsymbol{\alpha}+(\boldsymbol{\beta}+\boldsymbol{\gamma})$；

(3) 零向量律：$\boldsymbol{\alpha}+\mathbf{0}=\boldsymbol{\alpha}$；

(4) 负向量律：$\boldsymbol{\alpha}+(-\boldsymbol{\alpha})=\mathbf{0}$；

(5) $1\boldsymbol{\alpha}=\boldsymbol{\alpha}$；

(6) 数乘向量的结合律：$k(l\boldsymbol{\alpha})=(kl)\boldsymbol{\alpha}$；

(7) 数乘向量的分配律：$k(\boldsymbol{\alpha}+\boldsymbol{\beta})=k\boldsymbol{\alpha}+k\boldsymbol{\beta}$；

(8) 数乘向量的分配律：$(k+l)\boldsymbol{\alpha}=k\boldsymbol{\alpha}+l\boldsymbol{\alpha}$.

例 3-4 已知$\boldsymbol{a}_1=(1, -1, 1)^{\mathrm{T}}$，$\boldsymbol{a}_2=(-1, 1, 1)^{\mathrm{T}}$，$\boldsymbol{a}_3=(1, 1, -1)^{\mathrm{T}}$.

(1) 试求$2\boldsymbol{a}_1-3\boldsymbol{a}_2+4\boldsymbol{a}_3$；

(2) 若有$\boldsymbol{x}$，满足$\boldsymbol{a}_1+\boldsymbol{a}_2-2\boldsymbol{x}=\boldsymbol{a}_3$，求$\boldsymbol{x}$.

解 (1)
$$\begin{aligned}2\boldsymbol{a}_1-3\boldsymbol{a}_2+4\boldsymbol{a}_3&=2(1, -1, 1)^{\mathrm{T}}-3(-1, 1, 1)^{\mathrm{T}}+4(1, 1, -1)^{\mathrm{T}}\\&=(2, -2, 2)^{\mathrm{T}}-(-3, 3, 3)^{\mathrm{T}}+(4, 4, -4)^{\mathrm{T}}\\&=(9, -1, -5)^{\mathrm{T}}\end{aligned}$$

(2) 由$\boldsymbol{a}_1+\boldsymbol{a}_2-2\boldsymbol{x}=\boldsymbol{a}_3$得

$$\begin{aligned}\boldsymbol{x}&=\frac{1}{2}(\boldsymbol{a}_1+\boldsymbol{a}_2-\boldsymbol{a}_3)\\&=\frac{1}{2}[(1, -1, 1)^{\mathrm{T}}+(-1, 1, 1)^{\mathrm{T}}-(1, 1, -1)^{\mathrm{T}}]\\&=\left(-\frac{1}{2}, -\frac{1}{2}, \frac{3}{2}\right)^{\mathrm{T}}\end{aligned}$$

2. 向量组的线性组合

考察线性方程组：

$$\begin{cases} a_{11}x_1 + a_{12}x_2 + \cdots + a_{1n}x_n = b_1 \\ a_{21}x_1 + a_{22}x_2 + \cdots + a_{2n}x_n = b_2 \\ \qquad \vdots \\ a_{m1}x_1 + a_{m2}x_2 + \cdots + a_{mn}x_n = b_m \end{cases}$$

令 $\boldsymbol{\alpha}_j = \begin{pmatrix} a_{1j} \\ a_{2j} \\ \vdots \\ a_{mj} \end{pmatrix}$ $(j=1, 2, \cdots, n)$，$\boldsymbol{\beta} = \begin{pmatrix} b_1 \\ b_2 \\ \vdots \\ b_m \end{pmatrix}$，则线性方程组可表示成如下向量形式：

$$\boldsymbol{\alpha}_1 x_1 + \boldsymbol{\alpha}_2 x_2 + \cdots + \boldsymbol{\alpha}_n x_n = \boldsymbol{\beta}$$

方程组是否有解，等价于是否存在一组数 k_1，k_2，$\cdots$，k_n 使得下列线性关系式成立：

$$\boldsymbol{\beta} = k_1\boldsymbol{\alpha}_1 + k_2\boldsymbol{\alpha}_2 + \cdots + k_n\boldsymbol{\alpha}_n$$

探讨这一问题之前，我们先介绍向量组线性表示的概念.

定义 3.4 给定向量组 A：$\boldsymbol{\alpha}_1$，$\boldsymbol{\alpha}_2$，$\cdots$，$\boldsymbol{\alpha}_m$，对于任何一组实数 k_1，k_2，$\cdots$，k_m，表达式 $k_1\boldsymbol{\alpha}_1 + k_2\boldsymbol{\alpha}_2 + \cdots + k_m\boldsymbol{\alpha}_m$ 称为向量组 A 的一个线性组合，k_1，k_2，$\cdots$，k_m 称为这个线性组合的系数.

定义 3.5 给定向量组 A：$\boldsymbol{\alpha}_1$，$\boldsymbol{\alpha}_2$，$\cdots$，$\boldsymbol{\alpha}_m$ 和向量 $\boldsymbol{\beta}$，若存在一组数 λ_1，λ_2，$\cdots$，λ_m，使

$$\boldsymbol{\beta} = \lambda_1\boldsymbol{\alpha}_1 + \lambda_2\boldsymbol{\alpha}_2 + \cdots + \lambda_m\boldsymbol{\alpha}_m$$

则称向量 $\boldsymbol{\beta}$ 可由向量组 A 线性表示.

向量 $\boldsymbol{\beta}$ 可由向量组 A 线性表示，等价于方程组 $x_1\boldsymbol{\alpha}_1 + x_2\boldsymbol{\alpha}_2 + \cdots + x_m\boldsymbol{\alpha}_m = \boldsymbol{\beta}$ 有解.

由定理 3.1，可得如下定理：

定理 3.3 向量 $\boldsymbol{\beta}$ 能由向量组 A：$\boldsymbol{\alpha}_1$，$\boldsymbol{\alpha}_2$，$\cdots$，$\boldsymbol{\alpha}_m$ 线性表示的充要条件是矩阵 $\boldsymbol{A} = (\boldsymbol{\alpha}_1, \boldsymbol{\alpha}_2, \cdots, \boldsymbol{\alpha}_m)$ 的秩等于矩阵 $\boldsymbol{B} = (\boldsymbol{\alpha}_1, \boldsymbol{\alpha}_2, \cdots, \boldsymbol{\alpha}_m, \boldsymbol{\beta})$ 的秩.

向量组 $\boldsymbol{e}_1 = (1, 0, \cdots, 0)^{\mathrm{T}}$，$\boldsymbol{e}_2 = (0, 1, \cdots, 0)^{\mathrm{T}}$，$\cdots$，$\boldsymbol{e}_n = (0, 0, \cdots, 1)^{\mathrm{T}}$ 称为 n 维单位坐标向量.

对任一 n 维向量 $\boldsymbol{\alpha} = (a_1, a_2, \cdots, a_n)^{\mathrm{T}}$，有 $\boldsymbol{\alpha} = a_1\boldsymbol{e}_1 + a_2\boldsymbol{e}_2 + \cdots + a_n\boldsymbol{e}_n$. 这说

明任意一个 n 维向量都是 n 维单位向量的线性组合.

零向量是任意一组向量的线性组合，因为 $\mathbf{0}=0\boldsymbol{\alpha}_1+0\boldsymbol{\alpha}_2+\cdots+0\boldsymbol{\alpha}_n$.

$\boldsymbol{\alpha}_1,\boldsymbol{\alpha}_2,\cdots,\boldsymbol{\alpha}_m$ 中任一向量 $\boldsymbol{\alpha}_j\ (1\leqslant j\leqslant m)$ 都是此向量组的线性组合，因为 $\boldsymbol{\alpha}_j=0\boldsymbol{\alpha}_1+0\boldsymbol{\alpha}_2+1\boldsymbol{\alpha}_j+\cdots+0\boldsymbol{\alpha}_n$.

例 3-5 设 $\boldsymbol{\alpha}_1=(1,1,1)^{\mathrm{T}}$，$\boldsymbol{\alpha}_2=(1,3,2)^{\mathrm{T}}$，$\boldsymbol{\beta}=(1,-1,0)^{\mathrm{T}}$，问 $\boldsymbol{\beta}$ 能否由 $\boldsymbol{\alpha}_1,\boldsymbol{\alpha}_2$ 线性表示？

解 设 $x_1\boldsymbol{\alpha}_1+x_2\boldsymbol{\alpha}_2=\boldsymbol{\beta}$，由方程组 $\begin{cases}x_1+x_2=1\\x_1+3x_2=-1\\x_1+2x_2=0\end{cases}$ 可求得 $x_1=2$，$x_2=-1$，即 $2\boldsymbol{\alpha}_1-\boldsymbol{\alpha}_2=\boldsymbol{\beta}$. 可见，$\boldsymbol{\beta}$ 能由 $\boldsymbol{\alpha}_1,\boldsymbol{\alpha}_2$ 线性表示.

事实上，初等变换不改变矩阵秩，同时也不改变向量组之间向量与向量的关系.

例 3-6 设 $\boldsymbol{\alpha}_1=(1,2,1)^{\mathrm{T}}$，$\boldsymbol{\alpha}_2=(2,1,-1)^{\mathrm{T}}$，$\boldsymbol{\alpha}_3=(2,-2,-5)^{\mathrm{T}}$，$\boldsymbol{\beta}=(1,-2,-4)^{\mathrm{T}}$，问 $\boldsymbol{\beta}$ 能否由 $\boldsymbol{\alpha}_1,\boldsymbol{\alpha}_2,\boldsymbol{\alpha}_3$ 线性表示？

解 由于

$$(\boldsymbol{\alpha}_1,\boldsymbol{\alpha}_2,\boldsymbol{\alpha}_3,\boldsymbol{\beta})=\begin{pmatrix}1&2&2&1\\2&1&-2&-2\\1&-1&-5&-4\end{pmatrix}\to\begin{pmatrix}1&0&0&\frac{1}{3}\\0&1&0&-\frac{2}{3}\\0&0&1&1\end{pmatrix}$$

因此向量 $\boldsymbol{\beta}$ 可由向量 $\boldsymbol{\alpha}_1,\boldsymbol{\alpha}_2,\boldsymbol{\alpha}_3$ 线性表示，且表示式为 $\boldsymbol{\beta}=\frac{1}{3}\boldsymbol{\alpha}_1-\frac{2}{3}\boldsymbol{\alpha}_2+\boldsymbol{\alpha}_3$.

3. 向量组间的线性表示

定义 3.6 设有两个向量组 A：$\boldsymbol{\alpha}_1,\boldsymbol{\alpha}_2,\cdots,\boldsymbol{\alpha}_m$ 及 B：$\boldsymbol{\beta}_1,\boldsymbol{\beta}_2,\cdots,\boldsymbol{\beta}_t$，若 B 组中的每个向量都能由向量组 A 线性表示，则称向量组 B 能由向量组 A 线性表示. 若向量组 A 与向量组 B 能相互线性表示，则称这两个向量组等价.

把向量组 A 和 B 所构成的矩阵依次记作 $A=(\boldsymbol{\alpha}_1,\boldsymbol{\alpha}_2,\cdots,\boldsymbol{\alpha}_m)$ 和 $B=(\boldsymbol{\beta}_1,\boldsymbol{\beta}_2,\cdots,\boldsymbol{\beta}_t)$，向量组 B 能由向量组 A 线性表示，即对每个向量 $\boldsymbol{\beta}_j=(j=1,2,\cdots,l)$)存在数 $k_{1j},k_{2j},\cdots,k_{mj}$，使

$$\boldsymbol{\beta}_j = k_{1j}\boldsymbol{\alpha}_1 + k_{2j}\boldsymbol{\alpha}_2 + \cdots + k_{mj}\boldsymbol{\alpha}_j = (\boldsymbol{\alpha}_1, \boldsymbol{\alpha}_2, \cdots, \boldsymbol{\alpha}_m)\begin{pmatrix} k_{1j} \\ k_{2j} \\ \vdots \\ k_{mj} \end{pmatrix}$$

从而 $(\boldsymbol{\beta}_1, \boldsymbol{\beta}_2, \cdots, \boldsymbol{\beta}_t) = (\boldsymbol{\alpha}_1, \boldsymbol{\alpha}_2, \cdots, \boldsymbol{\alpha}_m)\begin{pmatrix} k_{11} & k_{12} & \cdots & k_{1l} \\ k_{21} & k_{22} & \cdots & k_{2l} \\ \vdots & \vdots & & \vdots \\ k_{m1} & k_{m2} & \cdots & k_{mt} \end{pmatrix}$. 矩阵 $\boldsymbol{K}_{m\times l} = (k_{ij})$ 称为这一线性表示的系数矩阵.

由此可知，若 $\boldsymbol{C}_{m\times n} = \boldsymbol{A}_{m\times l}\boldsymbol{B}_{l\times n}$，则矩阵 $\boldsymbol{C}$ 的列向量组能由矩阵 $\boldsymbol{A}$ 的列向量组线性表示，$\boldsymbol{B}$ 为这一表示的系数矩阵：

$$(\boldsymbol{c}_1, \boldsymbol{c}_2, \cdots, \boldsymbol{c}_n) = (\boldsymbol{\alpha}_1, \boldsymbol{\alpha}_2, \cdots, \boldsymbol{\alpha}_l)\begin{pmatrix} b_{11} & b_{12} & \cdots & b_{1n} \\ b_{21} & b_{22} & \cdots & b_{2n} \\ \vdots & \vdots & & \vdots \\ b_{l1} & b_{l2} & \cdots & b_{ln} \end{pmatrix}$$

同时，$\boldsymbol{C}$ 的行向量组能由 $\boldsymbol{B}$ 的行向量组线性表示，$\boldsymbol{A}$ 为这一表示的系数矩阵：

$$\begin{pmatrix} \boldsymbol{\gamma}_1^{\mathrm{T}} \\ \boldsymbol{\gamma}_2^{\mathrm{T}} \\ \vdots \\ \boldsymbol{\gamma}_m^{\mathrm{T}} \end{pmatrix} = \begin{pmatrix} a_{11} & a_{12} & \cdots & a_{1l} \\ a_{21} & a_{22} & \cdots & a_{2l} \\ \vdots & \vdots & & \vdots \\ a_{m1} & a_{m2} & \cdots & a_{ml} \end{pmatrix}\begin{pmatrix} \boldsymbol{\beta}_1^{\mathrm{T}} \\ \boldsymbol{\beta}_2^{\mathrm{T}} \\ \vdots \\ \boldsymbol{\beta}_m^{\mathrm{T}} \end{pmatrix}$$

设矩阵 $\boldsymbol{A}$ 与 $\boldsymbol{B}$ 行等价，即矩阵 $\boldsymbol{A}$ 经初等行变换变成矩阵 $\boldsymbol{B}$，则 $\boldsymbol{B}$ 的每个行向量组是 $\boldsymbol{A}$ 的行向量组的线性组合，即 $\boldsymbol{B}$ 的行向量组能由 $\boldsymbol{A}$ 的行向量组线性表示. 由初等变换可逆知，矩阵 $\boldsymbol{B}$ 亦可经初等行变换变为 $\boldsymbol{A}$，从而 $\boldsymbol{A}$ 的行向量组也能由 $\boldsymbol{B}$ 的行向量组线性表示，于是 $\boldsymbol{A}$ 的行向量组与 $\boldsymbol{B}$ 的行向量组等价。类似地，若矩阵 $\boldsymbol{A}$ 与 $\boldsymbol{B}$ 列等价，则 $\boldsymbol{A}$ 的列向量组与 $\boldsymbol{B}$ 的列向量组等价. 向量组的线性组合、线性表示及等价等概念也可用于线性方程组：对方程组 A 的各个方程作线性运算所得到的一个方程就称为方程组 A 的一个线性组合；若方程组 B 的每个方程都是方程组 A 的线性组合，就称方程组 B 能由方程组 A 线性表示，这时方程组 A 的解一定是方程组 B 的解；若方程组 A 与方程组 B 能相互线性表示，就称这两个方程组可互推，可互推的线性方程组一定同解.

由等价向量组的定义可知，向量组 B：$\boldsymbol{\beta}_1$，$\boldsymbol{\beta}_2$，…，$\boldsymbol{\beta}_l$ 能由向量组 A：$\boldsymbol{\alpha}_1$，$\boldsymbol{\alpha}_2$，…，$\boldsymbol{\alpha}_m$ 线性表示，其含义是存在矩阵 $\boldsymbol{K}_{m\times l}$，使 $(\boldsymbol{\beta}_1, \boldsymbol{\beta}_2, \cdots, \boldsymbol{\beta}_l)=(\boldsymbol{\alpha}_1, \boldsymbol{\alpha}_2, \cdots, \boldsymbol{\alpha}_m)\boldsymbol{K}$，也就是矩阵方程 $(\boldsymbol{\alpha}_1, \boldsymbol{\alpha}_2, \cdots, \boldsymbol{\alpha}_m)\boldsymbol{X}=(\boldsymbol{\beta}_1, \boldsymbol{\beta}_2, \cdots, \boldsymbol{\beta}_l)$ 有解. 由定理 3.1 可得.

定理 3.4 向量组 B：$\boldsymbol{\beta}_1$，$\boldsymbol{\beta}_2$，…，$\boldsymbol{\beta}_l$ 能由向量组 A：$\boldsymbol{\alpha}_1$，$\boldsymbol{\alpha}_2$，…，$\boldsymbol{\alpha}_m$ 线性表示的充分必要条件是矩阵 $\boldsymbol{A}=(\boldsymbol{\alpha}_1, \boldsymbol{\alpha}_2, \cdots, \boldsymbol{\alpha}_m)$ 的秩等于矩阵 $(\boldsymbol{A}, \boldsymbol{B})=(\boldsymbol{\alpha}_1, \boldsymbol{\alpha}_2, \cdots, \boldsymbol{\alpha}_m, \boldsymbol{\beta}_1, \boldsymbol{\beta}_2, \cdots, \boldsymbol{\beta}_l)$ 的秩，即 $R(\boldsymbol{A})=R(\boldsymbol{A}, \boldsymbol{B})$.

推论 向量组 A：$\boldsymbol{\alpha}_1$，$\boldsymbol{\alpha}_2$，…，$\boldsymbol{\alpha}_m$ 与向量组 B：$\boldsymbol{\beta}_1$，$\boldsymbol{\beta}_2$，…，$\boldsymbol{\beta}_l$ 等价的充分必要条件是 $R(\boldsymbol{A})=R(\boldsymbol{B})=R(\boldsymbol{A}, \boldsymbol{B})$，其中 $\boldsymbol{A}$ 和 $\boldsymbol{B}$ 是向量组 A 和 B 所构成的矩阵.

证 因向量组 A 与向量组 B 可以相互线性表示，由定理 3.4 知，它们等价的充分必要条件是 $R(\boldsymbol{A})=R(\boldsymbol{A}, \boldsymbol{B})$ 且 $R(\boldsymbol{B})=R(\boldsymbol{A}, \boldsymbol{B})$，而 $R(\boldsymbol{A}, \boldsymbol{B})=R(\boldsymbol{B}, \boldsymbol{A})$，因此得充分必要条件为 $R(\boldsymbol{A})=R(\boldsymbol{B})=R(\boldsymbol{A}, \boldsymbol{B})$.

习题 3.2

1. 设 $\boldsymbol{\alpha}_1=(1, 1, 0)^{\mathrm{T}}$，$\boldsymbol{\alpha}_2=(0, 1, 1)^{\mathrm{T}}$，$\boldsymbol{\alpha}_3=(3, 4, 0)^{\mathrm{T}}$，求 $\boldsymbol{\alpha}_1-\boldsymbol{\alpha}_2$ 及 $3\boldsymbol{\alpha}_1+2\boldsymbol{\alpha}_2-\boldsymbol{\alpha}_3$.

2. 将向量 $\boldsymbol{\beta}=(3, 5, -6)$ 表示为 $\boldsymbol{\alpha}_1=(1, 0, 1)^{\mathrm{T}}$，$\boldsymbol{\alpha}_2=(1, 1, 1)^{\mathrm{T}}$，$\boldsymbol{\alpha}_3=(0, -1, -1)^{\mathrm{T}}$ 的线性组合.

3. 已知向量 $\boldsymbol{\gamma}_1$，$\boldsymbol{\gamma}_2$ 由向量 $\boldsymbol{\beta}_1$，$\boldsymbol{\beta}_2$，$\boldsymbol{\beta}_3$ 线性表示的表示式为 $\boldsymbol{\gamma}_1=3\boldsymbol{\beta}_1-\boldsymbol{\beta}_2+\boldsymbol{\beta}_3$，$\boldsymbol{\gamma}_2=\boldsymbol{\beta}_1+2\boldsymbol{\beta}_2+4\boldsymbol{\beta}_3$，向量 $\boldsymbol{\beta}_1$，$\boldsymbol{\beta}_2$，$\boldsymbol{\beta}_3$ 由向量 $\boldsymbol{\alpha}_1$，$\boldsymbol{\alpha}_2$，$\boldsymbol{\alpha}_3$ 线性表示的表示式为 $\boldsymbol{\beta}_1=2\boldsymbol{\alpha}_1+\boldsymbol{\alpha}_2-5\boldsymbol{\alpha}_3$，$\boldsymbol{\beta}_2=\boldsymbol{\alpha}_1+3\boldsymbol{\alpha}_2+\boldsymbol{\alpha}_3$，$\boldsymbol{\beta}_3=-\boldsymbol{\alpha}_1+4\boldsymbol{\alpha}_2-\boldsymbol{\alpha}_3$，求向量 $\boldsymbol{\gamma}_1$，$\boldsymbol{\gamma}_2$ 由向量 $\boldsymbol{\alpha}_1$，$\boldsymbol{\alpha}_2$，$\boldsymbol{\alpha}_3$ 线性表示的表示式.

4. 已知向量组 B：$\boldsymbol{\beta}_1$，$\boldsymbol{\beta}_2$，$\boldsymbol{\beta}_3$ 由向量组 A：$\boldsymbol{\alpha}_1$，$\boldsymbol{\alpha}_2$，$\boldsymbol{\alpha}_3$ 线性表示的表示式为 $\boldsymbol{\beta}_1=\boldsymbol{\alpha}_1-\boldsymbol{\alpha}_2+\boldsymbol{\alpha}_3$，$\boldsymbol{\beta}_2=\boldsymbol{\alpha}_1+\boldsymbol{\alpha}_2-\boldsymbol{\alpha}_3$，$\boldsymbol{\beta}_3=-\boldsymbol{\alpha}_1+\boldsymbol{\alpha}_2+\boldsymbol{\alpha}_3$，试将向量组 A 的向量用向量组 B 的向量线性表示.

5. 已知向量组 A：$\boldsymbol{\alpha}_1=\begin{pmatrix}0\\1\\1\end{pmatrix}$，$\boldsymbol{\alpha}_2=\begin{pmatrix}1\\1\\0\end{pmatrix}$，$B$：$\boldsymbol{\beta}_1=\begin{pmatrix}-1\\0\\1\end{pmatrix}$，$\boldsymbol{\beta}_2=\begin{pmatrix}1\\2\\1\end{pmatrix}$，$\beta_3=$

$\begin{pmatrix}3\\2\\-1\end{pmatrix}$，证明：向量组 A 与向量组 B 等价.

6. 设有向量 $\boldsymbol{\alpha}_1=\begin{pmatrix}1+\lambda\\1\\1\end{pmatrix}$，$\boldsymbol{\alpha}_2=\begin{pmatrix}1\\1+\lambda\\1\end{pmatrix}$，$\boldsymbol{\alpha}_3=\begin{pmatrix}1\\1\\1+\lambda\end{pmatrix}$，$\boldsymbol{\beta}=\begin{pmatrix}0\\\lambda\\\lambda^2\end{pmatrix}$.

(1) 当 $\boldsymbol{\lambda}$ 取何值时，$\boldsymbol{\beta}$ 可由 $\boldsymbol{\alpha}_1$，$\boldsymbol{\alpha}_2$，$\boldsymbol{\alpha}_3$ 线性表示，且表达式唯一？

(2) 当 $\boldsymbol{\lambda}$ 取何值时，$\boldsymbol{\beta}$ 可由 $\boldsymbol{\alpha}_1$，$\boldsymbol{\alpha}_2$，$\boldsymbol{\alpha}_3$ 线性表示，且表达式不唯一？

(3) 当 $\boldsymbol{\lambda}$ 取何值时，$\boldsymbol{\beta}$ 不能由 $\boldsymbol{\alpha}_1$，$\boldsymbol{\alpha}_2$，$\boldsymbol{\alpha}_3$ 线性表示？

3.3 向量组的线性相关性

1. 线性相关性概念

设有 3 个向量 $\boldsymbol{\alpha}_1=\begin{pmatrix}1\\0\\0\end{pmatrix}$，$\boldsymbol{\alpha}_2=\begin{pmatrix}0\\1\\0\end{pmatrix}$，$\boldsymbol{\alpha}_3=\begin{pmatrix}1\\1\\0\end{pmatrix}$，若用向量 $\boldsymbol{\alpha}_1$，$\boldsymbol{\alpha}_2$，$\boldsymbol{\alpha}_3$ 线性表示 $\mathbf{0}$ 向量，易见 $\boldsymbol{\alpha}_1+\boldsymbol{\alpha}_2-\boldsymbol{\alpha}_3=\mathbf{0}$ 或者 $0\boldsymbol{\alpha}_1+0\boldsymbol{\alpha}_2+0\boldsymbol{\alpha}_3=\mathbf{0}$，而用向量组 $\boldsymbol{e}_1=\begin{pmatrix}1\\0\\0\end{pmatrix}$，$\boldsymbol{e}_2=\begin{pmatrix}0\\1\\0\end{pmatrix}$，$\boldsymbol{e}_3=\begin{pmatrix}0\\0\\1\end{pmatrix}$ 线性表示 $\mathbf{0}$ 向量，仅有 $0\boldsymbol{e}_1+0\boldsymbol{e}_2+0\boldsymbol{e}_3=\mathbf{0}$.

又如，结合 3.1 节中非齐次线性方程组的向量形式，可以将齐次线性方程组

$$\begin{cases}a_{11}x_1+a_{12}x_2+\cdots+a_{1n}x_n=0\\a_{21}x_1+a_{22}x_2+\cdots+a_{2n}x_n=0\\\qquad\qquad\vdots\\a_{m1}x_1+a_{m2}x_2+\cdots+a_{mn}x_n=0\end{cases}$$

写为向量形式 $\boldsymbol{\alpha}_1x_1+\boldsymbol{\alpha}_2x_2+\cdots+\boldsymbol{\alpha}_nx_n=\mathbf{0}$. 其中，$\boldsymbol{\alpha}_1$，$\boldsymbol{\alpha}_2$，$\cdots$，$\boldsymbol{\alpha}_n$ 是系数矩阵 $\boldsymbol{A}$ 的 n 个 m 维列向量.

若方程组只有零解，说明只存在一组数 0 使 $0\boldsymbol{\alpha}_1+0\boldsymbol{\alpha}_2+\cdots+0\boldsymbol{\alpha}_n=\mathbf{0}$；

若方程组有非零解，说明存在一组不全为零的数使得 $\boldsymbol{\alpha}_1x_1+\boldsymbol{\alpha}_2x_2+\cdots+\boldsymbol{\alpha}_nx_n=\mathbf{0}$.

向量组的以上两种线性关系十分重要，因此我们给出如下定义：

定义 3.7 设有向量组 A：$\boldsymbol{\alpha}_1$，$\boldsymbol{\alpha}_2$，…，$\boldsymbol{\alpha}_m$，如果存在不全为零的数 k_1，k_2，…，k_m，使 $k_1\boldsymbol{\alpha}_1+k_2\boldsymbol{\alpha}_2+\cdots+k_m\boldsymbol{\alpha}_m=\mathbf{0}$，则称向量组 A：$\boldsymbol{\alpha}_1$，$\boldsymbol{\alpha}_2$，…，$\boldsymbol{\alpha}_m$ 是线性相关的，否则称为线性无关.

显然，在上例中向量组 $\boldsymbol{\alpha}_1$，$\boldsymbol{\alpha}_2$，$\boldsymbol{\alpha}_3$ 线性相关，而向量组 $\boldsymbol{e}_1$，$\boldsymbol{e}_2$，$\boldsymbol{e}_3$ 线性无关.

由定义可知：

(1) 向量组只含有一个向量 $\boldsymbol{\alpha}$ 时，$\boldsymbol{\alpha}$ 线性无关的充分必要条件是 $\boldsymbol{\alpha}\neq\mathbf{0}$. 因此，单个零向量 $\mathbf{0}$ 是线性相关的. 进一步还可以推出，包含零向量的任何向量组都是线性相关的. 事实上，对向量组 $\boldsymbol{\alpha}_1$，$\boldsymbol{\alpha}_2$，…，$\mathbf{0}$，…，$\boldsymbol{\alpha}_s$，恒有 $0\boldsymbol{\alpha}_1+0\boldsymbol{\alpha}_2+\cdots+k\mathbf{0}+\cdots+0\boldsymbol{\alpha}_s=\mathbf{0}$，其中 k 可以是任意不为零的数，故该向量组线性相关.

(2) 仅含有两个向量的向量组线性相关的充分必要条件是这两个向量的对应分量成比例. 两向量线性相关的几何意义是这两个向量共线.

(3) 三个向量线性相关的几何意义是这三个向量共面.

由空间解析几何知，三阶行列式 $|\boldsymbol{\alpha}_1,\boldsymbol{\alpha}_2,\boldsymbol{\alpha}_3|$ 表示三个向量 $\boldsymbol{\alpha}_1$，$\boldsymbol{\alpha}_2$，$\boldsymbol{\alpha}_3$ 的混合积，其绝对值则等于以 $\boldsymbol{\alpha}_1$，$\boldsymbol{\alpha}_2$，$\boldsymbol{\alpha}_3$ 为棱的平行六面体的体积，因此三向量线性相关的几何意义是这三个向量共面.

2. 线性相关性的判定

定理 3.5 向量组 $\boldsymbol{\alpha}_1$，$\boldsymbol{\alpha}_2$，…，$\boldsymbol{\alpha}_s$ $(s\geqslant 2)$ 线性相关的充要条件是：$\boldsymbol{\alpha}_1$，$\boldsymbol{\alpha}_2$，…，$\boldsymbol{\alpha}_s$ 中(至少)有某个向量能用其余 $s-1$ 个向量线性表示.

证明 必要性. 设 $\boldsymbol{\alpha}_1$，$\boldsymbol{\alpha}_2$，…，$\boldsymbol{\alpha}_s$ 线性相关，则有不全为零的数 k_1，k_2，…，k_s，使 $k_1\boldsymbol{\alpha}_1+k_2\boldsymbol{\alpha}_2+\cdots+k_s\boldsymbol{\alpha}_s=\mathbf{0}$，若 $k_1\neq 0$，则可解出 $\boldsymbol{\alpha}_1=\left(-\dfrac{k_2}{k_1}\right)\boldsymbol{\alpha}_2+\cdots+\left(-\dfrac{k_s}{k_1}\right)\boldsymbol{\alpha}_s$.

同理，若 $k_i\neq 0\,(1\leqslant i\leqslant s)$，则可解出 $\boldsymbol{\alpha}_i$ 可由其余 $s-1$ 个向量线性表示.

充分性. 设向量组中某个向量能由其余 $s-1$ 个向量线性表示，不妨设 $\boldsymbol{\alpha}_s$ 可由 $\boldsymbol{\alpha}_1$，$\boldsymbol{\alpha}_2$，…，$\boldsymbol{\alpha}_{s-1}$ 线性表示，即有 l_1，l_2，…，l_{s-1}，使 $\boldsymbol{\alpha}_s=l_1\boldsymbol{\alpha}_1+l_2\boldsymbol{\alpha}_2+\cdots+l_{s-1}\boldsymbol{\alpha}_{s-1}$，

则数 $l_1, l_2, \cdots, l_{s-1}, -1$ 不全为零，使 $l_1\boldsymbol{\alpha}_1+\cdots+l_{s-1}\boldsymbol{\alpha}_{s-1}+(-1)\boldsymbol{\alpha}_s=\boldsymbol{0}$，这表明 $\boldsymbol{\alpha}_1, \boldsymbol{\alpha}_2, \cdots, \boldsymbol{\alpha}_s$ 线性相关.

定理 3.5 揭示了线性相关与线性表示这两个概念之间的深刻联系. 值得注意的是，向量组线性相关并不意味着组内任一向量都能用其余向量线性表示，而只能保证组内至少有一个向量能用其余向量线性表示.

向量组的线性相关与线性无关的概念也可用于线性方程组. 当方程组中有某个方程是其余方程的线性组合时，这个方程就是多余的，这时称方程组(各个方程)是线性相关的；当方程组中没有多余方程，就称该方程组(各个方程)线性无关(或线性独立). 显然，方程组 $\boldsymbol{Ax}=\boldsymbol{b}$ 线性相关的充分必要条件是矩阵 $\boldsymbol{B}=(\boldsymbol{A}, \boldsymbol{b})$ 的行向量组线性相关.

由本节开始引例中向量组线性相关与齐次线性方程组是否有非零解之间的关系，可得如下定理：

定理 3.6 向量组 A：$\boldsymbol{\alpha}_1, \boldsymbol{\alpha}_2, \cdots, \boldsymbol{\alpha}_m$ 线性相关的充分必要条件是它所构成的矩阵 $\mathbf{A}=(\boldsymbol{\alpha}_1, \boldsymbol{\alpha}_2, \cdots, \boldsymbol{\alpha}_m)$ 的秩 $R(\mathbf{A})<m$；向量组 $\mathbf{A}$ 线性无关的充分必要条件是 $R(\mathbf{A})=m$.

推论 1 m 个 n 维列向量($m<n$)，有

$\boldsymbol{\alpha}_1, \boldsymbol{\alpha}_2, \cdots, \boldsymbol{\alpha}_m$ 线性相关 $\Leftrightarrow R(\mathbf{A})<m\Leftrightarrow$ 齐次线性方程组 $\mathbf{A}\boldsymbol{x}=\boldsymbol{0}$ 有非零解；

$\boldsymbol{\alpha}_1, \boldsymbol{\alpha}_2, \cdots, \boldsymbol{\alpha}_m$ 线性无关 $\Leftrightarrow R(\mathbf{A})=m\Leftrightarrow$ 齐次线性方程组 $\mathbf{A}\boldsymbol{x}=\boldsymbol{0}$ 只有零解.

推论 2 n 个 n 维的列向量 $\boldsymbol{\alpha}_1, \boldsymbol{\alpha}_2, \cdots, \boldsymbol{\alpha}_n$，设 $\mathbf{A}=(\boldsymbol{\alpha}_1, \boldsymbol{\alpha}_2, \cdots, \boldsymbol{\alpha}_n)$ 线性相关，则

$\boldsymbol{\alpha}_1, \boldsymbol{\alpha}_2, \cdots, \boldsymbol{\alpha}_n$ 线性相关 $\Leftrightarrow |\mathbf{A}|=0\Leftrightarrow$ 齐次线性方程组 $\mathbf{A}\boldsymbol{x}=\boldsymbol{0}$ 有非零解；

$\boldsymbol{\alpha}_1, \boldsymbol{\alpha}_2, \cdots, \boldsymbol{\alpha}_n$ 线性无关 $\Leftrightarrow |\mathbf{A}|\neq 0\Leftrightarrow$ 齐次线性方程组 $\mathbf{A}\boldsymbol{x}=\boldsymbol{0}$ 只有零解.

注：上述结论对于矩阵的行向量组也同样成立.

推论 3 当向量组中所含向量的个数大于向量的维数时，此向量组必线性相关.

例 3-7 讨论 n 维单位坐标向量组 $\boldsymbol{e}_1, \boldsymbol{e}_2, \cdots, \boldsymbol{e}_n$ 的线性相关性.

证明 n 维单位坐标向量组 $\boldsymbol{e}_1, \boldsymbol{e}_2, \cdots, \boldsymbol{e}_n$ 构成的矩阵 $\boldsymbol{E}=(\boldsymbol{e}_1, \boldsymbol{e}_2, \cdots, \boldsymbol{e}_n)$ 是 n 阶单位矩阵. 因

$$|\boldsymbol{E}|=\begin{vmatrix}1 & 0 & \cdots & 0\\ 0 & 1 & \cdots & 0\\ \vdots & \vdots & & \vdots\\ 0 & 0 & \cdots & 1\end{vmatrix}=1\neq 0$$

故向量组 $\boldsymbol{e}_1, \boldsymbol{e}_2, \cdots, \boldsymbol{e}_n$ 线性无关.

例 3-8 讨论向量组 $\boldsymbol{\alpha}_1=(1, 1, 1)^{\mathrm{T}}$，$\boldsymbol{\alpha}_2=(1, 3, 5)^{\mathrm{T}}$，$\boldsymbol{\alpha}_3=(1, -1, -3)^{\mathrm{T}}$ 的线性相关性.

解 设 $x_1\boldsymbol{\alpha}_1+x_2\boldsymbol{\alpha}_2+x_3\boldsymbol{\alpha}_3=\boldsymbol{0}$，其系数矩阵的行列式 $|\boldsymbol{A}|=\begin{vmatrix}1 & 1 & 1\\ 1 & 3 & -1\\ 1 & 5 & -3\end{vmatrix}=0$，由齐次线性方程组解的理论知，方程组有非零解，故 $\boldsymbol{\alpha}_1, \boldsymbol{\alpha}_2, \boldsymbol{\alpha}_3$ 线性相关，如 $2\boldsymbol{\alpha}_1-\boldsymbol{\alpha}_2-\boldsymbol{\alpha}_3=\boldsymbol{0}$.

例 3-9 已知 $\boldsymbol{\alpha}_1=\begin{pmatrix}1\\1\\1\end{pmatrix}$，$\boldsymbol{\alpha}_2=\begin{pmatrix}0\\2\\5\end{pmatrix}$，$\boldsymbol{\alpha}_3=\begin{pmatrix}2\\4\\7\end{pmatrix}$，试讨论向量组 $\boldsymbol{\alpha}_1, \boldsymbol{\alpha}_2, \boldsymbol{\alpha}_3$ 及 $\boldsymbol{\alpha}_1, \boldsymbol{\alpha}_2$ 的线性相关性.

分析 对矩阵 $\boldsymbol{A}=(\boldsymbol{\alpha}_1, \boldsymbol{\alpha}_2, \boldsymbol{\alpha}_3)$施行初等行变换化为阶梯形，可同时看出矩阵 $\boldsymbol{A}$ 及 $\boldsymbol{B}=(\boldsymbol{\alpha}_1, \boldsymbol{\alpha}_2)$的秩，利用定理 3.6 即可得出结论.

$$(\boldsymbol{\alpha}_1, \boldsymbol{\alpha}_2, \boldsymbol{\alpha}_3)=\begin{pmatrix}1 & 0 & 2\\ 1 & 2 & 4\\ 1 & 5 & 7\end{pmatrix}\xrightarrow[r_3-r_1]{r_2-r_1}\begin{pmatrix}1 & 0 & 2\\ 0 & 2 & 2\\ 0 & 5 & 5\end{pmatrix}\xrightarrow{r_1-\frac{5}{2}r_2}\begin{pmatrix}1 & 0 & 2\\ 0 & 2 & 2\\ 0 & 0 & 0\end{pmatrix}$$

易见，$r(\boldsymbol{A})=2$，$r(\boldsymbol{B})=2$，故向量组 $\boldsymbol{\alpha}_1, \boldsymbol{\alpha}_2, \boldsymbol{\alpha}_3$ 线性相关，向量组 $\boldsymbol{\alpha}_1, \boldsymbol{\alpha}_2$ 线性无关.

例 3-10 判断下列向量组是否线性相关：

$$\boldsymbol{\alpha}_1=\begin{pmatrix}1\\2\\-1\\5\end{pmatrix},\quad \boldsymbol{\alpha}_2=\begin{pmatrix}2\\-1\\1\\1\end{pmatrix},\boldsymbol{\alpha}_3=\begin{pmatrix}4\\3\\-1\\11\end{pmatrix}$$

解 对矩阵$(\boldsymbol{\alpha}_1, \boldsymbol{\alpha}_2, \boldsymbol{\alpha}_3)$施以初等行变换化为阶梯形矩阵：

$$\begin{pmatrix}1&2&4\\2&-1&3\\-1&1&-1\\5&1&11\end{pmatrix}\to\begin{pmatrix}1&2&4\\0&-5&-5\\0&3&3\\0&-9&-9\end{pmatrix}\to\begin{pmatrix}1&2&4\\0&1&1\\0&0&0\\0&0&0\end{pmatrix}$$

秩($\boldsymbol{\alpha}_1$，$\boldsymbol{\alpha}_2$，$\boldsymbol{\alpha}_3$)$=2<3$，所以向量组 $\boldsymbol{\alpha}_1$，$\boldsymbol{\alpha}_2$，$\boldsymbol{\alpha}_3$ 线性相关.

例 3-11 设 $\boldsymbol{\alpha}_1$，$\boldsymbol{\alpha}_2$，$\boldsymbol{\alpha}_3$ 线性无关，求证：$\boldsymbol{\alpha}_1+\boldsymbol{\alpha}_2$，$\boldsymbol{\alpha}_2+2\boldsymbol{\alpha}_3$，$\boldsymbol{\alpha}_3-3\boldsymbol{\alpha}_1$ 线性无关.

证明 令 $x_1(\boldsymbol{\alpha}_1+\boldsymbol{\alpha}_2)+x_2(\boldsymbol{\alpha}_2+2\boldsymbol{\alpha}_3)+x_3(\boldsymbol{\alpha}_3-3\boldsymbol{\alpha}_1)=\mathbf{0}$，按 $\boldsymbol{\alpha}_1$，$\boldsymbol{\alpha}_2$，$\boldsymbol{\alpha}_3$ 合并项得

$$(x_1-3x_3)\boldsymbol{\alpha}_1+(x_1+x_2)\boldsymbol{\alpha}_2+(2x_2+x_3)\boldsymbol{\alpha}_3=\mathbf{0}$$

由 $\boldsymbol{\alpha}_1$，$\boldsymbol{\alpha}_2$，$\boldsymbol{\alpha}_3$ 线性无关得线性方程组

$$\begin{cases}x_1-3x_3=0\\x_1+x_2=0\\2x_2+x_3=0\end{cases}$$

其系数行列式

$$\begin{vmatrix}1&0&-3\\1&1&0\\0&2&1\end{vmatrix}=-5\neq 0$$

由齐次线性方程组解的理论知，方程组只有零解，故 $\boldsymbol{\alpha}_1$，$\boldsymbol{\alpha}_2$，$\boldsymbol{\alpha}_3$ 线性无关.

例 3-12 设 $\boldsymbol{\beta}_1=\boldsymbol{\alpha}_1+\boldsymbol{\alpha}_2$，$\boldsymbol{\beta}_2=\boldsymbol{\alpha}_2+\boldsymbol{\alpha}_3$，$\boldsymbol{\beta}_3=\boldsymbol{\alpha}_3+\boldsymbol{\alpha}_4$，$\boldsymbol{\beta}_4=\boldsymbol{\alpha}_4+\boldsymbol{\alpha}_1$，证明：向量组 $\boldsymbol{\beta}_1$，$\boldsymbol{\beta}_2$，$\boldsymbol{\beta}_3$，$\boldsymbol{\beta}_4$ 线性相关.

证明 由于 $\boldsymbol{\beta}_1+\boldsymbol{\beta}_3=\boldsymbol{\beta}_2+\boldsymbol{\beta}_4$，即 $\boldsymbol{\beta}_1-\boldsymbol{\beta}_2+\boldsymbol{\beta}_3-\boldsymbol{\beta}_4=\mathbf{0}$，因此向量组 $\boldsymbol{\beta}_1$，$\boldsymbol{\beta}_2$，$\boldsymbol{\beta}_3$，$\boldsymbol{\beta}_4$ 线性相关.

定理 3.7 如果向量组中有一部分向量(部分组)线性相关，则整个向量组线性相关.

证明 $\boldsymbol{\alpha}_1$，$\boldsymbol{\alpha}_2$，…，$\boldsymbol{\alpha}_n$ 中有 $r(r\leqslant n)$个向量的部分组线性相关，不妨假设为 $\boldsymbol{\alpha}_1$，$\boldsymbol{\alpha}_2$，…，$\boldsymbol{\alpha}_r$线性相关，则存在不全为零的数k_1，k_2，…，k_r，使

$$k_1\boldsymbol{\alpha}_1+k_2\boldsymbol{\alpha}_2+\cdots+k_r\boldsymbol{\alpha}_r=\mathbf{0}$$

于是有不全为零的数k_1，k_2，…，k_r，0，…，0，使 $k_1\boldsymbol{\alpha}_1+k_2\boldsymbol{\alpha}_2+\cdots+k_r\boldsymbol{\alpha}_r+$

$0\boldsymbol{\alpha}_{r+1}+\cdots+0\boldsymbol{\alpha}_n=\mathbf{0}$. 这说明 $\boldsymbol{\alpha}_1$，$\boldsymbol{\alpha}_2$，…，$\boldsymbol{\alpha}_n$ 线性相关.

定理 3.7 可推广成：线性相关的向量组增加若干个同维向量后仍然线性相关。其逆否命题是：线性无关向量组的部分组必定线性无关.

推论 线性无关的向量组中的任何一部分皆线性无关.

定理 3.8 若向量组 $\boldsymbol{\alpha}_1$，…，$\boldsymbol{\alpha}_s$，$\boldsymbol{\beta}$ 线性相关，而向量组 $\boldsymbol{\alpha}_1$，$\boldsymbol{\alpha}_2$，…，$\boldsymbol{\alpha}_s$ 线性无关，则向量 $\boldsymbol{\beta}$ 可由 $\boldsymbol{\alpha}_1$，$\boldsymbol{\alpha}_2$，…，$\boldsymbol{\alpha}_s$ 线性表示且表示法唯一.

证明 首先证存在性. 若向量组 $\boldsymbol{\alpha}_1$，$\boldsymbol{\alpha}_2$，…，$\boldsymbol{\alpha}_s$，$\boldsymbol{\beta}$ 线性相关，则存在不全为零的数 k_1，k_2，…，k_s，k_0 使

$$k_1\boldsymbol{\alpha}_1+k_2\boldsymbol{\alpha}_2+\cdots+k_s\boldsymbol{\alpha}_s+k_0\boldsymbol{\beta}=\mathbf{0}$$

此式中若 $k_0=0$，则 k_1，k_2，…，k_s 不全为零，使

$$k_1\boldsymbol{\alpha}_1+k_2\boldsymbol{\alpha}_2+\cdots+k_s\boldsymbol{\alpha}_s=\mathbf{0}$$

这与定理的向量组 $\boldsymbol{\alpha}_1$，$\boldsymbol{\alpha}_2$，…，$\boldsymbol{\alpha}_s$ 线性相关的条件矛盾，所以 $k_0\neq 0$.

因此 $\boldsymbol{\beta}=\left(-\dfrac{k_1}{k_0}\right)\boldsymbol{\alpha}_1+\left(-\dfrac{k_2}{k_0}\right)\boldsymbol{\alpha}_2+\cdots+\left(-\dfrac{k_s}{k_0}\right)\boldsymbol{\alpha}_s$，即向量 $\boldsymbol{\beta}$ 可由 $\boldsymbol{\alpha}_1$，$\boldsymbol{\alpha}_2$，…，$\boldsymbol{\alpha}_s$ 线性表示.

再来证唯一性. 假设 $\boldsymbol{\beta}=l_1\boldsymbol{\alpha}_1+l_2\boldsymbol{\alpha}_2+\cdots+l_s\boldsymbol{\alpha}_s$，$\boldsymbol{\beta}=\lambda_1\boldsymbol{\alpha}_1+\lambda_2\boldsymbol{\alpha}_2+\cdots+\lambda_s\boldsymbol{\alpha}_s\neq\lambda_i(i=1,2\cdots,s)$，两式相减得

$$(l_1-\lambda_1)\boldsymbol{\alpha}_1+(l_2-\lambda_2)\boldsymbol{\alpha}_2+\cdots+(l_s-\lambda_s)\boldsymbol{\alpha}_s=0$$

再由 $\boldsymbol{\alpha}_1$，$\boldsymbol{\alpha}_2$，…，$\boldsymbol{\alpha}_s$ 线性无关，得 $l_1=\lambda_1$，$l_2=\lambda_2$，…，$l_s=\lambda_s$，故 $\boldsymbol{\beta}$ 可由 $\boldsymbol{\alpha}_1$，$\boldsymbol{\alpha}_2$，…，$\boldsymbol{\alpha}_s$ 唯一地线性表示.

例 3-13 当 a 为何值时，向量组 $\boldsymbol{\alpha}_1=(3,2,-1)^{\mathrm{T}}$，$\boldsymbol{\alpha}_2=(0,1,2)^{\mathrm{T}}$，$\boldsymbol{\alpha}_3=(1,0,a)^{\mathrm{T}}$线性相关？

解 三个向量线性相关的充要条件是 $\begin{vmatrix}3&0&1\\2&1&0\\-1&2&a\end{vmatrix}=3a+5=0$，即 $a=-\dfrac{5}{3}$，所以当且仅当 $a=-\dfrac{5}{3}$时，原向量组线性相关.

例 3-14 若 $\boldsymbol{\alpha}_1$，$\boldsymbol{\alpha}_2$，…，$\boldsymbol{\alpha}_r$ 线性无关，而 $\boldsymbol{\alpha}_{r+1}$不能由 $\boldsymbol{\alpha}_1$，$\boldsymbol{\alpha}_2$，…，$\boldsymbol{\alpha}_r$ 线性表示，则 $\boldsymbol{\alpha}_1$，$\boldsymbol{\alpha}_2$，…，$\boldsymbol{\alpha}_r$，$\boldsymbol{\alpha}_{r+1}$线性无关.

证明 用反证法. 若 $\boldsymbol{\alpha}_1$，$\boldsymbol{\alpha}_2$，…，$\boldsymbol{\alpha}_r$，$\boldsymbol{\alpha}_{r+1}$线性相关，则有不全为零的数 k_1，

$k_2, \cdots, k_r, k_{r+1}$，使

$$k_1\boldsymbol{\alpha}_1 + k_2\boldsymbol{\alpha}_2 + \cdots + k_r\boldsymbol{\alpha}_r + k_{r+1}\boldsymbol{\alpha}_{r+1} = \mathbf{0}$$

其中 $k_{r+1} \neq 0$，否则有

$$k_1\boldsymbol{\alpha}_1 + k_2\boldsymbol{\alpha}_2 + \cdots + k_r\boldsymbol{\alpha}_r = \mathbf{0}$$

由 $\boldsymbol{\alpha}_1, \boldsymbol{\alpha}_2, \cdots, \boldsymbol{\alpha}_r$ 线性无关，可得 $k_1=0, k_2=0, \cdots, k_r=0$，从而与 $\boldsymbol{\alpha}_1, \boldsymbol{\alpha}_2, \cdots, \boldsymbol{\alpha}_r, \boldsymbol{\alpha}_{r+1}$ 线性相关矛盾. 当 $k_{r+1} \neq 0$ 时，$\boldsymbol{\alpha}_{r+1}$ 可由 $\boldsymbol{\alpha}_1, \boldsymbol{\alpha}_2, \cdots, \boldsymbol{\alpha}_r$ 线性表示，与题设矛盾. 所以 $\boldsymbol{\alpha}_1, \boldsymbol{\alpha}_2, \cdots, \boldsymbol{\alpha}_r, \boldsymbol{\alpha}_{r+1}$ 线性无关.

例 3-15 设向量组 $\boldsymbol{\alpha}_1, \boldsymbol{\alpha}_2, \boldsymbol{\alpha}_3$ 线性相关，向量组 $\boldsymbol{\alpha}_2, \boldsymbol{\alpha}_3, \boldsymbol{\alpha}_4$ 线性无关，问：

(1) $\boldsymbol{\alpha}_1$ 能否由 $\boldsymbol{\alpha}_2, \boldsymbol{\alpha}_3$ 线性表示？为什么？

(2) $\boldsymbol{\alpha}_4$ 能否由 $\boldsymbol{\alpha}_1, \boldsymbol{\alpha}_2, \boldsymbol{\alpha}_3$ 线性表示？为什么？

解 (1) 因 $\boldsymbol{\alpha}_2, \boldsymbol{\alpha}_3, \boldsymbol{\alpha}_4$ 线性无关，故 $\boldsymbol{\alpha}_2, \boldsymbol{\alpha}_3$ 线性无关(否则 $\boldsymbol{\alpha}_2, \boldsymbol{\alpha}_3, \boldsymbol{\alpha}_4$ 线性相关，矛盾). 又已知 $\boldsymbol{\alpha}_1, \boldsymbol{\alpha}_2, \boldsymbol{\alpha}_3$ 线性相关，所以 $\boldsymbol{\alpha}_1$ 能由 $\boldsymbol{\alpha}_2, \boldsymbol{\alpha}_3$ 线性表示(且表示系数只有一组).

(2) 根据(1)可设 $\boldsymbol{\alpha}_1 = k_2\boldsymbol{\alpha}_2 + k_3\boldsymbol{\alpha}_3$，假设 $\boldsymbol{\alpha}_4$ 能由 $\boldsymbol{\alpha}_1, \boldsymbol{\alpha}_2, \boldsymbol{\alpha}_3$ 线性表示，$\boldsymbol{\alpha}_4 = c_1\boldsymbol{\alpha}_1 + c_2\boldsymbol{\alpha}_2 + c_3\boldsymbol{\alpha}_3$. 将前式代入后式整理得 $\boldsymbol{\alpha}_4 = (c_1k_2 + c_2)\boldsymbol{\alpha}_2 + (c_1k_3 + c_3)\boldsymbol{\alpha}_3$. 此式表明 $\boldsymbol{\alpha}_4$ 能由 $\boldsymbol{\alpha}_2, \boldsymbol{\alpha}_3$ 线性表示，则 $\boldsymbol{\alpha}_2, \boldsymbol{\alpha}_3, \boldsymbol{\alpha}_4$ 线性相关，与已知条件矛盾. 所以 $\boldsymbol{\alpha}_4$ 不能由 $\boldsymbol{\alpha}_1, \boldsymbol{\alpha}_2, \boldsymbol{\alpha}_3$ 线性表示.

定理 3.9 设有两向量组 A：$\boldsymbol{\alpha}_1, \boldsymbol{\alpha}_2, \cdots, \boldsymbol{\alpha}_s$ 与向量组 B：$\boldsymbol{\beta}_1, \boldsymbol{\beta}_2, \cdots, \boldsymbol{\beta}_t$，向量组 B 能由向量组 A 线性表示，若 $s<t$，则向量组 B 线性相关.

证明 设 $(\boldsymbol{\beta}_1, \boldsymbol{\beta}_2, \cdots, \boldsymbol{\beta}_t) = (\boldsymbol{\alpha}_1, \boldsymbol{\alpha}_2, \cdots, \boldsymbol{\alpha}_s)\begin{pmatrix} k_{11} & k_{12} & \cdots & k_{1t} \\ k_{21} & k_{22} & \cdots & k_{2t} \\ \vdots & \vdots & & \vdots \\ k_{s1} & k_{s2} & \cdots & k_{st} \end{pmatrix}$，欲证存在不全为零的数 $x_1, x_2, \cdots, x_t$，使

$$x_1\boldsymbol{\beta}_1 + x_2\boldsymbol{\beta}_2 + \cdots + x_t\boldsymbol{\beta}_t = (\boldsymbol{\beta}_1, \boldsymbol{\beta}_2, \cdots, \boldsymbol{\beta}_t)\begin{pmatrix} x_1 \\ x_2 \\ \vdots \\ x_t \end{pmatrix} = \mathbf{0} \qquad (3-2)$$

将(3－2)代入，因为 $s<t$，所以知齐次线性方程组 $\begin{pmatrix} k_{11} & k_{12} & \cdots & k_{1t} \\ k_{21} & k_{22} & \cdots & k_{2t} \\ \vdots & \vdots & & \vdots \\ k_{s1} & k_{s2} & \cdots & k_{st} \end{pmatrix}\begin{pmatrix} x_1 \\ x_2 \\ \vdots \\ x_t \end{pmatrix}=\mathbf{0}$ 有非零解，则向量组 B 线性相关.

其等价命题为：若向量组 B 能由向量组 A 线性表示，且向量组 B 线性无关，则 $s\geqslant t$.

推论 若向量组 A 与向量组 B 可以相互线性表示，且 A 与 B 都是线性无关的，则 $s=t$.

习题 3.3

1. 判定下列向量组是线性相关还是线性无关：

(1) $\boldsymbol{\alpha}_1=\begin{pmatrix}-1\\2\\4\end{pmatrix}$，$\boldsymbol{\alpha}_2=\begin{pmatrix}2\\-4\\-8\end{pmatrix}$；

(2) $\boldsymbol{\alpha}_1=\begin{pmatrix}1\\2\\3\end{pmatrix}$，$\boldsymbol{\alpha}_2=\begin{pmatrix}2\\4\\6\end{pmatrix}$，$\boldsymbol{\alpha}_3=\begin{pmatrix}0\\0\\0\end{pmatrix}$；

(3) $\boldsymbol{\alpha}_1=\begin{pmatrix}1\\2\\1\end{pmatrix}$，$\boldsymbol{\alpha}_2=\begin{pmatrix}2\\1\\3\end{pmatrix}$，$\boldsymbol{\alpha}_3=\begin{pmatrix}1\\0\\1\end{pmatrix}$；

(4) $\boldsymbol{\alpha}_1=\begin{pmatrix}1\\2\\0\end{pmatrix}$，$\boldsymbol{\alpha}_2=\begin{pmatrix}2\\1\\0\end{pmatrix}$，$\boldsymbol{\alpha}_3=\begin{pmatrix}1\\3\\0\end{pmatrix}$；

(5) $\boldsymbol{\alpha}_1=\begin{pmatrix}1\\1\\1\end{pmatrix}$，$\boldsymbol{\alpha}_2=\begin{pmatrix}0\\2\\5\end{pmatrix}$，$\boldsymbol{\alpha}_3=\begin{pmatrix}2\\4\\7\end{pmatrix}$；

(6) $\boldsymbol{\alpha}_1=\begin{pmatrix}1\\0\\0\\0\end{pmatrix}$，$\boldsymbol{\alpha}_2=\begin{pmatrix}2\\3\\0\\0\end{pmatrix}$，$\boldsymbol{\alpha}_3=\begin{pmatrix}1\\3\\5\\7\end{pmatrix}$，$\boldsymbol{\alpha}_4=\begin{pmatrix}1\\2\\3\\0\end{pmatrix}$；

(7) $\boldsymbol{\alpha}_1=\begin{pmatrix}2\\0\\0\\0\end{pmatrix}$，$\boldsymbol{\alpha}_2=\begin{pmatrix}1\\3\\0\\0\end{pmatrix}$，$\boldsymbol{\alpha}_3=\begin{pmatrix}1\\-1\\1\\1\end{pmatrix}$；

(8) $\boldsymbol{\alpha}_1=\begin{pmatrix}1\\0\\0\\2\\5\end{pmatrix}$，$\boldsymbol{\alpha}_2=\begin{pmatrix}0\\1\\0\\3\\4\end{pmatrix}$，$\boldsymbol{\alpha}_3=\begin{pmatrix}0\\0\\1\\4\\7\end{pmatrix}$，$\boldsymbol{\alpha}_4=\begin{pmatrix}2\\-3\\4\\11\\12\end{pmatrix}$；

(9) $\boldsymbol{\alpha}_1=\begin{pmatrix}a_{11}\\0\\\vdots\\0\end{pmatrix}$，$\boldsymbol{\alpha}_2=\begin{pmatrix}0\\a_{22}\\\vdots\\0\end{pmatrix}$，…，$\boldsymbol{\alpha}_n=\begin{pmatrix}0\\0\\\vdots\\a_{nn}\end{pmatrix}$ $(a_{ii}\neq 0; i=1, 2, \cdots, n)$.

2. a 取什么值时，向量组 $\boldsymbol{\alpha}_1=\begin{pmatrix}a\\1\\1\end{pmatrix}$，$\boldsymbol{\alpha}_2=\begin{pmatrix}1\\a\\-1\end{pmatrix}$，$\boldsymbol{\alpha}_1=\begin{pmatrix}1\\-1\\a\end{pmatrix}$ 线性相关？

3. 设 $\boldsymbol{\alpha}_1$，$\boldsymbol{\alpha}_2$ 线性无关，$\boldsymbol{\alpha}_1+\boldsymbol{\beta}$，$\boldsymbol{\alpha}_2+\boldsymbol{\beta}$ 线性相关，求向量 $\boldsymbol{\beta}$ 由 $\boldsymbol{\alpha}_1$，$\boldsymbol{\alpha}_2$ 线性表示的表示式.

4. 设 $\boldsymbol{\beta}_1=\boldsymbol{\alpha}_1$，$\boldsymbol{\beta}_2=\boldsymbol{\alpha}_1+\boldsymbol{\alpha}_2$，…，$\boldsymbol{\beta}_r=\boldsymbol{\alpha}_1+\boldsymbol{\alpha}_2+\cdots+\boldsymbol{\alpha}_r$，且向量组 $\boldsymbol{\alpha}_1$，$\boldsymbol{\alpha}_2$，…，$\boldsymbol{\alpha}_r$ 线性无关，证明：向量组 $\boldsymbol{\beta}_1$，$\boldsymbol{\beta}_2$，…，$\boldsymbol{\beta}_r$ 线性无关.

5. 设三维列向量 $\boldsymbol{\alpha}_1$，$\boldsymbol{\alpha}_2$，$\boldsymbol{\alpha}_3$ 线性无关，$\boldsymbol{A}$ 是三阶矩阵，且有 $\boldsymbol{A\alpha}_1=\boldsymbol{\alpha}_1+2\boldsymbol{\alpha}_2+3\boldsymbol{\alpha}_3$，$\boldsymbol{A\alpha}_2=2\boldsymbol{\alpha}_2+3\boldsymbol{\alpha}_3$，$\boldsymbol{A\alpha}_3=3\boldsymbol{\alpha}_2-4\boldsymbol{\alpha}_3$，试求 $|\boldsymbol{A}|$.

6. 设向量组 A：$\boldsymbol{\alpha}_1=\begin{pmatrix}1\\2\\1\\3\end{pmatrix}$，$\boldsymbol{\alpha}_2=\begin{pmatrix}4\\-1\\-5\\-6\end{pmatrix}$，向量组 B：$\boldsymbol{\beta}_1=\begin{pmatrix}-1\\3\\4\\7\end{pmatrix}$，$\boldsymbol{\beta}_2=\begin{pmatrix}2\\-1\\-3\\-4\end{pmatrix}$，

证明：向量组 A 与向量组 B 等价.

7. 设 $\boldsymbol{\alpha}_1$，$\boldsymbol{\alpha}_2$，…，$\boldsymbol{\alpha}_n$ 是一组 n 维向量，已知 n 维单位坐标向量 $\boldsymbol{e}_1$，$\boldsymbol{e}_2$，…，$\boldsymbol{e}_n$ 能由它们线性表示，证明：$\boldsymbol{\alpha}_1$，$\boldsymbol{\alpha}_2$，…，$\boldsymbol{\alpha}_n$ 线性无关.

3.4 向量组的极大无关组和秩

1. 向量组的极大无关组和秩

线性相关的向量组中至少有一个向量可由其余向量线性表示，逐个去掉被表示的向量，直到得到一个拥有最大个数的线性无关的部分向量组，归纳出这个部分向量组的特征，就得到了向量组的极大无关组的概念.

引例 在线性相关的向量组 $\boldsymbol{\alpha}_1=\begin{pmatrix}1\\0\\0\end{pmatrix}$，$\boldsymbol{\alpha}_2=\begin{pmatrix}0\\1\\0\end{pmatrix}$，$\boldsymbol{\alpha}_3=\begin{pmatrix}1\\1\\0\end{pmatrix}$，$\boldsymbol{\alpha}_4=\begin{pmatrix}2\\1\\0\end{pmatrix}$ 中，有表示式 $\boldsymbol{\alpha}_3=\boldsymbol{\alpha}_1+\boldsymbol{\alpha}_2$，$\boldsymbol{\alpha}_4=2\boldsymbol{\alpha}_1+\boldsymbol{\alpha}_2$，我们去掉 $\boldsymbol{\alpha}_4$，得部分组 $\boldsymbol{\alpha}_1$，$\boldsymbol{\alpha}_2$，$\boldsymbol{\alpha}_3$ 线性相关，再去掉 $\boldsymbol{\alpha}_3$，$\boldsymbol{\alpha}_1$、$\boldsymbol{\alpha}_2$ 满足：

(1) $\boldsymbol{\alpha}_1$，$\boldsymbol{\alpha}_2$ 线性无关；

(2) $\boldsymbol{\alpha}_1=1\boldsymbol{\alpha}_1+0\boldsymbol{\alpha}_2$，$\boldsymbol{\alpha}_2=0\boldsymbol{\alpha}_1+1\boldsymbol{\alpha}_2$，$\boldsymbol{\alpha}_3=\boldsymbol{\alpha}_1+\boldsymbol{\alpha}_2$，$\boldsymbol{\alpha}_4=2\boldsymbol{\alpha}_1+\boldsymbol{\alpha}_2$. 也就是说，原向量组中的任何一个向量都可由这个线性无关的部分组线性表示.

具有这样两条性质的部分组 $\boldsymbol{\alpha}_1$，$\boldsymbol{\alpha}_2$ 称为原向量组的一个极大线性无关组. 对于一般的向量组，有：

定义 3.8 设有向量组 A：$\boldsymbol{\alpha}_1$，$\boldsymbol{\alpha}_2$，…，$\boldsymbol{\alpha}_n$，如果它的一个部分向量组 $\boldsymbol{\alpha}_1$，$\boldsymbol{\alpha}_2$，…，$\boldsymbol{\alpha}_r$ 满足：

(1) A_0：$\boldsymbol{\alpha}_1$，$\boldsymbol{\alpha}_2$，…，$\boldsymbol{\alpha}_r$ 线性无关；

(2) 向量组 A 中任意 $r+1$ 个向量(若 A 中有 $r+1$ 个向量的话)都线性相关，

则称部分组 A_0：$\boldsymbol{\alpha}_1$，$\boldsymbol{\alpha}_2$，…，$\boldsymbol{\alpha}_r$ 为向量组 A 的一个极大线性无关部分组，简称极大无关组.

在引例中的向量组 $\boldsymbol{\alpha}_1$，$\boldsymbol{\alpha}_3$、$\boldsymbol{\alpha}_2$，$\boldsymbol{\alpha}_3$、$\boldsymbol{\alpha}_1$，$\boldsymbol{\alpha}_4$ 也是该向量组的极大无关组. 由此可见，一个向量组的极大无关组不一定是唯一的，但是，不同的极大无关组所含的向量的个数是相同的.

定义 3.9 向量组的极大无关组所含的向量的个数称为向量组的秩，记为 $R(\boldsymbol{\alpha}_1, \boldsymbol{\alpha}_2, \cdots, \boldsymbol{\alpha}_n)$.

规定只含零向量的向量组的秩为零.

引例中向量组的极大无关组中所含的向量个数为 2，所以

$$R(\boldsymbol{\alpha}_1, \boldsymbol{\alpha}_2, \boldsymbol{\alpha}_3, \boldsymbol{\alpha}_4)=2$$

若向量组 A 线性无关，则 A 本身就是它的极大无关组，而其秩就等于它所含向量的个数.

向量组 A 和它自己的极大无关组 A_0 是等价的。因为向量组 A_0 是向量组 A 的一个部分组，所以向量组 A_0 总能由向量组 A 线性表示(向量组 A 中的每个向量都能由向量组 A 线性表示). 而由极大无关组定义的条件可知，对于 A 中任一向量 $\boldsymbol{\alpha}$，$r+1$ 个向量 $\boldsymbol{\alpha}_1, \boldsymbol{\alpha}_2, \cdots, \boldsymbol{\alpha}_r, \boldsymbol{\alpha}$ 线性相关，而 $\boldsymbol{\alpha}_1, \boldsymbol{\alpha}_2, \cdots, \boldsymbol{\alpha}_r$ 线性无关，则 $\boldsymbol{\alpha}$ 能由 $\boldsymbol{\alpha}_1, \boldsymbol{\alpha}_2, \cdots, \boldsymbol{\alpha}_r$ 线性表示，即向量组 A 能由向量组 A_0 线性表示. 所以向量组 A 与向量组 A_0 等价.

下面我们给出极大无关组的等价定义.

设向量组 A_0：$\boldsymbol{\alpha}_1, \boldsymbol{\alpha}_2, \cdots, \boldsymbol{\alpha}_r$ 是向量组 A：$\boldsymbol{\alpha}_1, \boldsymbol{\alpha}_2, \cdots, \boldsymbol{\alpha}_n$ 的一个部分向量组，且满足：

(1) 向量组 A_0：$\boldsymbol{\alpha}_1, \boldsymbol{\alpha}_2, \cdots, \boldsymbol{\alpha}_r$ 线性无关；

(2) 向量组 A 的任一向量都能由向量组 A_0 线性表示，那么向量组 A_0：$\boldsymbol{\alpha}_1, \boldsymbol{\alpha}_2, \cdots, \boldsymbol{\alpha}_r$ 是向量组 A 的一个极大无关组.

因为向量组 A 的任一向量都能有向量组 A_0：$\boldsymbol{\alpha}_1, \boldsymbol{\alpha}_2, \cdots, \boldsymbol{\alpha}_r$ 线性表示，显然任意 $r+1$ 个向量线性相关，满足了极大无关组定义的条件.

2. 矩阵的秩与向量组秩的关系

矩阵 $\boldsymbol{A}=(a_{ij})_{m\times n}$，$\boldsymbol{A}$ 的行向量组 $\boldsymbol{\alpha}_1, \boldsymbol{\alpha}_2, \cdots, \boldsymbol{\alpha}_m$ 的秩称为矩阵 $\boldsymbol{A}$ 的行秩，$\boldsymbol{A}$ 的列向量组 $\boldsymbol{\beta}_1, \boldsymbol{\beta}_2 \cdots, \boldsymbol{\beta}_n$ 的秩为矩阵 $\boldsymbol{A}$ 的列秩.

例如，对于矩阵 $\boldsymbol{A}=\begin{pmatrix}1 & 1 & 3 & 2\\ 0 & 1 & -1 & 0\\ 0 & 0 & 0 & 0\end{pmatrix}$，$\boldsymbol{A}$ 的行向量组为 $\boldsymbol{\alpha}_1=(1, 1, 3, 2)$，$\boldsymbol{\alpha}_2=(0, 1, -1, 0)$，$\boldsymbol{\alpha}_3=(0, 0, 0. 0)$，它的行秩显然为 2，这是因为 $\boldsymbol{\alpha}_1, \boldsymbol{\alpha}_2$ 为 $\boldsymbol{A}$ 的行向量组的唯一一个极大无关组.

$\boldsymbol{A}$ 的列向量组为 $\boldsymbol{\beta}_1=(1,0,0)^{\mathrm{T}}$，$\boldsymbol{\beta}_2=(1,1,0)^{\mathrm{T}}$，$\boldsymbol{\beta}_3=(3,-1,0)^{\mathrm{T}}$，$\boldsymbol{\beta}_4=(2,0,0)^{\mathrm{T}}$，可以验证 $\boldsymbol{\beta}_1$，$\boldsymbol{\beta}_2$ 为列向量组的一个极大无关组，所以 A 的列向量组的秩也为 2.

显然，矩阵的秩也为 2.

从这个例子我们可以看出，矩阵 $\boldsymbol{A}$ 的行秩、列秩和矩阵 $\boldsymbol{A}$ 的秩都相等. 对于其他矩阵是否也有这样的结论呢？下面我们给出以下定理：

定理 3.10 矩阵的秩等于其列向量组的秩，也等于其行向量组的秩.

证明 设 $\boldsymbol{A}=(\boldsymbol{\alpha}_1,\boldsymbol{\alpha}_2,\cdots,\boldsymbol{\alpha}_m)$，$R(\boldsymbol{A})=r$，并设 r 阶子式 $D_r\neq 0$，由 $D_r\neq 0$ 知，D_r 所在的 r 个列向量线性无关；又由 $\boldsymbol{A}$ 中所有 $r+1$ 阶子式全为零知，$\boldsymbol{A}$ 中任意 $r+1$ 个列向量都线性相关。因此 D_r 所在的 r 个列向量是 $\boldsymbol{A}$ 的列向量组的一个极大无关组，所以列向量组的秩等于 r.

类似可证，矩阵 $\boldsymbol{A}$ 行向量组的秩也等于 $R(\boldsymbol{A})=r$.

注： 若对矩阵 $\boldsymbol{A}$ 仅施以初等行变换得到矩阵 $\boldsymbol{B}$，则 $\boldsymbol{B}$ 的列向量组与 $\boldsymbol{A}$ 的列向量组间有相同的线性关系，即行初等变换保持了列向量间的线性无关性和线性表出性. 它提供了求极大无关组的方法：

以向量组中的向量为列向量组成矩阵后，只做初等行变换将该矩阵化为行阶梯形矩阵，则可直接写出所求向量组的极大无关组.

同理，也可以向量组中的向量为行向量组成矩阵，通过做初等列变换来求向量组的极大无关组.

例 3-16 全体 n 维向量构成的向量组记作 R^n，求 R^n 的一个极大无关组及 R^n 的秩.

解 因为 n 维单位坐标向量构成的向量组 E：$\boldsymbol{e}_1,\boldsymbol{e}_2,\cdots,\boldsymbol{e}_n$ 是线性无关的，又知，R^n 中的任意 $n+1$ 个向量都线性相关，所以向量组 $\boldsymbol{E}$ 是 R^n 的一个极大无关组，且 R^n 的秩等于 n.

例 3-17 求向量组 $\boldsymbol{\alpha}_1=(1,-2,1)^{\mathrm{T}}$，$\boldsymbol{\alpha}_2=(2,-4,2)^{\mathrm{T}}$，$\boldsymbol{\alpha}_3=(1,0,3)^{\mathrm{T}}$，$\boldsymbol{\alpha}_4=(0,-4,-4)^{\mathrm{T}}$ 的秩和它的一个极大无关组，并把其余向量用极大无关组线性表示.

解 对矩阵 $\boldsymbol{A}=(\boldsymbol{\alpha}_1,\boldsymbol{\alpha}_2,\boldsymbol{\alpha}_3,\boldsymbol{\alpha}_4)$ 作初等行变换：

$$A=\begin{pmatrix}1&2&1&0\\-2&-4&0&-4\\1&2&3&-4\end{pmatrix}\to\begin{pmatrix}1&2&1&0\\0&0&2&-4\\0&0&0&0\end{pmatrix}=B\to\begin{pmatrix}1&2&0&2\\0&0&1&-2\\0&0&0&0\end{pmatrix}$$

由定理知，$R(\boldsymbol{A})=R(\boldsymbol{B})=2$，则 $R(\boldsymbol{\alpha}_1,\boldsymbol{\alpha}_2,\boldsymbol{\alpha}_3,\boldsymbol{\alpha}_4)=2$，所以 $\boldsymbol{\alpha}_1,\boldsymbol{\alpha}_2,\boldsymbol{\alpha}_3,\boldsymbol{\alpha}_4$ 线性相关.

记 $\boldsymbol{B}=(\boldsymbol{\beta}_1,\boldsymbol{\beta}_2,\boldsymbol{\beta}_3,\boldsymbol{\beta}_4)$，易见 $\boldsymbol{\beta}_1,\boldsymbol{\beta}_3$ 是 B 的列向量组的一个极大无关组，它是矩阵 $\boldsymbol{A}$ 中的 $\boldsymbol{\alpha}_1,\boldsymbol{\alpha}_3$ 经过初等变换得到的，所以 $\boldsymbol{\alpha}_1,\boldsymbol{\alpha}_3$ 是 $\boldsymbol{A}$ 的列向量组的一个极大无关组.

为了便于线性表示，将矩阵 $\boldsymbol{B}$ 继续化为行最简形矩阵. 易见，向量组 $\boldsymbol{\beta}_1,\boldsymbol{\beta}_2,\boldsymbol{\beta}_3,\boldsymbol{\beta}_4$ 之间的线性关系与向量组 $\boldsymbol{\alpha}_1,\boldsymbol{\alpha}_2,\boldsymbol{\alpha}_3,\boldsymbol{\alpha}_4$ 之间的线性关系相同，所以得线性表示式：

$$\boldsymbol{\alpha}_2=2\boldsymbol{\alpha}_1+0\boldsymbol{\alpha}_3,\quad \boldsymbol{\alpha}_4=2\boldsymbol{\alpha}_1-2\boldsymbol{\alpha}_3$$

求向量组的秩和极大无关组，并求其余向量线性表示式的步骤如下：

(1) 将所给列向量组依次序拼成矩阵 $\boldsymbol{A}$，或将所给行向量组依次转置后拼成矩阵 $\boldsymbol{A}$.

(2) 对 $\boldsymbol{A}$ 作初等行变换，直至把 $\boldsymbol{A}$ 变成行最简形 $\widehat{\boldsymbol{A}}$（若不要求线性表示，可以到阶梯阵为止）.

(3) 根据行最简形或阶梯阵非零首元的列号，找出原向量组的一个极大无关组，同时也得出了原向量组的秩.

(4) 根据行最简形其余列向量的元素，写出其余向量的线性表示式.

概括为：**行转列照拼，细心行变换；变成行最简，得到秩极表.**

例 3-18 求向量组 $\boldsymbol{\alpha}_1=(2,1,4,3)^{\mathrm{T}}$，$\boldsymbol{\alpha}_2=(-1,1,-6,6)^{\mathrm{T}}$，$\boldsymbol{\alpha}_3=(-1,-2,2,9)^{\mathrm{T}}$，$\boldsymbol{\alpha}_4=(1,1,-2,7)^{\mathrm{T}}$，$\boldsymbol{\alpha}_5=(2,4,4,9)^{\mathrm{T}}$ 的秩和它的一个极大无关组，并把其余向量用极大无关组线性表示.

解 对矩阵 $\boldsymbol{A}=(\boldsymbol{\alpha}_1,\boldsymbol{\alpha}_2,\boldsymbol{\alpha}_3,\boldsymbol{\alpha}_4,\boldsymbol{\alpha}_5)$ 作初等行变换：

$$\boldsymbol{A}\to\begin{pmatrix}1&1&-2&1&4\\0&1&-1&1&0\\0&0&0&1&-3\\0&0&0&0&0\end{pmatrix}\to\begin{pmatrix}1&0&-1&0&4\\0&1&-1&0&3\\0&0&0&1&-3\\0&0&0&0&0\end{pmatrix}$$

$R(\boldsymbol{\alpha}_1, \boldsymbol{\alpha}_2, \boldsymbol{\alpha}_3, \boldsymbol{\alpha}_4)=2$，$\boldsymbol{\alpha}_1, \boldsymbol{\alpha}_2, \boldsymbol{\alpha}_4$ 为向量组的一个极大无关组，$\boldsymbol{\alpha}_3=-\boldsymbol{\alpha}_1-\boldsymbol{\alpha}_2$；$\boldsymbol{\alpha}_5=4\boldsymbol{\alpha}_1+3\boldsymbol{\alpha}_2-3\boldsymbol{\alpha}_4$.

例 3-19 设向量组 $\boldsymbol{\alpha}_1=(1, 1, 1, 3)^{\mathrm{T}}$，$\boldsymbol{\alpha}_2=(-1, -3, 5, 1)^{\mathrm{T}}$，$\boldsymbol{\alpha}_3=(3, 2, -1, p+2)^{\mathrm{T}}$，$\boldsymbol{\alpha}_4=(-2, -6, 10, p)^{\mathrm{T}}$，试问：

(1) 当 p 为何值时，该向量组线性无关？

(2) 当 p 为何值时，该向量组线性相关？并在此时求出它的秩和一个极大线性无关组.

解 对矩阵 $\boldsymbol{A}=(\boldsymbol{\alpha}_1, \boldsymbol{\alpha}_2, \boldsymbol{\alpha}_3, \boldsymbol{\alpha}_4)$ 作初等行变换：

$$\boldsymbol{A}=\begin{pmatrix}1 & -1 & 3 & -2\\ 1 & -3 & 2 & -6\\ 1 & 5 & -1 & 10\\ 3 & 1 & p+2 & p\end{pmatrix}\rightarrow\begin{pmatrix}1 & -1 & 3 & -2\\ 0 & -2 & -1 & -4\\ 0 & 0 & -7 & 0\\ 0 & 0 & 0 & p-2\end{pmatrix}$$

(1) 当 $p\neq 2$ 时，$R(\boldsymbol{A})=4$，所以向量组 $\boldsymbol{\alpha}_1, \boldsymbol{\alpha}_2, \boldsymbol{\alpha}_3, \boldsymbol{\alpha}_4$ 线性无关.

(2) 当 $p=2$ 时，$R(\boldsymbol{A})=3$，所以向量组 $\boldsymbol{\alpha}_1, \boldsymbol{\alpha}_2, \boldsymbol{\alpha}_3, \boldsymbol{\alpha}_4$ 线性相关，此时 $\boldsymbol{\alpha}_1, \boldsymbol{\alpha}_2, \boldsymbol{\alpha}_3$ 为其一个极大线性无关组.

例 3-20 设 $\boldsymbol{A}_{m\times n}$ 及 $\boldsymbol{B}_{n\times s}$ 为两个矩阵，证明：$R(\boldsymbol{AB})\leqslant\min(R(\boldsymbol{A}), R(\boldsymbol{B}))$，即 $\boldsymbol{A}$ 与 $\boldsymbol{B}$ 乘积的秩不大于 $\boldsymbol{A}$ 的秩和 $\boldsymbol{B}$ 的秩.

证明 设 $\boldsymbol{A}=(a_{ij})_{m\times n}=(\boldsymbol{\alpha}_1, \boldsymbol{\alpha}_2, \cdots, \boldsymbol{\alpha}_n)$，$\boldsymbol{B}=(b_{ij})_{n\times s}$，$\boldsymbol{AB}=\boldsymbol{C}=(c_{ij})_{m\times s}=(\boldsymbol{\gamma}_1, \boldsymbol{\gamma}_2, \cdots, \boldsymbol{\gamma}_s)$，即

$$(\boldsymbol{\gamma}_1, \boldsymbol{\gamma}_2, \cdots, \boldsymbol{\gamma}_s)=(\boldsymbol{\alpha}_1, \boldsymbol{\alpha}_2, \cdots, \boldsymbol{\alpha}_n)\begin{pmatrix}b_{11} & \cdots & b_{1j} & \cdots & b_{1s}\\ b_{21} & \cdots & b_{2j} & \cdots & b_{2s}\\ \vdots & & \vdots & & \vdots\\ b_{n1} & \cdots & b_{nj} & \cdots & b_{ns}\end{pmatrix}$$

因此有 $\boldsymbol{\gamma}_j=b_{1j}\boldsymbol{\alpha}_1+b_{2j}\boldsymbol{\alpha}_2+\cdots+b_{nj}\boldsymbol{\alpha}_n(j=1, 2, \cdots, s)$，即 $\boldsymbol{AB}$ 的列向量组 $\boldsymbol{\gamma}_1, \boldsymbol{\gamma}_2, \cdots, \boldsymbol{\gamma}_s$ 可由 $\boldsymbol{A}$ 的列向量组 $\boldsymbol{\alpha}_1, \boldsymbol{\alpha}_2, \cdots, \boldsymbol{\alpha}_n$ 线性表示，故 $\boldsymbol{\gamma}_1, \boldsymbol{\gamma}_2, \cdots, \boldsymbol{\gamma}_s$ 的极大无关组可由 $\boldsymbol{\alpha}_1, \boldsymbol{\alpha}_2, \cdots, \boldsymbol{\alpha}_n$ 的极大无关组线性表示，由向量间线性关系的判定定理得

$$R(\boldsymbol{AB})\leqslant R(\boldsymbol{A})$$

类似地，设 $\boldsymbol{B}=(b_{ij})\begin{pmatrix}\boldsymbol{\beta}_1\\ \boldsymbol{\beta}_2\\ \vdots\\ \boldsymbol{\beta}_n\end{pmatrix}$，可以证明：$R(\boldsymbol{AB})\leqslant R(\boldsymbol{B})$.

因此，

$$R(\boldsymbol{AB}) \leqslant \min(R(\boldsymbol{A}), R(\boldsymbol{B}))$$

由上例可得以下结论：

定理 3.11 若向量组 B 能由向量组 A 线性表示，则 $R(\boldsymbol{B}) \leqslant R(\boldsymbol{A})$.

推论 1 等价的向量组的秩相等.

推论 2 设向量组 B 是向量组 A 的部分组，若向量组 B 线性无关，且向量组 A 能由向量组 B 线性表示，则向量组 B 是向量组 A 的一个极大无关组.

证明 设向量组 B 中含有 s 个向量，则它的秩为 s，因向量组 A 能由向量组 B 线性表示，故 $R(\boldsymbol{A}) \leqslant s$，从而向量组 A 中任意 $s+1$ 个向量线性相关，所以向量组 B 是向量组 A 的一个极大无关组.

例 3-21 设向量组 $\boldsymbol{\alpha}_1, \boldsymbol{\alpha}_2, \cdots, \boldsymbol{\alpha}_r$ 与向量组 $\boldsymbol{\beta}_1, \boldsymbol{\beta}_2 \cdots, \boldsymbol{\beta}_m$ 的秩相等，且向量组 B：$\boldsymbol{\beta}_1, \boldsymbol{\beta}_2 \cdots, \boldsymbol{\beta}_m$ 可由向量组 A：$\boldsymbol{\alpha}_1, \boldsymbol{\alpha}_2, \cdots, \boldsymbol{\alpha}_r$ 线性表示，证明这两个向量组等价.

证明一 只要证明向量组 A 能由向量组 B 线性表示即可. 设两个向量组的秩都为 s，并设 A 和 B 的极大无关组依次为 A_0：$\boldsymbol{\alpha}_1, \boldsymbol{\alpha}_2, \cdots, \boldsymbol{\alpha}_s$ 和 B_0：$\boldsymbol{\beta}_1, \boldsymbol{\beta}_2 \cdots, \boldsymbol{\beta}_s$，因 B 能由 A 线性表示，故 B_0 能由 A_0 线性表示，即有 s 阶方阵 $\boldsymbol{K}_s$ 使 $(\boldsymbol{\beta}_1, \boldsymbol{\beta}_2 \cdots, \boldsymbol{\beta}_s) = (\boldsymbol{\alpha}_1, \boldsymbol{\alpha}_2, \cdots, \boldsymbol{\alpha}_s)\boldsymbol{K}_s$. 因 B_0 线性无关，故

$$R(\boldsymbol{\beta}_1, \boldsymbol{\beta}_2 \cdots, \boldsymbol{\beta}_s) = s$$

$$R(\boldsymbol{K}_s) \geqslant R(\boldsymbol{\beta}_1, \boldsymbol{\beta}_2 \cdots, \boldsymbol{\beta}_s) = s$$

但 $R(\boldsymbol{K}_s) \leqslant s$，因此 $R(\boldsymbol{K}_s) = s$，于是矩阵 $\boldsymbol{K}_s$ 可逆，并有

$$(\boldsymbol{\alpha}_1, \boldsymbol{\alpha}_2, \cdots, \boldsymbol{\alpha}_s) = (\boldsymbol{\beta}_1, \boldsymbol{\beta}_2 \cdots, \boldsymbol{\beta}_s)\boldsymbol{K}_s^{-1}$$

即 A_0 能由 B_0 线性表示，从而 A 能由 B 线性表示.

证明二 设向量组 A 和 B 的秩都为 s. 因 B 能由 A 线性表示，故 A 和 B 合并而成的向量组 (A, B) 能由 A 线性表示. 而 A 是 (A, B) 的部分组，故 A 总能由 (A, B) 线性表示. 所以 (A, B) 与 A 等价，因此 (A, B) 的秩也为 s.

又因 B 的秩也为 s，故 B 的极大无关组 B_0 含 s 个向量，因此 B_0 组也是 (A, B) 的极大无关组，从而 (A, B) 与 B_0 等价，由 A 与 (A, B) 等价，(A, B) 与 B_0 等价推知，A 与 B 等价.

注：本例把证明两向量组 A 与 B 等价转换为证明它们的极大无关组 A_0 与

B_0 等价. 证明一证明了 B_0 用 A_0 线性表示的系数矩阵可逆；证明二实质上是证明了 A_0 与 B_0 都是向量组(A, B)的极大无关组.

习题 3.4

1. 判断下列命题是否正确. 如果正确，请简述理由；如果不正确，请举出反例.

(1) 设 $\boldsymbol{A}$ 为 n 阶矩阵，$R(\boldsymbol{A})=r<n$，则矩阵 $\boldsymbol{A}$ 的任意 r 阶列向量线性无关；

(2) 设向量组 $\boldsymbol{\alpha}_1, \boldsymbol{\alpha}_2, \cdots, \boldsymbol{\alpha}_s$线性无关，且可由向量组 $\boldsymbol{\beta}_1, \boldsymbol{\beta}_2\cdots, \boldsymbol{\beta}_t$线性表示，则必有 $s<t$；

(3) 设 $\boldsymbol{A}$ 为 $m\times n$ 阶矩阵，如果矩阵 $\boldsymbol{A}$ 的 n 个列向量线性无关，那么$R(\boldsymbol{A})=n$；

(4) 如果向量组 $\boldsymbol{\alpha}_1, \boldsymbol{\alpha}_2, \cdots, \boldsymbol{\alpha}_s$的秩为 s，则向量组 $\boldsymbol{\alpha}_1, \boldsymbol{\alpha}_2, \cdots, \boldsymbol{\alpha}_s$中任一部分组都线性无关.

2. 求下列向量组的一个极大无关组和向量组的秩，并用选定的极大无关组表示该向量组中的其余向量.

(1) $\boldsymbol{\alpha}_1=\begin{pmatrix}1\\1\\1\end{pmatrix}, \boldsymbol{\alpha}_2=\begin{pmatrix}1\\1\\0\end{pmatrix}, \boldsymbol{\alpha}_3=\begin{pmatrix}1\\0\\0\end{pmatrix}, \boldsymbol{\alpha}_4=\begin{pmatrix}1\\2\\-3\end{pmatrix}$；

(2) $\boldsymbol{\alpha}_1=\begin{pmatrix}1\\2\\1\\3\end{pmatrix}, \boldsymbol{\alpha}_2=\begin{pmatrix}4\\-1\\-5\\-6\end{pmatrix}, \boldsymbol{\alpha}_3=\begin{pmatrix}1\\-3\\-4\\-7\end{pmatrix}$；

(3) $\boldsymbol{\alpha}_1=\begin{pmatrix}1\\1\\3\\1\end{pmatrix}, \boldsymbol{\alpha}_2=\begin{pmatrix}-1\\1\\-1\\3\end{pmatrix}, \boldsymbol{\alpha}_3=\begin{pmatrix}5\\-2\\8\\-9\end{pmatrix}, \boldsymbol{\alpha}_4=\begin{pmatrix}-1\\3\\1\\7\end{pmatrix}$；

(4) $\boldsymbol{\alpha}_1=\begin{pmatrix}2\\1\\1\\1\end{pmatrix}, \boldsymbol{\alpha}_2=\begin{pmatrix}-1\\1\\7\\10\end{pmatrix}, \boldsymbol{\alpha}_3=\begin{pmatrix}3\\1\\-1\\-2\end{pmatrix}, \boldsymbol{\alpha}_4=\begin{pmatrix}8\\5\\9\\11\end{pmatrix}$；

(5) $\boldsymbol{\alpha}_1=\begin{pmatrix}2\\1\\4\\3\end{pmatrix}$, $\boldsymbol{\alpha}_2=\begin{pmatrix}-1\\1\\-6\\6\end{pmatrix}$, $\boldsymbol{\alpha}_3=\begin{pmatrix}-1\\-2\\2\\-9\end{pmatrix}$, $\boldsymbol{\alpha}_4=\begin{pmatrix}1\\1\\-2\\7\end{pmatrix}$, $\boldsymbol{\alpha}_5=\begin{pmatrix}2\\4\\4\\9\end{pmatrix}$.

3. 设向量组 $\boldsymbol{\alpha}_1=\begin{pmatrix}a\\3\\1\end{pmatrix}$, $\boldsymbol{\alpha}_2=\begin{pmatrix}2\\b\\3\end{pmatrix}$, $\boldsymbol{\alpha}_3=\begin{pmatrix}1\\2\\1\end{pmatrix}$, $\boldsymbol{\alpha}_4=\begin{pmatrix}2\\3\\1\end{pmatrix}$ 的秩为 2，求 $\boldsymbol{a}$、$\boldsymbol{b}$.

4. 设矩阵 $\boldsymbol{A}=\boldsymbol{a}\boldsymbol{a}^{\mathrm{T}}+\boldsymbol{b}\boldsymbol{b}^{\mathrm{T}}$，这里 $\boldsymbol{a}$，$\boldsymbol{b}$ 为 n 维列向量. 证明：

(1) $R(\boldsymbol{A})\leqslant 2$；

(2) 当 $\boldsymbol{a}$，$\boldsymbol{b}$ 线性相关时，$R(\boldsymbol{A})\leqslant 1$.

5. 设 $\boldsymbol{\alpha}_1$，$\boldsymbol{\alpha}_2$ 线性无关，$\boldsymbol{\alpha}_1+\boldsymbol{\beta}$、$\boldsymbol{\alpha}_2+\boldsymbol{\beta}$ 线性相关，求向量 $\boldsymbol{\beta}$ 用线性表示的表示式.

6. 设 $\boldsymbol{\alpha}_1$，$\boldsymbol{\alpha}_2$ 线性相关，设 $\boldsymbol{\beta}_1$，$\boldsymbol{\beta}_2$ 也线性相关，$\boldsymbol{\alpha}_1+\boldsymbol{\beta}_1$、$\boldsymbol{\alpha}_2+\boldsymbol{\beta}_1$ 是否一定线性相关？试举例说明.

7. 设向量组 $\boldsymbol{\alpha}_1$，$\boldsymbol{\alpha}_2$，$\boldsymbol{\alpha}_3$ 线性无关，判断向量组 $\boldsymbol{\beta}_1$，$\boldsymbol{\beta}_2$，$\boldsymbol{\beta}_3$ 的线性相关性：

(1) $\boldsymbol{\beta}_1=\boldsymbol{\alpha}_1+\boldsymbol{\alpha}_2$，$\boldsymbol{\beta}_2=2\boldsymbol{\alpha}_2+3\boldsymbol{\alpha}_3$，$\boldsymbol{\beta}_3=5\boldsymbol{\alpha}_1+3\boldsymbol{\alpha}_2$；

(2) $\boldsymbol{\beta}_1=\boldsymbol{\alpha}_1+2\boldsymbol{\alpha}_2+3\boldsymbol{\alpha}_3$，$\boldsymbol{\beta}_2=2\boldsymbol{\alpha}_1+2\boldsymbol{\alpha}_2+4\boldsymbol{\alpha}_3$，$\boldsymbol{\beta}_3=3\boldsymbol{\alpha}_1+\boldsymbol{\alpha}_2+3\boldsymbol{\alpha}_3$；

(3) $\boldsymbol{\beta}_1=\boldsymbol{\alpha}_1-\boldsymbol{\alpha}_2$，$\boldsymbol{\beta}_2=2\boldsymbol{\alpha}_2+\boldsymbol{\alpha}_3$，$\boldsymbol{\beta}_3=\boldsymbol{\alpha}_1+\boldsymbol{\alpha}_2+\boldsymbol{\alpha}_3$.

8. 已知向量组

$$A:\boldsymbol{\alpha}_1=\begin{pmatrix}0\\1\\1\end{pmatrix},\ \boldsymbol{\alpha}_2=\begin{pmatrix}1\\1\\0\end{pmatrix}$$

$$B:\boldsymbol{\beta}_1=\begin{pmatrix}-1\\0\\1\end{pmatrix},\ \boldsymbol{\beta}_2=\begin{pmatrix}1\\2\\1\end{pmatrix},\ \boldsymbol{\beta}_3=\begin{pmatrix}3\\2\\-1\end{pmatrix}$$

证明：向量组 A 和向量组 B 等价.

9. 设有两个向量组：

$$\boldsymbol{\alpha}_1=\begin{pmatrix}1\\2\\-1\\3\end{pmatrix},\ \boldsymbol{\alpha}_2=\begin{pmatrix}2\\5\\a\\8\end{pmatrix},\ \boldsymbol{\alpha}_3=\begin{pmatrix}-1\\0\\3\\1\end{pmatrix}$$

$$\boldsymbol{\beta}_1=\begin{pmatrix}1\\a\\a^2-5\\7\end{pmatrix},\ \boldsymbol{\beta}_2=\begin{pmatrix}3\\3+a\\3\\11\end{pmatrix},\ \boldsymbol{\beta}_3=\begin{pmatrix}0\\1\\6\\2\end{pmatrix}$$

如果 $\boldsymbol{\beta}_1$ 可由 $\boldsymbol{\alpha}_1$，$\boldsymbol{\alpha}_2$，$\boldsymbol{\alpha}_3$ 线性表示，试判断这两个向量组是否等价，并说明理由.

10. 设有 n 维向量组 A：$\boldsymbol{\alpha}_1$，$\boldsymbol{\alpha}_2$，…，$\boldsymbol{\alpha}_s$，证明：向量组线性无关的充分必要条件是任一 n 维向量都可由向量组线性表示.

11. 已知三阶矩阵 $\boldsymbol{A}$ 与三维列向量 $\boldsymbol{x}$ 满足$\boldsymbol{A}^3\boldsymbol{x}=3\boldsymbol{A}\boldsymbol{x}-2\boldsymbol{A}^2\boldsymbol{x}$，且向量组 $\boldsymbol{x}$，$\boldsymbol{A}\boldsymbol{x}$，$\boldsymbol{A}^2\boldsymbol{x}$ 线性无关，

(1) 记 $\boldsymbol{P}=(\boldsymbol{x},\boldsymbol{A}\boldsymbol{x},\boldsymbol{A}^2\boldsymbol{x})$，求三阶矩阵 $\boldsymbol{B}$，使 $\boldsymbol{AP}=\boldsymbol{PB}$；

(2) 求 $|\boldsymbol{A}|$.

12. 设向量组 B：$\boldsymbol{\beta}_1$，$\boldsymbol{\beta}_2$，…，$\boldsymbol{\beta}_r$ 能由向量组 A：$\boldsymbol{\alpha}_1$，$\boldsymbol{\alpha}_2$，…，$\boldsymbol{\alpha}_s$线性表示为 $(\boldsymbol{\beta}_1,\boldsymbol{\beta}_2,\cdots,\boldsymbol{\beta}_r)=(\boldsymbol{\alpha}_1,\boldsymbol{\alpha}_2,\cdots,\boldsymbol{\alpha}_s)\boldsymbol{K}$，其中 $\boldsymbol{K}$ 为 $s\times r$ 矩阵，且向量组 A 线性无关，证明：向量组 B 线性无关的充分必要条件是矩阵 $\boldsymbol{K}$ 的秩 $R(\boldsymbol{K})=r$.

3.5 向量空间及向量空间的基、维数、坐标

1. 向量空间与子空间

前面把 n 维向量的全体所构成的集合R^n 称为 n 维向量空间. 本节介绍向量空间的一般概念.

定义 3.10 设 V 是 n 维向量的集合，若 V 非空，且对于加法及数乘两种运算封闭，则

(1) 若 $\boldsymbol{\alpha}$，$\boldsymbol{\beta}\in V$，$\boldsymbol{\alpha}+\boldsymbol{\beta}\in V$；

(2) 若 $\boldsymbol{\alpha}\in V$，$\lambda\in R$，则 $\lambda\boldsymbol{\alpha}\in V$，称集合 V 为向量空间.

记所有 n 维向量的集合为R^n. 由 n 维向量的线性运算规律容易验证，集合R^n 对于加法及数乘两种运算封闭. 因而集合R^n 构成一向量空间，称R^n 为 n 维向量空间.

注：当 $n=3$ 时，三维向量空间R^3 表示实体空间；

当 $n=2$ 时，二维向量空间R^2 表示平面；

当 $n=1$ 时，一维向量空间R^1 表示数轴；

当 $n>3$ 时，R^n 没有直观的几何形象.

例 3-22 判别下列集合是否为向量空间：

$$V_1=\{\boldsymbol{x}=(0, x_2, \cdots, x_n)^{\mathrm{T}} \mid x_2, \cdots, x_n \in \mathbf{R}\}$$

解 V_1 是向量空间. 因为对于 V_1 的任意两个元素：

$$\boldsymbol{\alpha}=(0, a_2, \cdots, a_n)^{\mathrm{T}}, \boldsymbol{\beta}=(0, b_2, \cdots, b_n)^{\mathrm{T}} \in V_1$$

有 $\boldsymbol{\alpha}+\boldsymbol{\beta}=(0, a_2+b_2, \cdots, a_n+b_n)^{\mathrm{T}} \in V_1$，$\lambda\boldsymbol{\alpha}=(0, \lambda a_2, \cdots, \lambda a_n)^{\mathrm{T}} \in V_1$.

例 3-23 判别下列集合是否为向量空间：

$$V_2=\{\boldsymbol{x}=(1, x_2, \cdots, x_n)^{\mathrm{T}} \mid x_2, \cdots, x_n \in \mathbf{R}\}$$

解 V_2 不是向量空间. 因为若 $\boldsymbol{\alpha}=(1, a_2, \cdots, a_n)^{\mathrm{T}} \in V_2$则

$$2\boldsymbol{\alpha}=(2, 2a_2, \cdots, 2a_n)^{\mathrm{T}} \notin V_2$$

例 3-24 设 $\boldsymbol{\alpha}$，$\boldsymbol{\beta}$ 为两个已知的 n 维向量，集合

$$V=\{\xi=\lambda\boldsymbol{\alpha}+\mu\boldsymbol{\beta} \mid \lambda, \mu \in \mathbf{R}\}$$

试判断集合 V 是否为向量空间.

解 V 是一个向量空间. 因为若 $\xi_1=\lambda_1\boldsymbol{\alpha}+\mu_1\boldsymbol{\beta}$，$\xi_2=\lambda_2\boldsymbol{\alpha}+\mu_2\boldsymbol{\beta}$，则有

$$\boldsymbol{\xi}_1+\boldsymbol{\xi}_2=(\lambda_1+\lambda_2)\boldsymbol{\alpha}+(\mu_1+\mu_2)\boldsymbol{\beta} \in V$$

$$k\boldsymbol{\xi}_1=(k\lambda_1)\boldsymbol{\alpha}+(k\mu_1)\boldsymbol{\beta} \in V$$

这个向量空间称为由向量 $\boldsymbol{\alpha}$，$\boldsymbol{\beta}$ 所生成的向量空间.

注：通常由向量组$\boldsymbol{a}_1$，$\boldsymbol{a}_2$，…，$\boldsymbol{a}_m$ 所生成的向量空间记为

$$V=\{\xi=\lambda_1\boldsymbol{a}_1+\lambda_2\boldsymbol{a}_2+\cdots+\lambda_m\boldsymbol{a}_m \mid \lambda_1, \lambda_2, \cdots, \lambda_m \in \mathbf{R}\}$$

例 3-25 设向量组 $\boldsymbol{\alpha}_1$，…，$\boldsymbol{\alpha}_m$ 与向量组 $\boldsymbol{\beta}_1$，…，$\boldsymbol{\beta}_s$ 等价，记

$$V_1=\{\boldsymbol{\xi}=\lambda_1\boldsymbol{\alpha}_1+\lambda_2\boldsymbol{\alpha}_2+\cdots+\lambda_m\boldsymbol{\alpha}_m \mid \lambda_1, \lambda_2, \cdots, \lambda_m \in \mathbf{R}\}$$

$$V_2=\{\boldsymbol{\xi}=\mu_1\boldsymbol{\beta}_1+\mu_2\boldsymbol{\beta}_2+\cdots+\mu_s\boldsymbol{\beta}_s \mid \mu_1, \mu_2, \cdots, \mu_s \in \mathbf{R}\}$$

试证：$V_1=V_2$.

证 设$\boldsymbol{\xi}\in V_1$，则$\boldsymbol{\xi}$可由$\boldsymbol{\alpha}_1$，…，$\boldsymbol{\alpha}_m$线性表示. 因$\boldsymbol{\alpha}_1$，…，$\boldsymbol{\alpha}_m$可由$\boldsymbol{\beta}_1$，…，$\boldsymbol{\beta}_s$线性表示，故$\boldsymbol{\xi}$可由$\boldsymbol{\beta}_1$，…，$\boldsymbol{\beta}_s$线性表示，从而$\boldsymbol{\xi}\in V_2$. 这就是说，若$\boldsymbol{\xi}\in V_1$，则$\boldsymbol{\xi}\in V_2$，即$V_1\subset V_2$.

类似地可证：若$\boldsymbol{\xi}\in V_2$，则$\boldsymbol{\xi}\in V_1$，即$V_2\subset V_1$.

因为$V_1\subset V_2$，$V_2\subset V_1$，所以$V_1=V_2$.

定义 3.11 设有向量空间V_1和V_2，若向量空间$V_1\subset V_2$，则称V_1是V_2的子空间.

例 3-26 考虑齐次线性方程组$\boldsymbol{Ax}=\boldsymbol{0}$，全体解的集合为

$$S=\{\boldsymbol{x}\mid \boldsymbol{Ax}=\boldsymbol{0}\}$$

显然，S非空($\boldsymbol{0}\in S$)，任取$\boldsymbol{\alpha}$，$\boldsymbol{\beta}\in S$，k为任一常数，则

$$\boldsymbol{A}(\boldsymbol{\alpha}+\boldsymbol{\beta})=\boldsymbol{A\alpha}+\boldsymbol{A\beta}=\boldsymbol{0}$$

$$\boldsymbol{A}(k\boldsymbol{\alpha})=k\boldsymbol{A\alpha}=k\boldsymbol{0}=\boldsymbol{0}$$

即

$$\boldsymbol{\alpha}+\boldsymbol{\beta}\in S$$

$$k\boldsymbol{\alpha}\in S$$

故S是一向量空间，称S为齐次线性方程组$\boldsymbol{Ax}=\boldsymbol{0}$的**解空间**.

例 3-27 非齐次线性方程组$\boldsymbol{Ax}=\boldsymbol{b}$，全体解的集合为

$$S=\{\boldsymbol{x}\mid \boldsymbol{Ax}=\boldsymbol{b}\}$$

显然，S为空集时，不是向量空间；S非空时，若$\boldsymbol{\eta}\in S$，则$\boldsymbol{A}(2\boldsymbol{\eta})=2\boldsymbol{b}\neq\boldsymbol{b}$，$2\boldsymbol{\eta}\notin S$，也不是向量空间.

2. 向量空间的基与维数

接下来介绍能够生成向量空间或子空间的向量组——基，其关键思想就是向量的线性无关性.

定义 3.12 设V是一个向量空间，若有r个向量$\boldsymbol{\alpha}_1$，$\boldsymbol{\alpha}_2$，…，$\boldsymbol{\alpha}_r\in V$，且满足：

(1) $\boldsymbol{\alpha}_1$，$\boldsymbol{\alpha}_2$，…，$\boldsymbol{\alpha}_r$线性无关；

(2) V中的任一向量都可由$\boldsymbol{\alpha}_1$，$\boldsymbol{\alpha}_2$，…，$\boldsymbol{\alpha}_r$线性表示，则称向量组$\boldsymbol{\alpha}_1$，$\boldsymbol{\alpha}_2$，…，$\boldsymbol{\alpha}_r$是向量空间V的一个基，数r称为向量空间的维数，记为$\dim V=r$，称V为r维向量空间.

注：

(1) 只含零向量的向量空间称为 0 维向量空间，它没有基；

(2) 若把向量空间 V 看作向量组，则 V 的基就是向量组的极大无关组，V 的维数就是向量组的秩；

(3) 若向量组 $\boldsymbol{\alpha}_1, \cdots, \boldsymbol{\alpha}_r$ 是向量空间 V 的一个基，则 V 可表示为

$$V=\{x \mid x=\lambda_1\boldsymbol{\alpha}_1+\cdots+\lambda_r\boldsymbol{\alpha}_r, \lambda_1, \lambda_2, \cdots, \lambda_r \in R\}$$

此时，V 又称为由基 $\boldsymbol{\alpha}_1, \cdots, \boldsymbol{\alpha}_r$ 所生成的向量空间.

显然，在齐次线性方程组的解空间 $S=\{\boldsymbol{x} \mid \boldsymbol{Ax}=\boldsymbol{0}\}$ 中，若能找到解空间的一个基 $\boldsymbol{\xi}_1, \boldsymbol{\xi}_2, \cdots, \boldsymbol{\xi}_{n-r}$，则解空间可以表示为

$$S=\{\boldsymbol{x}=c_1\boldsymbol{\xi}_1+c_2\boldsymbol{\xi}_2+\cdots+c_{n-r}\boldsymbol{\xi}_{n-r} \mid c_1, c_2, \cdots, c_{n-r} \in R\}$$

例如，任意 n 个线性无关的 n 维向量都可以是向量空间R^n 的一个基，且由此可知R^n 的维数为 n，所以我们把R^n 称为 n 维向量空间.

又如，向量空间 $V_1=\{\boldsymbol{x}=(0, x_2, \cdots, x_n)^{\mathrm{T}} \mid x_2, \cdots, x_n \in \mathbf{R}\}$ 的一个基可以取为 $\boldsymbol{e}_2=(0, 1, 0, \cdots, 0)^{\mathrm{T}}, \cdots, \boldsymbol{e}_n=(0, 0, 0, \cdots, 1)^{\mathrm{T}}$，由此可知，它是 $n-1$ 维向量空间.

例 3－28 证明单位向量组：

$\boldsymbol{e}_1=(1, 0, 0, \cdots, 0)^{\mathrm{T}}, \boldsymbol{e}_2=(0, 1, 0, \cdots, 0)^{\mathrm{T}}, \cdots, \boldsymbol{e}_n=(0, 0, 0, \cdots, 1)^{\mathrm{T}}$

是 n 维向量空间R^n 的一个基.

证明 易见 n 维向量组$\boldsymbol{e}_1, \boldsymbol{e}_2, \cdots, \boldsymbol{e}_n$ 线性无关.

对 n 维向量空间R^n 中的任一向量 $\boldsymbol{\alpha}=(a_1, a_2, \cdots, a_n)^{\mathrm{T}}$，有 $\boldsymbol{\alpha}=a_1\boldsymbol{e}_1+a_2\boldsymbol{e}_2+\cdots+a_n\boldsymbol{e}_n$，即$R^n$ 中的任一向量都可由初始单位向量线性表示. 因此，向量组$\boldsymbol{e}_1, \boldsymbol{e}_2, \cdots, \boldsymbol{e}_n$ 是 n 维向量空间R^n 的一个基.

定义 3.13 如果在向量空间 V 中取定一个基 $\boldsymbol{\alpha}_1, \boldsymbol{\alpha}_2, \cdots, \boldsymbol{\alpha}_r$，那么 V 中任一向量 $\boldsymbol{x}$ 可唯一地表示为

$$x=\lambda_1\boldsymbol{\alpha}_1+\cdots+\lambda_r\boldsymbol{\alpha}_r$$

数组 $\lambda_1, \lambda_2, \cdots, \lambda_r$ 称为向量 $\boldsymbol{x}$ 在基 $\boldsymbol{\alpha}_1, \boldsymbol{\alpha}_2, \cdots, \boldsymbol{\alpha}_r$ 中的**坐标**.

特别地，在 n 维向量空间R^n 中取单位坐标向量组$\boldsymbol{e}_1, \boldsymbol{e}_2, \cdots, \boldsymbol{e}_n$ 为基，则以 $x_1, x_2, \cdots, x_n$ 为分量的向量 $\boldsymbol{x}$ 可表示为

$$\boldsymbol{x}=x_1\boldsymbol{e}_1+x_2\boldsymbol{e}_2+\cdots+x_n\boldsymbol{e}_n$$

可见向量在基e_1，e_2，…，e_n 中的坐标就是该向量的分量．因此e_1，e_2，…，e_n 叫作R^n 中的**自然基**．

例 3－29 给定向量组 $\boldsymbol{\alpha}_1=(-2,4,1)^T$，$\boldsymbol{\alpha}_2=(-1,3,5)^T$，$\boldsymbol{\alpha}_3=(2,-3,1)^T$，$\boldsymbol{\beta}=(1,1,3)^T$，试证明：向量组 $\boldsymbol{\alpha}_1$，$\boldsymbol{\alpha}_2$，$\boldsymbol{\alpha}_3$ 是三维向量空间R^3 的一个基，并求向量 $\boldsymbol{\beta}$ 在这个基中的坐标．

证明 令矩阵 $\boldsymbol{A}=(\boldsymbol{\alpha}_1,\boldsymbol{\alpha}_2,\boldsymbol{\alpha}_3)$，要证明 $\boldsymbol{\alpha}_1$，$\boldsymbol{\alpha}_2$，$\boldsymbol{\alpha}_3$ 是R^3 的一个基，只需证明 $\boldsymbol{A}\to\boldsymbol{E}$．

又设 $\boldsymbol{\beta}=x_1\boldsymbol{\alpha}_1+x_2\boldsymbol{\alpha}_2+x_3\boldsymbol{\alpha}_3$ 或 $\boldsymbol{Ax}=\boldsymbol{\beta}$，则对$(\boldsymbol{A}\quad\boldsymbol{\beta})$进行初等行变换，当将 $\boldsymbol{A}$ 化为单位矩阵 $\boldsymbol{E}$ 时，同时将向量 $\boldsymbol{\beta}$ 化为满足 $\boldsymbol{X}=\boldsymbol{A}^{-1}\boldsymbol{\beta}$，即

$$(\boldsymbol{A}\quad\boldsymbol{\beta})=\begin{pmatrix}-2&-1&2&1\\4&3&-3&1\\1&5&1&3\end{pmatrix}\xrightarrow{\text{行变换}}\begin{pmatrix}1&0&0&4\\0&1&0&-1\\0&0&1&4\end{pmatrix}$$

可见 $\boldsymbol{A}\to\boldsymbol{E}$，故 $\boldsymbol{\alpha}_1$，$\boldsymbol{\alpha}_2$，$\boldsymbol{\alpha}_3$ 是R^3 的一个基，所以 $\boldsymbol{\beta}$ 在基 $\boldsymbol{\alpha}_1$，$\boldsymbol{\alpha}_2$，$\boldsymbol{\alpha}_3$ 中的坐标依次为 4，－1，4．

例 3－30 设 $\boldsymbol{A}=(\boldsymbol{a}_1,\boldsymbol{a}_2,\boldsymbol{a}_3)=\begin{pmatrix}2&2&-1\\2&-1&2\\-1&2&2\end{pmatrix}$，$\boldsymbol{B}=(\boldsymbol{b}_1,\boldsymbol{b}_2)=\begin{pmatrix}1&4\\0&3\\-4&2\end{pmatrix}$．验证 $\boldsymbol{a}_1$，$\boldsymbol{a}_2$，$\boldsymbol{a}_3$ 是R^3 的一个基，并求 $\boldsymbol{b}_1$，$\boldsymbol{b}_2$ 在这个基中的坐标．

解 要证 $\boldsymbol{a}_1$，$\boldsymbol{a}_2$，$\boldsymbol{a}_3$ 是R^3 的一个基，只要证 $\boldsymbol{a}_1$，$\boldsymbol{a}_2$，$\boldsymbol{a}_3$ 线性无关．因为 $\begin{vmatrix}2&2&-1\\2&-1&2\\-1&2&2\end{vmatrix}=-27\neq0$，所以 $\boldsymbol{a}_1$，$\boldsymbol{a}_2$，$\boldsymbol{a}_3$ 是R^3 的一个基．

设 $\boldsymbol{b}_1=x_{11}\boldsymbol{a}_1+x_{21}\boldsymbol{a}_2+x_{31}\boldsymbol{a}_3$，$\boldsymbol{b}_2=x_{12}\boldsymbol{a}_1+x_{22}\boldsymbol{a}_2+x_{32}\boldsymbol{a}_3$，即

$$(\boldsymbol{b}_1,\boldsymbol{b}_2)=(\boldsymbol{a}_1,\boldsymbol{a}_2,\boldsymbol{a}_3)\begin{pmatrix}x_{11}&x_{12}\\x_{21}&x_{22}\\x_{31}&x_{32}\end{pmatrix}$$

记作 $\boldsymbol{B}=\boldsymbol{AX}$，则

$$X = A^{-1}B$$

$$(A, B) = \begin{pmatrix} 2 & 2 & -1 & 1 & 4 \\ 2 & -1 & 2 & 0 & 3 \\ -1 & 2 & 2 & -4 & 2 \end{pmatrix} \to \begin{pmatrix} 1 & 1 & 1 & -1 & 3 \\ 0 & -3 & 0 & 2 & -3 \\ 0 & 3 & 3 & -5 & 5 \end{pmatrix}$$

$$\to \begin{pmatrix} 1 & 1 & 1 & -1 & 3 \\ 0 & 1 & 0 & -\frac{2}{3} & 1 \\ 0 & 1 & 1 & -\frac{5}{3} & \frac{5}{3} \end{pmatrix} \to \begin{pmatrix} 1 & 0 & 0 & \frac{2}{3} & \frac{4}{3} \\ 0 & 1 & 0 & -\frac{2}{3} & 1 \\ 0 & 0 & 1 & -1 & \frac{2}{3} \end{pmatrix}$$

则 $\boldsymbol{b}_1$，$\boldsymbol{b}_2$ 在这个基 $\boldsymbol{a}_1$，$\boldsymbol{a}_2$，$\boldsymbol{a}_3$ 中的坐标依次为$\frac{2}{3}$，$-\frac{2}{3}$，-1 和$\frac{4}{3}$，1，$\frac{2}{3}$.

3. R^3 中坐标变换公式

在R^3 中取定一个基 $\boldsymbol{\alpha}_1$，$\boldsymbol{\alpha}_2$，$\boldsymbol{\alpha}_3$，再取一个新基 $\boldsymbol{\beta}_1$，$\boldsymbol{\beta}_2$，$\boldsymbol{\beta}_3$，设 $\boldsymbol{A}=(\boldsymbol{\alpha}_1, \boldsymbol{\alpha}_2, \boldsymbol{\alpha}_3)$，$\boldsymbol{B}=(\boldsymbol{\beta}_1, \boldsymbol{\beta}_2, \boldsymbol{\beta}_3)$. 求用 $\boldsymbol{\alpha}_1$，$\boldsymbol{\alpha}_2$，$\boldsymbol{\alpha}_3$ 表示 $\boldsymbol{\beta}_1$，$\boldsymbol{\beta}_2$，$\boldsymbol{\beta}_3$ 的表示式(基变换公式)，并求向量在两个基下的坐标之间的关系式(坐标变换公式). 因 $(\boldsymbol{\alpha}_1, \boldsymbol{\alpha}_2, \boldsymbol{\alpha}_3) = (e_1, e_2, e_3)\boldsymbol{A}$，$(e_1, e_2, e_3) = (\boldsymbol{\alpha}_1, \boldsymbol{\alpha}_2, \boldsymbol{\alpha}_3)\boldsymbol{A}^{-1}$，故 $(\boldsymbol{\beta}_1, \boldsymbol{\beta}_2, \boldsymbol{\beta}_3) = (e_1, e_2, e_3)\boldsymbol{B} = (\boldsymbol{\alpha}_1, \boldsymbol{\alpha}_2, \boldsymbol{\alpha}_3)\boldsymbol{A}^{-1}\boldsymbol{B}$，即基变换公式为 $(\boldsymbol{\beta}_1, \boldsymbol{\beta}_2, \boldsymbol{\beta}_3)=(\boldsymbol{\alpha}_1, \boldsymbol{\alpha}_2, \boldsymbol{\alpha}_3)\boldsymbol{P}$. 其中，表示式的系数矩阵 $\boldsymbol{P}=\boldsymbol{A}^{-1}\boldsymbol{B}$ 称为从旧基到新基的过渡矩阵.

设向量 $\boldsymbol{x}=(\boldsymbol{\alpha}_1, \boldsymbol{\alpha}_2, \boldsymbol{\alpha}_3)\begin{pmatrix} y_1 \\ y_2 \\ y_3 \end{pmatrix}$，$\boldsymbol{x}=(\boldsymbol{\beta}_1, \boldsymbol{\beta}_2, \boldsymbol{\beta}_3)\begin{pmatrix} z_1 \\ z_2 \\ z_3 \end{pmatrix}$，故 $\boldsymbol{A}\begin{pmatrix} y_1 \\ y_2 \\ y_3 \end{pmatrix}=\boldsymbol{B}\begin{pmatrix} z_1 \\ z_2 \\ z_3 \end{pmatrix}$，

得$\begin{pmatrix} z_1 \\ z_2 \\ z_3 \end{pmatrix}=\boldsymbol{B}^{-1}\boldsymbol{A}\begin{pmatrix} y_1 \\ y_2 \\ y_3 \end{pmatrix}$，即$\begin{pmatrix} z_1 \\ z_2 \\ z_3 \end{pmatrix}=\boldsymbol{P}^{-1}\begin{pmatrix} y_1 \\ y_2 \\ y_3 \end{pmatrix}$，这就是旧坐标到新坐标的坐标变换公式.

例 3－31 设R^3 中的两个基：

$$A：\boldsymbol{\alpha}_1 = \begin{pmatrix} 1 \\ 0 \\ 0 \end{pmatrix}, \boldsymbol{\alpha}_2 = \begin{pmatrix} 1 \\ 1 \\ 0 \end{pmatrix}, \boldsymbol{\alpha}_3 = \begin{pmatrix} 1 \\ 1 \\ 1 \end{pmatrix}$$

$$B: \boldsymbol{\beta}_1 = \begin{pmatrix} 1 \\ 2 \\ 1 \end{pmatrix}, \boldsymbol{\beta}_2 = \begin{pmatrix} 2 \\ 3 \\ 3 \end{pmatrix}, \boldsymbol{\beta}_3 = \begin{pmatrix} 3 \\ 7 \\ 1 \end{pmatrix}$$

试求：

(1) 从 $\boldsymbol{A}$ 到 $\boldsymbol{B}$ 的过渡矩阵；

(2) 设向量 $\boldsymbol{\xi}$ 在基 $\boldsymbol{\alpha}_1$，$\boldsymbol{\alpha}_2$，$\boldsymbol{\alpha}_3$ 下的坐标为 -2，1，2，求 $\boldsymbol{\xi}$ 在基 $\boldsymbol{\beta}_1$，$\boldsymbol{\beta}_2$，$\boldsymbol{\beta}_3$ 中的坐标.

解 (1) 由基 $\boldsymbol{A}$ 到 $\boldsymbol{B}$ 的过渡矩阵为 $\boldsymbol{P}=\boldsymbol{A}^{-1}\boldsymbol{B}$，其中 $\boldsymbol{A}=(\boldsymbol{\alpha}_1, \boldsymbol{\alpha}_2, \boldsymbol{\alpha}_3)$，$\boldsymbol{B}=(\boldsymbol{\beta}_1, \boldsymbol{\beta}_2, \boldsymbol{\beta}_3)$，进行矩阵的初等行变换：

$$(\boldsymbol{A}|\boldsymbol{B}) = \begin{pmatrix} 1 & 1 & 1 & 1 & 2 & 3 \\ 0 & 1 & 1 & 2 & 3 & 7 \\ 0 & 0 & 1 & 1 & 3 & 1 \end{pmatrix} \rightarrow \begin{pmatrix} 1 & 0 & 0 & -1 & -1 & -4 \\ 0 & 1 & 0 & 1 & 0 & 6 \\ 0 & 0 & 1 & 1 & 3 & 1 \end{pmatrix}$$

于是过渡矩阵 $\boldsymbol{P}=\begin{pmatrix} -1 & -1 & -4 \\ 1 & 0 & 6 \\ 1 & 3 & 1 \end{pmatrix}$.

(2) 易求得 $\boldsymbol{P}^{-1}=\begin{pmatrix} -18 & -11 & -6 \\ 5 & 3 & 2 \\ 3 & 2 & 1 \end{pmatrix}$，故向量 $\boldsymbol{\xi}$ 在基 $\boldsymbol{\beta}_1$，$\boldsymbol{\beta}_2$，$\boldsymbol{\beta}_3$ 下的坐标(向量)为

$$\boldsymbol{P}^{-1}\begin{pmatrix} -2 \\ 1 \\ 2 \end{pmatrix} = \begin{pmatrix} -18 & -11 & -6 \\ 5 & 3 & 2 \\ 3 & 2 & 1 \end{pmatrix}\begin{pmatrix} -2 \\ 1 \\ 2 \end{pmatrix} = \begin{pmatrix} 13 \\ -3 \\ -2 \end{pmatrix}$$

即向量 $\boldsymbol{\xi}$ 在基 $\boldsymbol{\beta}_1$，$\boldsymbol{\beta}_2$，$\boldsymbol{\beta}_3$ 下的坐标(向量)为 13，-3，-2.

习题 3.5

1. R^4 的子集 $V_1=\{\boldsymbol{x}=(x_1, x_2, x_3, x_4)^{\mathrm{T}} | x_1, x_2, x_3, x_4 | \in \mathbf{R}$，满足 $x_1+2x_2+3x_3+4x_4=0\}$，$V_2=\{\boldsymbol{x}=(x_1, x_2, x_3, x_4)^{\mathrm{T}} | x_1, x_2, x_3, x_4 \in \mathbf{R}$，满足 $x_1-x_2+x_3-x_4=0\}$，R^n 的子集 $V_3=\{\boldsymbol{x}=(x_1, x_2, \cdots, x_n)^{\mathrm{T}} | x_1, x_2, \cdots, x_n \in \mathbf{R}$，满足 $x_1+x_2+\cdots+x_n=0\}$，$V_4=\{\boldsymbol{x}=(x_1, x_2, \cdots, x_n)^{\mathrm{T}} | x_1, x_2, \cdots, x_n \in \mathbf{R}$，满

足 $x_1+x_2+\cdots+x_n=1\}$，是不是向量空间？请说明理由

2. 试证：由向量 $\boldsymbol{\alpha}_1=\begin{pmatrix}0\\1\\1\end{pmatrix}$，$\boldsymbol{\alpha}_2=\begin{pmatrix}1\\0\\1\end{pmatrix}$，$\boldsymbol{\alpha}_3=\begin{pmatrix}1\\1\\0\end{pmatrix}$所生成的向量空间就是$R^3$.

3. 验证：$\boldsymbol{\alpha}_1=\begin{pmatrix}1\\-1\\0\end{pmatrix}$，$\boldsymbol{\alpha}_2=\begin{pmatrix}2\\1\\3\end{pmatrix}$，$\boldsymbol{\alpha}_3=\begin{pmatrix}3\\1\\2\end{pmatrix}$为$R^3$ 的一个基，并将$\boldsymbol{v}_1=\begin{pmatrix}5\\0\\7\end{pmatrix}$，$\boldsymbol{v}_2=\begin{pmatrix}-9\\-8\\-13\end{pmatrix}$用此基来线性表示.

4. 设 $\boldsymbol{\xi}_1$，$\boldsymbol{\xi}_2$，$\boldsymbol{\xi}_3$ 是R^3 的一组基，已知 $\boldsymbol{\alpha}_1=\boldsymbol{\xi}_1+\boldsymbol{\xi}_2-2\boldsymbol{\xi}_3$，$\boldsymbol{\alpha}_2=\boldsymbol{\xi}_1-\boldsymbol{\xi}_2-\boldsymbol{\xi}_3$，$\boldsymbol{\alpha}_3=\boldsymbol{\xi}_1+\boldsymbol{\xi}_3$，证明：$\boldsymbol{\alpha}_1$，$\boldsymbol{\alpha}_2$，$\boldsymbol{\alpha}_3$ 是R^3 的一组基，并求出向量 $\boldsymbol{\beta}=6\boldsymbol{\xi}_1-\boldsymbol{\xi}_2-\boldsymbol{\xi}_3$ 在基 $\boldsymbol{\alpha}_1$，$\boldsymbol{\alpha}_2$，$\boldsymbol{\alpha}_3$ 下的坐标.

5. 已知R^3 的两个基为 $\boldsymbol{\alpha}_1=\begin{pmatrix}1\\1\\1\end{pmatrix}$，$\boldsymbol{\alpha}_2=\begin{pmatrix}1\\0\\-1\end{pmatrix}$，$\boldsymbol{\alpha}_3=\begin{pmatrix}1\\0\\1\end{pmatrix}$及 $\boldsymbol{\beta}_1=\begin{pmatrix}1\\2\\1\end{pmatrix}$，$\boldsymbol{\beta}_2=\begin{pmatrix}2\\3\\4\end{pmatrix}$，$\boldsymbol{\beta}_3=\begin{pmatrix}3\\4\\3\end{pmatrix}$.

(1) 求由基 $\boldsymbol{\alpha}_1$，$\boldsymbol{\alpha}_2$，$\boldsymbol{\alpha}_3$ 到基 $\boldsymbol{\beta}_1$，$\boldsymbol{\beta}_2$，$\boldsymbol{\beta}_3$ 的过渡矩阵 $\boldsymbol{P}$.

(2) 设向量 $\boldsymbol{x}$ 在前一基中的坐标为$\begin{pmatrix}1\\1\\3\end{pmatrix}$，求它在后一基中的坐标.

6. 设R^3 中的一组基 $\boldsymbol{\xi}_1=\begin{pmatrix}1\\-2\\1\end{pmatrix}$，$\boldsymbol{\xi}_2=\begin{pmatrix}0\\1\\1\end{pmatrix}$，$\boldsymbol{\xi}_3=\begin{pmatrix}3\\2\\1\end{pmatrix}$，向量 $\boldsymbol{\alpha}$ 在基 $\boldsymbol{\xi}_1$，$\boldsymbol{\xi}_2$，$\boldsymbol{\xi}_3$ 下的坐标为 x_1，x_2，x_3，在另一组基 $\boldsymbol{\eta}_1$，$\boldsymbol{\eta}_2$，$\boldsymbol{\eta}_3$ 下的坐标为 y_1，y_2，y_3，且有 $y_1=x_1-x_2-x_3$，$y_2=-x_1+x_2$，$y_3=x_1+2x_3$.

(1) 求由基 $\boldsymbol{\eta}_1$，$\boldsymbol{\eta}_2$，$\boldsymbol{\eta}_3$ 到基 $\boldsymbol{\xi}_1$，$\boldsymbol{\xi}_2$，$\boldsymbol{\xi}_3$ 的过渡矩阵；

(2) 求基 $\boldsymbol{\eta}_1$，$\boldsymbol{\eta}_2$，$\boldsymbol{\eta}_3$.

3.6 线性方程组解的结构

利用矩阵的秩得到了线性方程组有解的充要条件及齐次线性方程组有非零解的充要条件后，本节我们将利用向量组线性的相关性和秩等知识来研究齐次和非齐次线性方程组解的结构.

1. 齐次线性方程组解的结构

设有齐次线性方程组：

$$\begin{cases} a_{11}x_1+a_{12}x_2+\cdots+a_{1n}x_n=0 \\ a_{21}x_1+a_{22}x_2+\cdots+a_{2n}x_n=0 \\ \qquad\qquad\vdots \\ a_{m1}x_1+a_{m2}x_2+\cdots+a_{mn}x_n=0 \end{cases}$$

若记 $=\begin{pmatrix} a_{11} & a_{12} & \cdots & a_{1n} \\ a_{21} & a_{22} & \cdots & a_{2n} \\ \vdots & \vdots & & \vdots \\ a_{m1} & a_{m2} & \cdots & a_{mn} \end{pmatrix}$，$\boldsymbol{x}=\begin{pmatrix} x_1 \\ x_2 \\ \vdots \\ x_n \end{pmatrix}$，齐次线性方程组记为 $\boldsymbol{Ax}=\boldsymbol{0}$，称矩阵方程的解 $\boldsymbol{x}=\begin{pmatrix} x_1 \\ x_2 \\ \vdots \\ x_n \end{pmatrix}$ 为方程组的解向量.

齐次线性方程组解的性质如下：

性质 1 若 $\boldsymbol{x}=\boldsymbol{\xi}_1$，$\boldsymbol{x}=\boldsymbol{\xi}_2$ 为齐次线性方程组 $\boldsymbol{Ax}=\boldsymbol{0}$ 的解，则 $\boldsymbol{x}=\boldsymbol{\xi}_1+\boldsymbol{\xi}_2$ 也是齐次线性方程组 $\boldsymbol{Ax}=\boldsymbol{0}$ 的解.

因为 $\boldsymbol{A}(\boldsymbol{\xi}_1+\boldsymbol{\xi}_2)=\boldsymbol{A\xi}_1+\boldsymbol{A\xi}_2=\boldsymbol{0}$，所以 $\boldsymbol{x}=\boldsymbol{\xi}_1+\boldsymbol{\xi}_2$ 也是齐次线性方程组 $\boldsymbol{Ax}=\boldsymbol{0}$ 的解.

性质 2 若 $\boldsymbol{x}=\boldsymbol{\xi}$ 为齐次线性方程组 $\boldsymbol{Ax}=\boldsymbol{0}$ 的解，k 为实数，则 $\boldsymbol{x}=k\boldsymbol{\xi}$ 也是 $\boldsymbol{Ax}=\boldsymbol{0}$ 的解.

因为 $\boldsymbol{A}(k\boldsymbol{\xi})=k(\boldsymbol{A\xi})=k\boldsymbol{0}=\boldsymbol{0}$，所以 $\boldsymbol{x}=k\boldsymbol{\xi}$ 也是 $\boldsymbol{Ax}=\boldsymbol{0}$ 的解.

根据上述性质容易推出，若 $\boldsymbol{\xi}_1$，$\boldsymbol{\xi}_2$，…，$\boldsymbol{\xi}_s$ 是矩阵方程 $\boldsymbol{Ax}=\boldsymbol{0}$ 的解，k_1，k_2，…，k_s 为任何实数，则线性组合 $k_1\boldsymbol{\xi}_1+k_2\boldsymbol{\xi}_2+\cdots+k_s\boldsymbol{\xi}_s$ 也是矩阵方程 $\boldsymbol{Ax}=\boldsymbol{0}$ 的解.

线性方程组 $\boldsymbol{Ax}=\boldsymbol{0}$ 的全体解向量所构成的集合对于向量的加法和数乘是封闭的，因此构成一个向量空间，称此空间为齐次线性方程组 $\boldsymbol{Ax}=\boldsymbol{0}$ 的解空间，记作 S. 如果能求得解空间 S 的一个极大无关组 S_0：$\boldsymbol{\xi}_1$，$\boldsymbol{\xi}_2$，…，$\boldsymbol{\xi}_t$，则方程组 $\boldsymbol{Ax}=\boldsymbol{0}$ 的任一解都可由极大无关组 S_0 线性表示；另一方面，由性质 1、性质 2 可知，极大无关组 S_0 的任何线性组合 $\boldsymbol{x}=k_1\boldsymbol{\xi}_1+k_2\boldsymbol{\xi}_2+\cdots+k_t\boldsymbol{\xi}_t$ 都是齐次线性方程组 $\boldsymbol{AX}=\boldsymbol{0}$ 的解，因此上式便是 $\boldsymbol{AX}=\boldsymbol{0}$ 的通解.

定义 3.14 齐次线性方程组 $\boldsymbol{Ax}=0$ 的解集的极大无关组称为该齐次线性方程组的基础解系.

基础解系即为解空间的一组解. 显然，基础解系不唯一，因为解空间的基是不唯一的. 所以，要求齐次线性方程组的通解，只需求出它的基础解系 $\boldsymbol{\xi}_1$，$\boldsymbol{\xi}_2$，…，$\boldsymbol{\xi}_t$，则齐次线性方程组的全部解可表示为 $\boldsymbol{x}=k_1\boldsymbol{\xi}_1+k_2\boldsymbol{\xi}_2+\cdots+k_t\boldsymbol{\xi}_t$. 如何确定方程组的基础解系呢？我们用初等变换的方法来确定线性方程组的解的存在，也可以用同一种方法来求齐次线性方程组的基础解系.

设方程组 $\boldsymbol{Ax}=\boldsymbol{0}$ 的系数矩阵 $\boldsymbol{A}$ 的秩为 r，不妨设 $\boldsymbol{A}$ 的前 r 个列向量线性无关，于是 $\boldsymbol{A}$ 的行最简行矩阵为

$$\boldsymbol{B}=\begin{pmatrix} 1 & \cdots & 0 & b_{11} & \cdots & b_{1,n-r} \\ \vdots & & \vdots & \vdots & & \vdots \\ 0 & \cdots & 1 & b_{r1} & \cdots & b_{r,n-r} \\ 0 & \cdots & 0 & 0 & \cdots & 0 \\ \vdots & & \vdots & \vdots & & \vdots \\ 0 & \cdots & 0 & 0 & \cdots & 0 \end{pmatrix}$$

与 $\boldsymbol{B}$ 对应的方程组为

$$\begin{cases} x_1=-b_{11}x_{r+1}-\cdots-b_{1,n-r}x_n \\ \quad\vdots \\ x_r=-b_{r1}x_{r+1}-\cdots-b_{r,n-r}x_n \end{cases}$$

它与原方程组同解.

分别取 $\begin{pmatrix} x_{r+1} \\ x_{r+2} \\ \vdots \\ x_n \end{pmatrix} = \begin{pmatrix} 1 \\ 0 \\ \vdots \\ 0 \end{pmatrix}, \begin{pmatrix} 0 \\ 1 \\ \vdots \\ 0 \end{pmatrix}, \cdots, \begin{pmatrix} 0 \\ 0 \\ \vdots \\ 1 \end{pmatrix}$，其中 x_{r+1}，x_{r+2}，…，x_n 是自由未知量. 理论上可以取任意 $n-r$ 个线性无关的 $n-r$ 维向量，上面的取法是为了使计算简便一些. 依次可得

$$\begin{pmatrix} x_1 \\ \vdots \\ x_r \end{pmatrix} = \begin{pmatrix} -b_{11} \\ \vdots \\ -b_{r1} \end{pmatrix}, \begin{pmatrix} -b_{12} \\ \vdots \\ -b_{r2} \end{pmatrix}, \cdots, \begin{pmatrix} -b_{1,\,n-r} \\ \vdots \\ -b_{r,\,n-r} \end{pmatrix}$$

得到方程组 $\boldsymbol{Ax}=\boldsymbol{0}$ 的 $n-r$ 个解：

$$\boldsymbol{\xi}_1 = \begin{pmatrix} -b_{11} \\ \vdots \\ -b_{r1} \\ 1 \\ 0 \\ \vdots \\ 0 \end{pmatrix}, \boldsymbol{\xi}_2 = \begin{pmatrix} -b_{12} \\ \vdots \\ -b_{r2} \\ 0 \\ 1 \\ \vdots \\ 0 \end{pmatrix}, \cdots, \boldsymbol{\xi}_{n-r} = \begin{pmatrix} -b_{1,\,n-r} \\ \vdots \\ -b_{r,\,n-r} \\ 0 \\ 0 \\ \vdots \\ 1 \end{pmatrix}$$

因为 $\begin{pmatrix} 1 \\ 0 \\ \vdots \\ 0 \end{pmatrix}, \begin{pmatrix} 0 \\ 1 \\ \vdots \\ 0 \end{pmatrix}, \cdots, \begin{pmatrix} 0 \\ 0 \\ \vdots \\ 1 \end{pmatrix}$ 线性无关，所以 $n-r$ 个 n 维向量 $\boldsymbol{\xi}_1$，$\boldsymbol{\xi}_2$，…，$\boldsymbol{\xi}_{n-r}$ 线性无关.

方程组的任一解：

$$\boldsymbol{x} = \begin{pmatrix} -b_{11}x_{r+1} - \cdots - b_{1,\,n-r}x_n \\ \vdots \\ -b_{r1}x_{r+1} - \cdots - b_{r,\,n-r}x_n \\ x_{r+1} \\ \vdots \\ x_n \end{pmatrix} = x_{r+1}\begin{pmatrix} -b_{11} \\ \vdots \\ -b_{r1} \\ 1 \\ 0 \\ \vdots \\ 0 \end{pmatrix} + x_{r+2}\begin{pmatrix} -b_{11} \\ \vdots \\ -b_{r1} \\ 0 \\ 1 \\ \vdots \\ 0 \end{pmatrix} + \cdots + x_n\begin{pmatrix} -b_{1,\,n-r} \\ \vdots \\ -b_{r,\,n-r} \\ 0 \\ 0 \\ \vdots \\ 1 \end{pmatrix}$$

$$= x_{r+1}\boldsymbol{\xi}_1 + x_{r+2}\boldsymbol{\xi}_2 + \cdots + x_n\boldsymbol{\xi}_{n-r}$$

说明方程组 $\boldsymbol{Ax}=\mathbf{0}$ 的任一解可以由 $\boldsymbol{\xi}_1$，$\boldsymbol{\xi}_2$，…，$\boldsymbol{\xi}_{n-r}$ 线性表示，即 $\boldsymbol{\xi}_1$，$\boldsymbol{\xi}_2$，…，$\boldsymbol{\xi}_{n-r}$ 为方程组解空间的一个基础解系. 由此可以表示方程组的通解 $\boldsymbol{x}=c_1\boldsymbol{\xi}_1+c_2\boldsymbol{\xi}_2+\cdots+c_{n-r}\boldsymbol{\xi}_{n-r}$.

由以上讨论，可推得以下定理：

定理 3.12 对于 n 元齐次线性方程组 $\boldsymbol{Ax}=\mathbf{0}$，若 $R(\boldsymbol{A})=r<n$，则该方程组的基础解系一定存在，且每个基础解系中所含解向量的个数均等于 $n-r$，其中 n 为未知量的个数.

当 $R(\boldsymbol{A})=n$ 时，方程组 $\boldsymbol{Ax}=\mathbf{0}$ 只有零解，没有基础解系；当 $R(\boldsymbol{A})=r<n$ 时，由定理 3.11 知方程组 $\boldsymbol{Ax}=\mathbf{0}$ 的基础解系含 $n-r$ 个向量。因此，由极大无关组的性质可知，方程组 $\boldsymbol{Ax}=\mathbf{0}$ 的任何 $n-r$ 个线性无关的解都可构成它的基础解系。因此，齐次线性方程组 $\boldsymbol{Ax}=\mathbf{0}$ 的基础解系并不是唯一的，它的通解的形式也不是唯一的，但它的任意两个基础解系都是等价的.

例 3-32 求齐次线性方程组 $\begin{cases}x_1-2x_2+4x_3-7x_4=0\\2x_1+x_2-2x_3+x_4=0\\3x_1-x_2+2x_3-4x_4=0\end{cases}$ 的基础解系及通解.

解 齐次线性方程组增广矩阵的最后一列为零向量，初等行变换过程中永远为零向量，故不必写出。只对系数矩阵进行初等行变换，直至变为行最简形：

$$\boldsymbol{A}=\begin{pmatrix}1&-2&4&-7\\2&1&-2&1\\3&-1&2&-4\end{pmatrix}\to\begin{pmatrix}1&-2&4&-7\\0&5&-10&15\\0&5&-10&17\end{pmatrix}$$

$$\to\begin{pmatrix}1&-2&4&-7\\0&5&-10&15\\0&0&0&2\end{pmatrix}\to\begin{pmatrix}1&-2&4&0\\0&1&-2&0\\0&0&0&1\end{pmatrix}$$

$$\to\begin{pmatrix}1&0&0&0\\0&1&-2&0\\0&0&0&1\end{pmatrix}$$

原方程组与 $\begin{cases}x_1=0\\x_2-2x_3=0\\x_4=0\end{cases}$ 同解. 取 x_3 为自由变量，令 $x_3=1$，得方程组的一个基

础解系$\begin{pmatrix}0\\2\\1\\0\end{pmatrix}$，于是方程组的通解为 $\boldsymbol{X}=k\begin{pmatrix}0\\2\\1\\0\end{pmatrix}$，$k\in\mathbf{R}$.

例 3-33 求齐次线性方程组$\begin{pmatrix}0&9&5&2\\1&5&3&1\\1&-4&-2&-1\\1&32&18&7\end{pmatrix}\begin{pmatrix}x_1\\x_2\\x_3\\x_4\end{pmatrix}=\begin{pmatrix}0\\0\\0\\0\end{pmatrix}$的通解.

解
$$\boldsymbol{A}=\begin{pmatrix}0&9&5&2\\1&5&3&1\\1&-4&-2&-1\\1&32&18&7\end{pmatrix}\to\begin{pmatrix}1&-4&-2&-1\\1&5&3&1\\0&9&5&2\\1&32&18&7\end{pmatrix}$$
$$\to\begin{pmatrix}1&-4&-2&-1\\0&9&5&2\\0&9&5&2\\0&36&20&8\end{pmatrix}\to\begin{pmatrix}1&-4&-2&-1\\0&9&5&2\\0&0&0&0\\0&0&0&0\end{pmatrix}$$
$$\to\begin{pmatrix}1&-4&-2&-1\\0&1&\frac{5}{9}&\frac{2}{9}\\0&0&0&0\\0&0&0&0\end{pmatrix}\to\begin{pmatrix}1&0&\frac{2}{9}&-\frac{1}{9}\\0&1&\frac{5}{9}&\frac{2}{9}\\0&0&0&0\\0&0&0&0\end{pmatrix}$$

原方程组与$\begin{cases}x_1=-\frac{2}{9}x_3+\frac{1}{9}x_4\\x_2=-\frac{5}{9}x_3-\frac{2}{9}x_4\end{cases}$同解.

取 x_3，x_4 为自由变量，令$\begin{pmatrix}x_3\\x_4\end{pmatrix}=\begin{pmatrix}9\\0\end{pmatrix}$和$\begin{pmatrix}0\\9\end{pmatrix}$，得基础解系$\begin{pmatrix}-2\\-5\\9\\0\end{pmatrix}$，$\begin{pmatrix}1\\-2\\0\\9\end{pmatrix}$.

方程组的通解为

$$\boldsymbol{X}=k_1\begin{pmatrix}-2\\-5\\9\\0\end{pmatrix}+k_2\begin{pmatrix}1\\-2\\0\\9\end{pmatrix}\quad k_1,\ k_2\in\mathbf{R}$$

例 3-34 求齐次线性方程组$\begin{cases}3x_1-6x_2-4x_3+x_4=0\\x_1-2x_2+2x_3-x_4=0\\2x_1-4x_2-6x_3+2x_4=0\\x_1-2x_2+7x_3-3x_4=0\end{cases}$的通解.

解

$$\boldsymbol{A}=\begin{pmatrix}3&-6&-4&1\\1&-2&2&-1\\2&-4&-6&2\\1&-2&7&-3\end{pmatrix}\rightarrow\begin{pmatrix}1&-2&2&-1\\0&0&-10&4\\0&0&-10&4\\0&0&5&-2\end{pmatrix}$$

$$\rightarrow\begin{pmatrix}1&-2&0&-\frac{1}{5}\\0&0&1&-\frac{2}{5}\\0&0&0&0\\0&0&0&0\end{pmatrix}$$

得与原方程组同解方程组：

$$\begin{cases}x_1-2x_2-\frac{1}{5}x_4=0\\-x_3-\frac{2}{5}x_4=0\end{cases}$$

得

$$\begin{cases}x_1=2x_2+\frac{1}{5}x_4\\x_3=0x_2+\frac{2}{5}x_4\end{cases}$$

$R(\boldsymbol{A})=2$，$n-r=2$，取 x_2，x_4 为自由未知量，当 $x_2=1$，$x_4=0$；$x_2=0$，$x_4=5$ 时

得基础解系$\begin{pmatrix}2\\1\\0\\0\end{pmatrix}$，$\begin{pmatrix}1\\0\\2\\5\end{pmatrix}$，方程组的通解为 $x=k_1\begin{pmatrix}2\\1\\0\\0\end{pmatrix}+k_2\begin{pmatrix}1\\0\\2\\5\end{pmatrix}$，其中 k_1，$k_2\in\mathbf{R}$.

例 3－35 设 n 元齐次线性方程组 $\boldsymbol{Ax}=\boldsymbol{0}$ 和 $\boldsymbol{Bx}=\boldsymbol{0}$ 同解，证明$R(\boldsymbol{A})=R(\boldsymbol{B})$.

证明 方程组 $\boldsymbol{Ax}=\boldsymbol{0}$ 与 $\boldsymbol{Bx}=\boldsymbol{0}$ 有相同的解集，假设为 S，由定理有 $R(\boldsymbol{A})=n-R_s$，$R(\boldsymbol{B})=n-R_s$，因此 $R(A)=R(B)$.

例 3－36 证明 $R(\boldsymbol{A}^{\mathrm{T}}\boldsymbol{A})=R(\boldsymbol{A})$.

证明 设 $\boldsymbol{A}$ 为 $m\times n$ 矩阵，$\boldsymbol{x}$ 为 n 维列向量.

若 $\boldsymbol{x}$ 满足 $\boldsymbol{Ax}=\boldsymbol{0}$，则有 $\boldsymbol{A}^{\mathrm{T}}(\boldsymbol{Ax})=\boldsymbol{0}$，即$(\boldsymbol{A}^{\mathrm{T}}\boldsymbol{A})\boldsymbol{x}=\boldsymbol{0}$；

若 $\boldsymbol{x}$ 满足$(\boldsymbol{A}^{\mathrm{T}}\boldsymbol{A})\boldsymbol{x}=\boldsymbol{0}$，则有 $\boldsymbol{x}^{\mathrm{T}}(\boldsymbol{A}^{\mathrm{T}}\boldsymbol{A})\boldsymbol{x}=\boldsymbol{0}$，即 $(\boldsymbol{Ax})^{\mathrm{T}}(\boldsymbol{Ax})=\boldsymbol{0}$，从而 $\boldsymbol{Ax}=\boldsymbol{0}$.

综上可知，方程组 $\boldsymbol{Ax}=\boldsymbol{0}$ 与 $\boldsymbol{A}^{\mathrm{T}}(\boldsymbol{Ax})=\boldsymbol{0}$ 同解，所以 $R(\boldsymbol{A}^{\mathrm{T}}\boldsymbol{A})=R(\boldsymbol{A})$.

例 3－37 求出一个齐次线性方程组，使它的基础解系由下列向量组成：

$$\boldsymbol{\xi}_1=\begin{pmatrix}1\\2\\3\\4\end{pmatrix},\quad \boldsymbol{\xi}_2=\begin{pmatrix}4\\3\\2\\1\end{pmatrix}$$

解 设所求得齐次线性方程组为 $\boldsymbol{Ax}=\boldsymbol{0}$，矩阵 $\boldsymbol{A}$ 的行向量形如 $\boldsymbol{\alpha}^{\mathrm{T}}=(a_1,a_2,a_3,a_4)$，根据题意，有

$$\boldsymbol{\alpha}^{\mathrm{T}}\boldsymbol{\xi}_1=0,\ \boldsymbol{\alpha}^{\mathrm{T}}\boldsymbol{\xi}_2=0$$

即

$$\begin{cases}a_1+2a_2+3a_3+4a_4=0\\4a_1+3a_2+2a_3+a_4=0\end{cases}$$

设这个方程组系数矩阵为 $\boldsymbol{B}$，对 $\boldsymbol{B}$ 进行初等行变换，得

$$\boldsymbol{B}=\begin{pmatrix}1&2&3&4\\4&3&2&1\end{pmatrix}\to\begin{pmatrix}1&2&3&4\\0&-5&-10&-15\end{pmatrix}$$

$$\to\begin{pmatrix}1&0&-1&-2\\0&1&2&3\end{pmatrix}$$

这个方程组的同解方程组为

$$\begin{cases} a_1 - a_3 - 2a_4 = 0 \\ a_2 + 2a_3 + 3a_4 = 0 \end{cases}$$

其基础解系为$\begin{pmatrix} 1 \\ -2 \\ 1 \\ 0 \end{pmatrix}$，$\begin{pmatrix} 2 \\ -3 \\ 0 \\ 1 \end{pmatrix}$，故可取矩阵 $\boldsymbol{A}$ 的行向量为 $\boldsymbol{\alpha}_1^{\mathrm{T}}=(1, -2, 1, 0)$，$\boldsymbol{\alpha}_2^{\mathrm{T}}=(2, -3, 0, 1)$，故所求齐次线性方程组的系数矩阵 $\boldsymbol{A}=\begin{pmatrix} 1 & -2 & 1 & 0 \\ 2 & -3 & 0 & 1 \end{pmatrix}$，所求齐次线性方程组为$\begin{cases} x_1-2x_2+x_3=0 \\ 2x_1-3x_2+x_4=0 \end{cases}$.

2. 非齐次线性方程组解的结构

在非齐次线性方程组 $\boldsymbol{Ax}=\boldsymbol{b}$ 中取 $\boldsymbol{b}=\boldsymbol{0}$，所得到的齐次线性方程组 $\boldsymbol{Ax}=\boldsymbol{0}$ 称为 $\boldsymbol{Ax}=\boldsymbol{b}$ 对应的方程组. 对于非齐次线性方程组 $\boldsymbol{AX}=\boldsymbol{b}$，有如下性质：

性质 1 设 $\boldsymbol{x}=\boldsymbol{\eta}_1$，$\boldsymbol{x}=\boldsymbol{\eta}_2$ 都是非齐次线性方程组 $\boldsymbol{Ax}=\boldsymbol{b}$ 的解，则 $\boldsymbol{x}=\boldsymbol{\eta}_1-\boldsymbol{\eta}_2$ 为对应的齐次线性方程组 $\boldsymbol{Ax}=\boldsymbol{0}$ 的解.

因为 $\boldsymbol{A}(\boldsymbol{\eta}_1-\boldsymbol{\eta}_2)=\boldsymbol{A\eta}_1-\boldsymbol{A\eta}_2=\boldsymbol{b}-\boldsymbol{b}=\boldsymbol{0}$，所以 $\boldsymbol{x}=\boldsymbol{\eta}_1-\boldsymbol{\eta}_2$ 为对应的齐次线性方程组 $\boldsymbol{Ax}=\boldsymbol{0}$ 的解.

性质 2 设 $\boldsymbol{x}=\boldsymbol{\eta}$ 是非齐次线性方程组 $\boldsymbol{Ax}=\boldsymbol{b}$ 的解，$\boldsymbol{x}=\boldsymbol{\xi}$ 是对应的齐次线性方程组 $\boldsymbol{Ax}=\boldsymbol{0}$ 的解，则 $\boldsymbol{x}=\boldsymbol{\eta}+\boldsymbol{\xi}$ 为非齐次线性方程组 $\boldsymbol{Ax}=\boldsymbol{b}$ 的解.

因为 $\boldsymbol{A}(\boldsymbol{\eta}+\boldsymbol{\xi})=\boldsymbol{A\eta}+\boldsymbol{A\xi}=\boldsymbol{0}+\boldsymbol{b}=\boldsymbol{b}$，所以 $\boldsymbol{x}=\boldsymbol{\eta}+\boldsymbol{\xi}$ 为方程组 $\boldsymbol{Ax}=\boldsymbol{b}$ 的解.

由性质 1 可知，若 $\boldsymbol{\eta}^*$ 是 $\boldsymbol{Ax}=\boldsymbol{b}$ 的某个解，$\boldsymbol{x}$ 为 $\boldsymbol{Ax}=\boldsymbol{b}$ 的任一解，则 $\boldsymbol{\xi}=\boldsymbol{x}-\boldsymbol{\eta}^*$ 是其对应的齐次线性方程组 $\boldsymbol{Ax}=\boldsymbol{0}$ 的解，因此方程组 $\boldsymbol{Ax}=\boldsymbol{b}$ 任一解 $\boldsymbol{x}$ 总可以表示为 $\boldsymbol{x}=\boldsymbol{\eta}^*+\boldsymbol{\xi}$. 因为齐次线性方程组 $\boldsymbol{Ax}=\boldsymbol{0}$ 的通解可以表示为 $\boldsymbol{\xi}=c_1\boldsymbol{\xi}_1+c_2\boldsymbol{\xi}_2+\cdots+c_{n-r}\boldsymbol{\xi}_{n-r}$，所以非齐次线性方程组 $\boldsymbol{Ax}=\boldsymbol{b}$ 的任一解总可表示为

$$\boldsymbol{x}=c_1\boldsymbol{\xi}_1+c_2\boldsymbol{\xi}_2+\cdots+c_{n-r}\boldsymbol{\xi}_{n-r}+\boldsymbol{\eta}^*$$

其中：$\boldsymbol{\xi}_1$，…，$\boldsymbol{\xi}_{n-r}$ 是方程组 $\boldsymbol{Ax}=\boldsymbol{0}$ 的基础解系；c_1，c_2，…，c_{n-r} 为任意实数.

由此得到**非齐次线性方程组解的结构：非齐次线性方程组的通解＝对应齐次线性方程组的通解＋非齐次线性方程组的一个特解.**

例 3-38 求非齐次线性方程组$\begin{cases}2x_1+x_2-x_3+x_4=1\\2x_1+x_2-x_3=1\\4x_1+2x_2-2x_3-x_4=2\end{cases}$的通解.

解 对增广矩阵进行初等行变换：

$$\overline{\boldsymbol{A}}=\begin{pmatrix}2&1&-1&1&1\\2&1&-1&0&1\\4&2&-2&-1&2\end{pmatrix}\rightarrow\begin{pmatrix}2&1&-1&1&1\\0&0&0&-1&0\\0&0&0&-3&0\end{pmatrix}\rightarrow\begin{pmatrix}1&\frac{1}{2}&-\frac{1}{2}&0&\frac{1}{2}\\0&0&0&1&0\\0&0&0&0&0\end{pmatrix}$$

与原方程组同解的方程组为

$$\begin{cases}x_1=-\frac{1}{2}x_2+\frac{1}{2}x_3+\frac{1}{2}\\x_4=0\end{cases}$$

令 $x_2=0$，$x_3=0$，原方程组的特解：

$$\boldsymbol{\eta}=\begin{pmatrix}\frac{1}{2}\\0\\0\\0\end{pmatrix}$$

令自由变量 $x_2=2$，$x_3=0$ 和 $x_2=0$，$x_3=2$，原方程组对应的齐次方程组的基础解系为

$$\begin{pmatrix}-1\\2\\0\\0\end{pmatrix},\begin{pmatrix}1\\0\\2\\0\end{pmatrix}$$

所以原方程组的通解

$$\boldsymbol{X}=\begin{pmatrix}\frac{1}{2}\\0\\0\\0\end{pmatrix}+k_1\begin{pmatrix}-1\\2\\0\\0\end{pmatrix}+k_2\begin{pmatrix}1\\0\\2\\0\end{pmatrix}\quad k_1，k_2\text{ 取任意实数}$$

例 3－39 解非齐次线性方程组 $\begin{pmatrix}2&7&3&1\\1&3&-1&1\\7&-3&-2&6\end{pmatrix}\begin{pmatrix}x_1\\x_2\\x_3\\x_4\end{pmatrix}=\begin{pmatrix}6\\-2\\-4\end{pmatrix}$.

解 对增广矩阵进行初等行变换：

$$\overline{\boldsymbol{A}}=\begin{pmatrix}2&7&3&1&6\\1&3&-1&1&-2\\7&-3&-2&6&-4\end{pmatrix}\to\begin{pmatrix}1&3&-1&1&-2\\2&7&3&1&6\\7&-3&-2&6&-4\end{pmatrix}$$

$$\to\begin{pmatrix}1&3&-1&1&-2\\0&1&5&-1&10\\0&-24&5&-1&10\end{pmatrix}\to\begin{pmatrix}1&0&-16&4&-32\\0&1&-5&1&-10\\0&-25&0&0&0\end{pmatrix}$$

$$\to\begin{pmatrix}1&0&-16&4&-32\\0&0&1&-\frac{1}{5}&2\\0&1&0&0&0\end{pmatrix}\to\begin{pmatrix}1&0&0&\frac{4}{5}&0\\0&1&0&0&0\\0&0&1&-\frac{1}{5}&2\end{pmatrix}$$

原方程组与 $\begin{cases}x_1=-\frac{4}{5}x_4\\x_2=0\\x_3=\frac{1}{5}x_4+2\end{cases}$ 同解，令 $x_4=0$，解得原方程组的特解 $\boldsymbol{\eta}=\begin{pmatrix}0\\0\\2\\0\end{pmatrix}$，令自由变量 $x_4=5$，得原方程组对应的齐次方程组的基础解系 $\begin{pmatrix}-4\\0\\1\\5\end{pmatrix}$，所以原方程组的通解为 $\boldsymbol{X}=\begin{pmatrix}0\\0\\2\\0\end{pmatrix}+k\begin{pmatrix}-4\\0\\1\\5\end{pmatrix}$，$k$ 取任意的实数.

例 3－40 设四元非齐次线性方程组 $\boldsymbol{Ax}=\boldsymbol{b}$ 的系数矩阵 $\boldsymbol{A}$ 的秩为 3，已经它的三个解向量为 $\boldsymbol{\eta}_1$，$\boldsymbol{\eta}_2$，$\boldsymbol{\eta}_3$，其中：

$$\boldsymbol{\eta}_1=\begin{pmatrix}3\\-4\\1\\2\end{pmatrix},\quad \boldsymbol{\eta}_2+\boldsymbol{\eta}_3=\begin{pmatrix}4\\6\\8\\0\end{pmatrix}$$

求该方程组的通解.

解 依题意，方程组 $\boldsymbol{Ax}=\boldsymbol{b}$ 对应的齐次线性方程组的基础解系含 $4-3=1$ 个向量，于是任何一个非零解都可作为其非齐次线性方程组的基础解系.

显然，$\boldsymbol{\eta}_1-\dfrac{1}{2}(\boldsymbol{\eta}_2+\boldsymbol{\eta}_3)=\begin{pmatrix}1\\-7\\-3\\2\end{pmatrix}\neq 0$ 是齐次线性方程组的非零解，可作为其基础解系.

故方程组 $\boldsymbol{Ax}=\boldsymbol{b}$ 的通解为

$$\boldsymbol{x}=\boldsymbol{\eta}_1+c\left[\boldsymbol{\eta}_1-\frac{1}{2}(\boldsymbol{\eta}_2+\boldsymbol{\eta}_3)\right]=\begin{pmatrix}3\\-4\\1\\2\end{pmatrix}+c\begin{pmatrix}1\\-7\\-3\\2\end{pmatrix}\quad (c\text{ 为任意常数})$$

习题 3.6

1. 设 $\boldsymbol{\alpha}_1$，$\boldsymbol{\alpha}_2$ 是某个齐次线性方程组的基础解系，证明：$\boldsymbol{\alpha}_1+\boldsymbol{\alpha}_2$，$2\boldsymbol{\alpha}_1-\boldsymbol{\alpha}_2$ 也是该线性方程组的基础解系.

2. 设 $\boldsymbol{A}$ 是 n 阶方阵，$\boldsymbol{Ax}=\boldsymbol{0}$ 只有零解，求证：对任意的正整数 k，$\boldsymbol{A}^k\boldsymbol{x}=\boldsymbol{0}$ 也只有零解.

3. 设 $\boldsymbol{A}=\begin{pmatrix}2&-2&1&3\\9&-5&2&8\end{pmatrix}$，求一个 4×2 矩阵 $\boldsymbol{B}$，使 $\boldsymbol{AB}=\boldsymbol{O}$，且 $R(\boldsymbol{B})=2$.

4. 求一个齐次线性方程组，使它的基础解系由下列向量组成：

(1) $\boldsymbol{\xi}_1=\begin{pmatrix}0\\1\\2\\3\end{pmatrix}$，$\boldsymbol{\xi}_2=\begin{pmatrix}3\\2\\1\\0\end{pmatrix}$；

(2) $\boldsymbol{\xi}_1=\begin{pmatrix}1\\-2\\0\\3\\-1\end{pmatrix}$，$\boldsymbol{\xi}_2=\begin{pmatrix}2\\-3\\2\\5\\-3\end{pmatrix}$，$\boldsymbol{\xi}_3=\begin{pmatrix}1\\-2\\1\\2\\-2\end{pmatrix}$.

5．求下列齐次线性方程组的基础解系及通解：

(1) $\begin{cases}x_1-2x_2+x_3-x_4+x_5=0\\2x_1+x_2-x_3+2x_4-3x_5=0\\3x_1-2x_2-x_3+x_4-2x_5=0\\2x_1-5x_2+x_3-2x_4+2x_5=0\end{cases}$；

(2) $\begin{cases}x_1-2x_2+x_3+x_4-x_5=0\\2x_1-x_2-x_3-x_4+x_5=0\\x_1+7x_2-5x_3-5x_4+5x_5=0\\3x_1-x_2-2x_3+x_4-x_5=0\end{cases}$；

(3) $\begin{cases}3x_1+2x_2+3x_3-2x_4=0\\2x_1+x_2+x_3-x_4=0\\2x_1+2x_2+x_3+2x_4=0\end{cases}$；

(4) $\begin{cases}x_1+x_2=0\\2x_1+3x_2+x_3+x_4=0\\2x_1+2x_2+2x_3+x_4=0\end{cases}$.

6．求下列非齐次线性方程组的通解：

(1) $\begin{cases}2x_1+x_2-x_3-x_4=1\\x_1-3x_2+2x_3-4x_4=3\\x_1+4x_2-3x_3+5x_4=-2\end{cases}$；

(2) $\begin{cases}3x_1+4x_2+x_3+2x_4=3\\6x_1+8x_2+2x_3+5x_4=7\\9x_1+12x_2+3x_3+10x_4=13\end{cases}$；

(3) $\begin{cases}2x_1+x_2-x_3+x_4=1\\ x_1+\dfrac{1}{2}x_2-\dfrac{1}{2}x_3-\dfrac{1}{2}x_4=\dfrac{1}{2}\\ 4x_1+2x_2-2x_3+2x_4=2\end{cases}$;

(4) $\begin{pmatrix}1&3&5&-4&0\\1&3&2&-2&1\\1&-2&1&-1&-1\\1&2&1&-1&-1\end{pmatrix}\begin{pmatrix}x_1\\x_2\\x_3\\x_4\\x_5\end{pmatrix}=\begin{pmatrix}1\\-1\\3\\3\end{pmatrix}$;

(5) $\begin{cases}x_1+2x_2-2x_3+3x_4=2\\ 2x_1+4x_2-3x_3+4x_4=5\\ 5x_1+10x_2-8x_3+11x_4=12\end{cases}$;

(6) $\begin{cases}2x+y-z+w=1\\ 3x-2y+z-3w=4\\ x+4y-3z+5w=-2\end{cases}$.

7. 设四元非齐次线性方程组的系数矩阵的秩为 3，已知 $\boldsymbol{\eta}_1$，$\boldsymbol{\eta}_2$，$\boldsymbol{\eta}_3$ 是它的 3 个解向量，且 $\boldsymbol{\eta}_1=\begin{pmatrix}2\\3\\4\\5\end{pmatrix}$，$\boldsymbol{\eta}_2+\boldsymbol{\eta}_3=\begin{pmatrix}1\\2\\3\\4\end{pmatrix}$，求该方程组的通解.

8. 设四元非齐次线性方程组 $\boldsymbol{Ax}=\boldsymbol{b}$ 的系数矩阵 $\boldsymbol{A}$ 的秩为 2，已知它的 3 个解向量 $\boldsymbol{\eta}_1$，$\boldsymbol{\eta}_2$，$\boldsymbol{\eta}_3$，其中 $\boldsymbol{\eta}_1=\begin{pmatrix}4\\3\\2\\1\end{pmatrix}$，$\boldsymbol{\eta}_2=\begin{pmatrix}1\\3\\5\\1\end{pmatrix}$，$\boldsymbol{\eta}_3=\begin{pmatrix}-2\\6\\3\\2\end{pmatrix}$，求该方程组的通解.

9. 设矩阵 $\boldsymbol{A}=(\boldsymbol{\alpha}_1,\boldsymbol{\alpha}_2,\boldsymbol{\alpha}_3,\boldsymbol{\alpha}_4)$，其中 $\boldsymbol{\alpha}_2$，$\boldsymbol{\alpha}_3$，$\boldsymbol{\alpha}_4$ 线性无关，$\boldsymbol{\alpha}_1=2\boldsymbol{\alpha}_2-\boldsymbol{\alpha}_3$，向量 $\boldsymbol{\beta}=\boldsymbol{\alpha}_1+\boldsymbol{\alpha}_2+\boldsymbol{\alpha}_3+\boldsymbol{\alpha}_4$，求方程 $\boldsymbol{Ax}=\boldsymbol{\beta}$.

10. 设矩阵 $\boldsymbol{A}=\begin{pmatrix}1&2&1&2\\0&1&t&t\\1&t&0&1\end{pmatrix}$，齐次线性方程组 $\boldsymbol{Ax}=\boldsymbol{0}$ 的基础解系含有 2

个线性无关的解向量，试求方程组 $\boldsymbol{Ax}=\boldsymbol{0}$ 的全部解.

11. 设 $\boldsymbol{\eta}^*$ 是非齐次线性方程组 $\boldsymbol{Ax}=\boldsymbol{b}$ 的一个解，$\boldsymbol{\xi}_1$，…，$\boldsymbol{\xi}_{n-r}$是对应的齐次线性方程组的一个基础解系，证明：

(1) $\boldsymbol{\eta}^*$，$\boldsymbol{\xi}_1$，…，$\boldsymbol{\xi}_{n-r}$线性无关；

(2) $\boldsymbol{\eta}^*$，$\boldsymbol{\eta}^*+\boldsymbol{\xi}_1$，…，$\boldsymbol{\eta}^*+\boldsymbol{\xi}_{n-r}$线性无关.

12. 设 $\boldsymbol{\eta}_1$，…，$\boldsymbol{\eta}_s$ 是非齐次线性方程组$\boldsymbol{Ax}=\boldsymbol{b}$ 的 s 个解，k_1，…，k_s 为实数，满足 $k_1+k_2+\cdots+k_s=1$，证明 $\boldsymbol{x}=k_1\boldsymbol{\eta}_1+k_2\boldsymbol{\eta}_2+\cdots+k_s\boldsymbol{\eta}_s$ 也是它的解.

总习题 3

1. 已知向量 $\boldsymbol{\alpha}_1=\begin{pmatrix}2\\5\\1\\3\end{pmatrix}$，$\boldsymbol{\alpha}_2=\begin{pmatrix}10\\1\\5\\10\end{pmatrix}$，$\boldsymbol{\alpha}_3=\begin{pmatrix}4\\1\\-1\\1\end{pmatrix}$，且 $3(\boldsymbol{\alpha}_1-\boldsymbol{\beta})+2(\boldsymbol{\alpha}_2+\boldsymbol{\beta})=5(\boldsymbol{\alpha}_3+\boldsymbol{\beta})$，求 $\boldsymbol{\beta}$.

2. 将下列各题中的向量 $\boldsymbol{\beta}$ 表示为其他向量的线性组合.

(1) $\boldsymbol{\beta}=\begin{pmatrix}4\\-1\\5\\1\end{pmatrix}^{\mathrm{T}}$，$\boldsymbol{\alpha}_1=\begin{pmatrix}2\\0\\0\\0\end{pmatrix}^{\mathrm{T}}$，$\boldsymbol{\alpha}_2=\begin{pmatrix}0\\1\\0\\0\end{pmatrix}^{\mathrm{T}}$，$\boldsymbol{\alpha}_3=\begin{pmatrix}0\\0\\3\\0\end{pmatrix}^{\mathrm{T}}$，$\boldsymbol{\alpha}_4=\begin{pmatrix}0\\0\\0\\\frac{1}{2}\end{pmatrix}^{\mathrm{T}}$；

(2) $\boldsymbol{\beta}=\begin{pmatrix}3\\5\\-6\end{pmatrix}^{\mathrm{T}}$，$\boldsymbol{\alpha}_1=\begin{pmatrix}1\\0\\1\end{pmatrix}$，$\boldsymbol{\alpha}_2=\begin{pmatrix}1\\1\\1\end{pmatrix}^{\mathrm{T}}$，$\boldsymbol{\alpha}_3=\begin{pmatrix}0\\-1\\-1\end{pmatrix}^{\mathrm{T}}$.

3. 设有向量 $\boldsymbol{\alpha}_1=\begin{pmatrix}1\\4\\0\\2\end{pmatrix}$，$\boldsymbol{\alpha}_2=\begin{pmatrix}2\\7\\1\\3\end{pmatrix}$，$\boldsymbol{\alpha}_3=\begin{pmatrix}0\\1\\-1\\a\end{pmatrix}$，$\boldsymbol{\alpha}_4=\begin{pmatrix}3\\10\\b\\4\end{pmatrix}$.

(1) 试问当 a，b 为何值时，$\boldsymbol{\beta}$ 不能由 $\boldsymbol{\alpha}_1$，$\boldsymbol{\alpha}_2$，$\boldsymbol{\alpha}_3$ 线性表示？

(2) 试问当 a，b 为何值时，$\boldsymbol{\beta}$ 可由 $\boldsymbol{\alpha}_1$，$\boldsymbol{\alpha}_2$，$\boldsymbol{\alpha}_3$ 线性表示？试写出该表达式.

4. 判断下列向量组是线性相关还是线性无关.

(1) $\boldsymbol{\alpha}_1=\begin{pmatrix}2\\1\\1\end{pmatrix}$, $\boldsymbol{\alpha}_2=\begin{pmatrix}1\\2\\-1\end{pmatrix}$, $\boldsymbol{\alpha}_3=\begin{pmatrix}-2\\3\\0\end{pmatrix}$;

(2) $\boldsymbol{\alpha}_1=\begin{pmatrix}2\\1\\-1\end{pmatrix}$, $\boldsymbol{\alpha}_2=\begin{pmatrix}1\\-1\\1\end{pmatrix}$, $\boldsymbol{\alpha}_3=\begin{pmatrix}-1\\1\\2\end{pmatrix}$;

(3) $\boldsymbol{\alpha}_1=\begin{pmatrix}1\\0\\-1\end{pmatrix}$, $\boldsymbol{\alpha}_2=\begin{pmatrix}-2\\2\\0\end{pmatrix}$, $\boldsymbol{\alpha}_3=\begin{pmatrix}3\\-5\\2\end{pmatrix}$;

(4) $\boldsymbol{\alpha}_1=\begin{pmatrix}1\\1\\1\\1\end{pmatrix}$, $\boldsymbol{\alpha}_2=\begin{pmatrix}1\\1\\-1\\-1\end{pmatrix}$, $\boldsymbol{\alpha}_3=\begin{pmatrix}1\\-1\\1\\-1\end{pmatrix}$;

(5) $\boldsymbol{\alpha}_1=\begin{pmatrix}2\\3\\4\\5\end{pmatrix}$, $\boldsymbol{\alpha}_2=\begin{pmatrix}1\\-1\\-2\\4\end{pmatrix}$, $\boldsymbol{\alpha}_3=\begin{pmatrix}4\\5\\6\\7\end{pmatrix}$, $\boldsymbol{\alpha}_4=\begin{pmatrix}5\\6\\7\\8\end{pmatrix}$.

5. 已知向量组 $\boldsymbol{\alpha}_1=(k,2,1)^{\mathrm{T}}$，$\boldsymbol{\alpha}_2=(2,k,0)^{\mathrm{T}}$，$\boldsymbol{\alpha}_3=(1,-1,1)^{\mathrm{T}}$，试求 k 为何值时，向量组 $\boldsymbol{\alpha}_1$，$\boldsymbol{\alpha}_2$，$\boldsymbol{\alpha}_3$ 线性相关？k 为何值时，向量组线性无关？

6. 下列命题是否正确？证明：或举反例.

(1) 若存在一组全为零的数 k_1，k_2，使 $k_1\boldsymbol{\alpha}_1+k_2\boldsymbol{\alpha}_2=\boldsymbol{0}$，则 $\boldsymbol{\alpha}_1$，$\boldsymbol{\alpha}_2$ 线性无关.

(2) 若 $\boldsymbol{\alpha}_1$，$\boldsymbol{\alpha}_2$ 线性无关，且 $\boldsymbol{\beta}$ 不能由 $\boldsymbol{\alpha}_1$，$\boldsymbol{\alpha}_2$ 线性表示，则 n 维向量组 $\boldsymbol{\alpha}_1$，$\boldsymbol{\alpha}_2$，$\boldsymbol{\beta}$ 线性无关.

(3) 若向量组 $\boldsymbol{\alpha}_1$，$\boldsymbol{\alpha}_2$，$\boldsymbol{\alpha}_3$ 线性相关，则 $\boldsymbol{\alpha}_1$，$\boldsymbol{\alpha}_2$，$\boldsymbol{\alpha}_3$ 任一向量都可由其余 2 个向量线性表示.

(4) 若向量组 $\boldsymbol{\alpha}_1$，$\boldsymbol{\alpha}_2$，$\boldsymbol{\alpha}_3$ 中任两个向量都线性无关，则 $\boldsymbol{\alpha}_1$，$\boldsymbol{\alpha}_2$，$\boldsymbol{\alpha}_3$ 也线性无关.

(5) 设有一组数 k_1，k_2，k_3，使 $k_1\boldsymbol{\alpha}_1+k_2\boldsymbol{\alpha}_2+k_3\boldsymbol{\alpha}_3=\boldsymbol{0}$，且 $\boldsymbol{\alpha}_3$ 可由 $\boldsymbol{\alpha}_1$，$\boldsymbol{\alpha}_2$ 线性

表示，则 $k_3 \neq 0$.

(6) 若 $\boldsymbol{\beta}$ 不能表示为 $\boldsymbol{\alpha}_1$，$\boldsymbol{\alpha}_2$ 的线性组合，则向量组 $\boldsymbol{\alpha}_1$，$\boldsymbol{\alpha}_2$，$\boldsymbol{\beta}$ 线性无关.

(7) 若向量组 $\boldsymbol{\alpha}_1$，$\boldsymbol{\alpha}_2$，…，$\boldsymbol{\alpha}_s$ 能由 $\boldsymbol{\beta}_1$，$\boldsymbol{\beta}_2$，…，$\boldsymbol{\beta}_t$ 线性表示，且 $s>t$，则 $\boldsymbol{\alpha}_1$，$\boldsymbol{\alpha}_2$，…，$\boldsymbol{\alpha}_s$ 线性无关.

(8) 若有不全为 0 的数 λ_1，λ_2…，λ_m，使 $\lambda_1\boldsymbol{a}_1+\lambda_2\boldsymbol{a}_2+\cdots+\lambda_m\boldsymbol{a}_m+\lambda_1\boldsymbol{b}_1+\lambda_2\boldsymbol{b}_2+\cdots+\lambda_m\boldsymbol{b}_m=\boldsymbol{0}$ 成立，则 $\boldsymbol{a}_1$，$\boldsymbol{a}_2$…，$\boldsymbol{a}_m$ 线性无关，$\boldsymbol{b}_1$，$\boldsymbol{b}_2$…，$\boldsymbol{b}_m$ 亦线性无关.

(9) 只有当 λ_1，λ_2…，λ_m 全为 0 时，等式 $\lambda_1\boldsymbol{a}_1+\lambda_2\boldsymbol{a}_2+\cdots+\lambda_m\boldsymbol{a}_m+\lambda_1\boldsymbol{b}_1+\lambda_2\boldsymbol{b}_2+\cdots+\lambda_m\boldsymbol{b}_m=\boldsymbol{0}$ 才能成立，则 $\boldsymbol{a}_1$，$\boldsymbol{a}_2$…，$\boldsymbol{a}_m$ 线性无关，$\boldsymbol{b}_1$，$\boldsymbol{b}_2$…，$\boldsymbol{b}_m$ 亦线性无关.

(10) 若 $\boldsymbol{a}_1$，$\boldsymbol{a}_2$…，$\boldsymbol{a}_m$ 线性相关，$\boldsymbol{b}_1$，$\boldsymbol{b}_2$…，$\boldsymbol{b}_m$ 亦线性相关，则有不全为 0 的数 λ_1，λ_2…，λ_m，使 $\lambda_1\boldsymbol{a}_1+\lambda_2\boldsymbol{a}_2+\cdots+\lambda_m\boldsymbol{a}_m=\boldsymbol{0}$，$\lambda_1\boldsymbol{b}_1+\lambda_2\boldsymbol{b}_2+\cdots+\lambda_m\boldsymbol{b}_m=\boldsymbol{0}$ 同时成立.

7. 设向量组 $\boldsymbol{\alpha}_1$，$\boldsymbol{\alpha}_2$，$\boldsymbol{\alpha}_3$ 线性无关，$\boldsymbol{\beta}_1=\boldsymbol{\alpha}_1+\boldsymbol{\alpha}_2$，$\boldsymbol{\beta}_2=\boldsymbol{\alpha}_2+\boldsymbol{\alpha}_3$，$\boldsymbol{\beta}_3=\boldsymbol{\alpha}_1+\boldsymbol{\alpha}_3$，证明：向量组 $\boldsymbol{\beta}_1$，$\boldsymbol{\beta}_2$，$\boldsymbol{\beta}_3$ 也线性无关.

8. 已知 $\boldsymbol{\alpha}_1$，$\boldsymbol{\alpha}_2$，$\boldsymbol{\alpha}_3$，$\boldsymbol{\beta}$ 线性无关，令 $\boldsymbol{\beta}_1=\boldsymbol{\alpha}_1+\boldsymbol{\beta}$，$\boldsymbol{\beta}_2=\boldsymbol{\alpha}_2+2\boldsymbol{\beta}$，$\boldsymbol{\beta}_3=\boldsymbol{\alpha}_3+3\boldsymbol{\beta}$，试证：$\boldsymbol{\beta}_1$，$\boldsymbol{\beta}_2$，$\boldsymbol{\beta}_3$，$\boldsymbol{\beta}$ 线性无关.

9. 设 $\boldsymbol{\alpha}_1$，$\boldsymbol{\alpha}_2$，…，$\boldsymbol{\alpha}_r$ 线性相关，证明：存在不全为零的数 t_1，t_2，…，t_r，使对任何向量 $\boldsymbol{\beta}$ 都有 $\boldsymbol{\alpha}_1+t_1\boldsymbol{\beta}$，$\boldsymbol{\alpha}_2+t_2\boldsymbol{\beta}$，…，$\boldsymbol{\alpha}_r+t_r\boldsymbol{\beta}$($r\geqslant 2$)线性相关.

10. 设向量组 $\boldsymbol{\alpha}_1$，$\boldsymbol{\alpha}_2$，…，$\boldsymbol{\alpha}_t$ 是齐次线性方程组 $\boldsymbol{A}\boldsymbol{x}=\boldsymbol{0}$ 的一个基础解系，向量 $\boldsymbol{\beta}$ 不是方程 $\boldsymbol{A}\boldsymbol{x}=\boldsymbol{0}$ 的解，即 $\boldsymbol{A}\boldsymbol{\beta}\neq 0$，试证：向量 $\boldsymbol{\beta}$，$\boldsymbol{\beta}+\boldsymbol{\alpha}_1$，$\boldsymbol{\beta}+\boldsymbol{\alpha}_2$，…，$\boldsymbol{\beta}+\boldsymbol{\alpha}_t$ 线性无关.

11. 设 $\boldsymbol{A}$ 为 4×3 矩阵，$\boldsymbol{B}$ 为 3×3 矩阵，且 $\boldsymbol{AB}=\boldsymbol{O}$，其中 $\boldsymbol{A}=\begin{pmatrix}1 & 1 & -1\\ 1 & 2 & 1\\ 2 & 3 & 0\\ 0 & -1 & -2\end{pmatrix}$，证明：$\boldsymbol{B}$ 的列向量组线性相关.

12. 求向量组(1)的秩，向量组(2)的一个极大无关组，并将(3)用(2)中选定的极大无关组表示该向量组中的其余向量.

(1) $\boldsymbol{\alpha}_1=\begin{pmatrix}2\\4\\2\end{pmatrix}$, $\boldsymbol{\alpha}_2=\begin{pmatrix}1\\1\\0\end{pmatrix}$, $\boldsymbol{\alpha}_3=\begin{pmatrix}2\\3\\1\end{pmatrix}$, $\boldsymbol{\alpha}_4=\begin{pmatrix}3\\5\\2\end{pmatrix}$;

(2) $\boldsymbol{\alpha}_1=\begin{pmatrix}1\\1\\4\\2\end{pmatrix}$, $\boldsymbol{\alpha}_2=\begin{pmatrix}1\\-1\\-2\\4\end{pmatrix}$, $\boldsymbol{\alpha}_3=\begin{pmatrix}3\\2\\3\\-11\end{pmatrix}$, $\boldsymbol{\alpha}_4=\begin{pmatrix}-1\\1\\0\\-2\end{pmatrix}$;

(3) $\boldsymbol{\alpha}_1=\begin{pmatrix}1\\1\\2\\3\end{pmatrix}$, $\boldsymbol{\alpha}_2=\begin{pmatrix}1\\-1\\1\\1\end{pmatrix}$, $\boldsymbol{\alpha}_3=\begin{pmatrix}1\\3\\3\\5\end{pmatrix}$, $\boldsymbol{\alpha}_4=\begin{pmatrix}4\\-2\\5\\6\end{pmatrix}$, $\boldsymbol{\alpha}_5=\begin{pmatrix}-3\\-1\\-5\\-7\end{pmatrix}$;

(4) $\boldsymbol{\alpha}_1=\begin{pmatrix}1\\0\\2\\1\end{pmatrix}$, $\boldsymbol{\alpha}_2=\begin{pmatrix}1\\2\\0\\1\end{pmatrix}$, $\boldsymbol{\alpha}_3=\begin{pmatrix}2\\1\\3\\0\end{pmatrix}$, $\boldsymbol{\alpha}_4=\begin{pmatrix}2\\5\\-1\\4\end{pmatrix}$, $\boldsymbol{\alpha}_5=\begin{pmatrix}1\\-1\\3\\-1\end{pmatrix}$.

13. 设向量组 $\boldsymbol{\alpha}_1, \boldsymbol{\alpha}_2, \cdots, \boldsymbol{\alpha}_s$ 的秩是 r，证明：从其中任意选取 m 个向量所构成的向量组的秩大于 $r+m-s$.

14. 设向量组 A：$\boldsymbol{\alpha}_1, \boldsymbol{\alpha}_2, \cdots, \boldsymbol{\alpha}_s$ 的秩为 r_1，向量组 B：$\boldsymbol{\beta}_1, \boldsymbol{\beta}_2, \cdots, \boldsymbol{\beta}_t$ 的秩为 r_2，向量组 C：$\boldsymbol{\alpha}_1, \boldsymbol{\alpha}_2, \cdots, \boldsymbol{\alpha}_s, \boldsymbol{\beta}_1, \boldsymbol{\beta}_2, \cdots, \boldsymbol{\beta}_r$ 的秩为 r_3，证明：$\max\{r_1, r_2\}\leqslant r_3\leqslant r_1+r_2$.

15. 设向量组 A：$\boldsymbol{\alpha}_1, \boldsymbol{\alpha}_2$，向量组 B：$\boldsymbol{\alpha}_1, \boldsymbol{\alpha}_2, \boldsymbol{\alpha}_3$，向量组 C：$\boldsymbol{\alpha}_1, \boldsymbol{\alpha}_2, \boldsymbol{\alpha}_4$ 的秩为 $r_A=r_B=2$，$r_C=3$，求向量组 D：$\boldsymbol{\alpha}_1, \boldsymbol{\alpha}_2, 2\boldsymbol{\alpha}_3-3\boldsymbol{\alpha}_4$ 的秩.

16. 由 $\boldsymbol{\alpha}_1=\begin{pmatrix}1\\2\\1\\0\end{pmatrix}$，$\boldsymbol{\alpha}_2=\begin{pmatrix}1\\0\\1\\0\end{pmatrix}$所生成的向量空间记作 V_1，由 $\boldsymbol{\beta}_1=\begin{pmatrix}0\\1\\0\\0\end{pmatrix}$，$\boldsymbol{\beta}_2=\begin{pmatrix}3\\0\\3\\0\end{pmatrix}$ 所生成的向量空间记作 V_2，证明：$V_1=V_2$.

17. 如果 $\boldsymbol{\alpha}_1=\begin{pmatrix}1\\-1\\-2\end{pmatrix}$，$\boldsymbol{\alpha}_2=\begin{pmatrix}5\\-4\\-7\end{pmatrix}$，$\boldsymbol{\alpha}_3=\begin{pmatrix}-3\\1\\0\end{pmatrix}$，$\boldsymbol{x}=\begin{pmatrix}-4\\3\\a\end{pmatrix}$，则 a 取何值时，$\boldsymbol{x}$ 为由 $\boldsymbol{\alpha}_1$，$\boldsymbol{\alpha}_2$，$\boldsymbol{\alpha}_3$ 生成的R^3 的子空间？

18. 设 $\boldsymbol{\alpha}_1=\begin{pmatrix}1\\0\\-1\end{pmatrix}$，$\boldsymbol{\alpha}_2=\begin{pmatrix}2\\1\\1\end{pmatrix}$，$\boldsymbol{\alpha}_3=\begin{pmatrix}1\\1\\1\end{pmatrix}$，$\boldsymbol{\beta}_1=\begin{pmatrix}0\\1\\1\end{pmatrix}$，$\boldsymbol{\beta}_2=\begin{pmatrix}-1\\1\\0\end{pmatrix}$，$\boldsymbol{\beta}_3=\begin{pmatrix}1\\2\\1\end{pmatrix}$.

(1) 求由基 $\boldsymbol{\alpha}_1$，$\boldsymbol{\alpha}_2$，$\boldsymbol{\alpha}_3$ 到基 $\boldsymbol{\beta}_1$，$\boldsymbol{\beta}_2$，$\boldsymbol{\beta}_3$ 的过渡矩阵；

(2) 求向量 $\boldsymbol{\gamma}=\begin{pmatrix}9\\6\\5\end{pmatrix}$ 在这两组基下的坐标；

(3) 求向量 $\boldsymbol{\delta}$，使它在这两组基下有相同的坐标.

19. 设 $\boldsymbol{\alpha}_1=\begin{pmatrix}-1\\0\\1\\2\end{pmatrix}$，$\boldsymbol{\alpha}_2=\begin{pmatrix}0\\k\\-1\\1\end{pmatrix}$，$\boldsymbol{\alpha}_3=\begin{pmatrix}-2\\1\\1\\5\end{pmatrix}$，$V=L(\boldsymbol{\alpha}_1,\boldsymbol{\alpha}_2,\boldsymbol{\alpha}_3)$，$\boldsymbol{\xi}=\begin{pmatrix}8\\4\\-5\\-19\end{pmatrix}$.

(1) k 为何值时，$\dim(V)=2$？

(2) 设 $k=2$(这时 $\dim(V)=3$)，求 $\boldsymbol{\xi}$ 在基 $\boldsymbol{\alpha}_1$，$\boldsymbol{\alpha}_2$，$\boldsymbol{\alpha}_3$ 下的坐标.

20. 当 λ 取何值时，线性方程组 $\begin{cases}(\lambda+3)x_1+x_2+2x_3=\lambda\\ \lambda x_1+(\lambda-1)x_2+x_3=\lambda\\ 3(\lambda+1)x_1+\lambda x_2+(\lambda+3)x_3=3\end{cases}$ 有唯一解、无解、无穷多解？当方程组有无穷多解时求出它的解.

21. 设有向量组 A：$\boldsymbol{a}_1=\begin{pmatrix}\alpha\\2\\10\end{pmatrix}$，$\boldsymbol{a}_2=\begin{pmatrix}-2\\1\\5\end{pmatrix}$，$\boldsymbol{a}_3=\begin{pmatrix}-1\\1\\4\end{pmatrix}$ 及向量 $\boldsymbol{b}=\begin{pmatrix}1\\\beta\\-1\end{pmatrix}$.

(1) α，β 为何值时，向量 $\boldsymbol{b}$ 不能由向量组 A 线性表示？

(2) α，β 为何值时，向量 $\boldsymbol{b}$ 能由向量组 A 线性表示，且表示式唯一？

(3) α，β 为何值时，向量 $\boldsymbol{b}$ 能由向量组 A 线性表示，且表示式不唯一？

22. 若线性方程组$\begin{cases} x_1+x_2=-a_1 \\ x_2+x_3=a_2 \\ x_3+x_4=-a_3 \\ x_4+x_1=a_4 \end{cases}$有解，则常数 a_1，a_2，a_3，a_4 应满足什么条件？

23. 求下列齐次线性方程组的通解：

(1) $\begin{cases} x_1-8x_2+10x_3+2x_4=0 \\ 2x_1+4x_2+5x_3-x_4=0 \\ 3x_1+8x_2+6x_3-2x_4=0 \end{cases}$；　(2) $\begin{cases} 2x_1-3x_3-2x_3+x_4=0 \\ 3x_1+5x_2+4x_3-2x_4=0 \\ 8x_1+7x_2+6x_3-3x_4=0 \end{cases}$.

24. 设 $\boldsymbol{A}=\begin{pmatrix} 2 & -2 & 1 & 3 \\ 9 & -5 & 2 & 8 \end{pmatrix}$，求一个 4×2 矩阵 $\boldsymbol{B}$，使 $\boldsymbol{AB}=\boldsymbol{O}$，且 $R(\boldsymbol{B})=2$.

25. 求一个齐次线性方程组，使它的基础解系为 $\boldsymbol{\xi}_1=\begin{pmatrix} 0 \\ 1 \\ 2 \\ 3 \end{pmatrix}$，$\boldsymbol{\xi}_2=\begin{pmatrix} 3 \\ 2 \\ 1 \\ 0 \end{pmatrix}$.

26. 设四元齐次线性方程组：

$$\text{I}:\begin{cases} x_1+x_2=0 \\ x_2-x_4=0 \end{cases}\quad \text{II}:\begin{cases} x_1-x_2+x_3=0 \\ x_2-x_3+x_4=0 \end{cases}$$

试求：

(1) 方程组Ⅰ和Ⅱ的基础解系；

(2) 方程组Ⅰ与Ⅱ的公共解.

27. 设 n 阶矩阵 $\boldsymbol{A}$ 满足 $\boldsymbol{A}^2=\boldsymbol{A}$，$\boldsymbol{E}$ 为 n 阶单位矩阵，证明：$R(\boldsymbol{A})+R(\boldsymbol{A}-\boldsymbol{E})=n$.

28. 设 $\boldsymbol{A}$ 为 n 阶矩阵($n\geqslant 2$)，$\boldsymbol{A}^*$ 为 $\boldsymbol{A}$ 的伴随矩阵，证明：

$$R(\boldsymbol{A}^*)=\begin{cases} n, & \text{当 } R(\boldsymbol{A})=n \\ 1, & \text{当 } R(\boldsymbol{A})=n-1 \\ 0, & \text{当 } R(\boldsymbol{A})\leqslant n-2 \end{cases}$$

29. 求下列非齐次线性方程组的通解：

(1) $\begin{cases} x_1+x_2=5 \\ 2x_1+x_2+x_3+2x_4=1 \\ 5x_1+3x_2+2x_3+2x_4=3 \end{cases}$；　(2) $\begin{cases} x_1-5x_2+2x_3-3x_4=11 \\ 5x_1+3x_2+6x_3-x_4=-1 \\ 2x_1+4x_2+2x_3+x_4=-6 \end{cases}$.

30. 设四元非齐次线性方程组的系数矩阵的秩为 3，已知 $\boldsymbol{\eta}_1$，$\boldsymbol{\eta}_2$，$\boldsymbol{\eta}_3$ 是它的三个解向量，且 $\boldsymbol{\eta}_1=\begin{pmatrix}2\\3\\4\\5\end{pmatrix}$，$\boldsymbol{\eta}_2+\boldsymbol{\eta}_3=\begin{pmatrix}1\\2\\3\\4\end{pmatrix}$，求该方程组的通解.

31. 设 $\boldsymbol{A}=\begin{pmatrix}2&1&1&2\\0&1&3&1\\1&\lambda&\mu&1\end{pmatrix}$，$\boldsymbol{b}=\begin{pmatrix}0\\1\\0\end{pmatrix}$，$\boldsymbol{\eta}=\begin{pmatrix}1\\-1\\1\\-1\end{pmatrix}$，如果 $\boldsymbol{\eta}$ 是方程组 $\boldsymbol{Ax}=\boldsymbol{b}$ 的一个解，试求方程组 $\boldsymbol{Ax}=\boldsymbol{b}$ 的全部解.

32. 求一个非齐次线性方程组，使它的全部解为 $\begin{pmatrix}x_1\\x_2\\x_3\end{pmatrix}=\begin{pmatrix}1\\-1\\3\end{pmatrix}+c_1\begin{pmatrix}-1\\3\\2\end{pmatrix}+c_2\begin{pmatrix}2\\-3\\1\end{pmatrix}$（$c_1$，$c_2$ 为任意常数）.

33. 设 $\boldsymbol{A}$ 为 4 阶方阵，$R(\boldsymbol{A})=3$，$\boldsymbol{\alpha}_1$，$\boldsymbol{\alpha}_2$，$\boldsymbol{\alpha}_3$ 都是非齐次线性方程组 $\boldsymbol{Ax}=\boldsymbol{b}$ 的解向量，其中：

$$\boldsymbol{\alpha}_1+2\boldsymbol{\alpha}_2=\begin{pmatrix}1\\9\\9\\4\end{pmatrix},\quad 2\boldsymbol{\alpha}_2+4\boldsymbol{\alpha}_3=\begin{pmatrix}1\\8\\8\\4\end{pmatrix}$$

（1）求 $\boldsymbol{Ax}=\boldsymbol{b}$ 对应的齐次线性方程组 $\boldsymbol{Ax}=\boldsymbol{0}$ 的一个基础解系；

（2）求 $\boldsymbol{Ax}=\boldsymbol{b}$ 的通解.

34. 设方程组

$$\begin{cases}a_{11}x_1+a_{12}x_2+\cdots+a_{1n}x_n=0\\a_{21}x_1+a_{22}x_2+\cdots+a_{2n}x_n=0\\\qquad\vdots\\a_{n1}x_1+a_{n2}x_2+\cdots+a_{nn}x_n=0\end{cases}$$

系数矩阵 $\boldsymbol{A}$ 的秩为 $n-1$，而 $\boldsymbol{A}$ 中某个元素 a_{ij} 的代数余子式 $A_{ij}\neq 0$，试证：$(A_{11}, A_{12}, \cdots, A_{1n})$是该方程组的基础解系.

35. 设 $\boldsymbol{x}=\boldsymbol{\eta}$ 是非齐次方程组 $\boldsymbol{Ax}=\boldsymbol{b}$ 的一个解向量，$\boldsymbol{\xi}_1, \boldsymbol{\xi}_2, \cdots, \boldsymbol{\xi}_{n-r}$ 是 $\boldsymbol{Ax}=\boldsymbol{b}$ 的导出的基础解系，证明：

(1) $\boldsymbol{\xi}_1, \boldsymbol{\xi}_2, \cdots, \boldsymbol{\xi}_{n-r}, \boldsymbol{\eta}$ 线性无关；

(2) $\boldsymbol{\eta}, \boldsymbol{\xi}+\boldsymbol{\eta}, \boldsymbol{\xi}_2+\boldsymbol{\eta}, \cdots, \boldsymbol{\xi}_{n-r}+\boldsymbol{\eta}$ 是 $\boldsymbol{Ax}=\boldsymbol{b}$ 的 $n-r+1$ 个线性无关的解向量.

36. 设 $\boldsymbol{A}$ 是 $m\times n$ 矩阵，试证：$\boldsymbol{A}$ 的秩是 m 的充要条件是：对任意的 $m\times 1$ 矩阵 $\boldsymbol{b}$，方程 $\boldsymbol{Ax}=\boldsymbol{b}$ 总有解.

第 4 章　相似矩阵及二次型

本章主要介绍矩阵的特征值与特征向量的概念及求法，二次型、正定二次型的概念，化二次型为标准形等内容，这些内容在数学各分支、科学技术以及数量经济分析等领域有着广泛的作用.

4.1　向量的内积、长度及正交性

在前面讨论 n 维向量时我们只定义了向量的线性运算，并利用它讨论了向量之间的线性关系，但尚未涉及向量的度量性质，如长度、夹角等. 在空间解析几何中，向量 $\boldsymbol{x}=\begin{pmatrix}x_1\\x_2\\x_3\end{pmatrix}^{\mathrm{T}}$ 和 $\boldsymbol{y}=\begin{pmatrix}y_1\\y_2\\y_3\end{pmatrix}^{\mathrm{T}}$ 的长度与夹角等度量性质可以通过两个向量的数量积 $\boldsymbol{x}\cdot\boldsymbol{y}=|\boldsymbol{x}||\boldsymbol{y}|\cos\theta$（$\theta$ 为向量 $\boldsymbol{x}$、$\boldsymbol{y}$ 的夹角）来表示，且在直角坐标系中，有 $\boldsymbol{x}\cdot\boldsymbol{y}=x_1y_1+x_2y_2+x_3y_3$，$|\boldsymbol{x}|=\sqrt{x_1^2+x_2^2+x_3^2}$.

本节我们会将数量积的概念推广到 n 维向量空间中，引入内积的概念.

1. 内积的概念

定义 4.1　设有 n 维向量 $\boldsymbol{x}=\begin{pmatrix}x_1\\x_2\\\vdots\\x_n\end{pmatrix}$，$\boldsymbol{y}=\begin{pmatrix}y_1\\y_2\\\vdots\\y_n\end{pmatrix}$，令 $[\boldsymbol{x},\boldsymbol{y}]=x_1y_1+x_2y_2+\cdots+x_ny_n=\sum\limits_{i=1}^{n}x_iy_i$，称为向量 $\boldsymbol{x}$、$\boldsymbol{y}$ 的**内积**.

显然，n 维向量的内积也可以用矩阵的乘法来表示：$[\boldsymbol{x},\boldsymbol{y}]=\boldsymbol{x}^{\mathrm{T}}\boldsymbol{y}=\boldsymbol{y}^{\mathrm{T}}\boldsymbol{x}$（$\boldsymbol{x}$、$\boldsymbol{y}$ 为行向量时，$[\boldsymbol{x},\boldsymbol{y}]=\boldsymbol{x}\boldsymbol{y}^{\mathrm{T}}=\boldsymbol{y}\boldsymbol{x}^{\mathrm{T}}$）.

内积具有以下性质（其中，$\boldsymbol{x}$、$\boldsymbol{y}$、$\boldsymbol{z}$ 为 n 维向量，k_1、k_2 为实数）：

(1) 对称性：$[\boldsymbol{x}, \boldsymbol{y}]=[\boldsymbol{y}, \boldsymbol{x}]$.

(2) 线性：$[k_1\boldsymbol{x}+k_2\boldsymbol{y}, \boldsymbol{z}]=k_1[\boldsymbol{x}, \boldsymbol{z}]+k_2[\boldsymbol{y}, \boldsymbol{z}]$.

(3) 当 $\boldsymbol{x}\neq\boldsymbol{0}$ 时，$[\boldsymbol{x}, \boldsymbol{x}]>0$；当 $\boldsymbol{x}=\boldsymbol{0}$ 时，$[\boldsymbol{x}, \boldsymbol{x}]=0$.

(4) $[\boldsymbol{0}, \boldsymbol{x}]=[\boldsymbol{x}, \boldsymbol{0}]=0$.

(5) 施瓦兹不等式：$[\boldsymbol{x}, \boldsymbol{y}]^2\leqslant[\boldsymbol{x}, \boldsymbol{x}][\boldsymbol{y}, \boldsymbol{y}]$.

这些性质可以根据内积定义直接证明.

定义 4.2 设 n 维向量 $\boldsymbol{x}$，$\|\boldsymbol{x}\|=\sqrt{\langle\boldsymbol{x}, \boldsymbol{x}\rangle}=\sqrt{x_1^2+x_2^2+\cdots+x_n^2}$ 称为向量 $\boldsymbol{x}$ 的长度或模(范数). 当 $\|\boldsymbol{x}\|=1$ 时，$\boldsymbol{x}$ 称为单位向量.

向量的长度具有以下性质：

(1) 非负性(正定性)：当 $\boldsymbol{x}\neq\boldsymbol{0}$ 时，$\|\boldsymbol{x}\|>0$；当 $\boldsymbol{x}=\boldsymbol{0}$ 时，$\|\boldsymbol{x}\|=0$.

(2) 齐次性：$\|\lambda\boldsymbol{x}\|=|\lambda|\,\|\boldsymbol{x}\|\ (\lambda\in\mathbf{R})$.

(3) 三角不等式：$\|\boldsymbol{x}+\boldsymbol{y}\|\leqslant\|\boldsymbol{x}\|+\|\boldsymbol{y}\|$.

因为 $\|\boldsymbol{x}+\boldsymbol{y}\|^2\leqslant[\boldsymbol{x}+\boldsymbol{y}, \boldsymbol{x}+\boldsymbol{y}]=[\boldsymbol{x}, \boldsymbol{x}]+2[\boldsymbol{x}, \boldsymbol{y}]+[\boldsymbol{y}, \boldsymbol{y}]\leqslant\|\boldsymbol{x}\|^2+2\|\boldsymbol{x}\|\,\|\boldsymbol{y}\|+\|\boldsymbol{y}\|^2=(\|\boldsymbol{x}\|+\|\boldsymbol{y}\|)^2$，所以 $\|\boldsymbol{x}+\boldsymbol{y}\|\leqslant\|\boldsymbol{x}\|+\|\boldsymbol{y}\|$.

(4) 柯西(Cauchy)不等式：$|[\boldsymbol{x}, \boldsymbol{y}]|\leqslant\|\boldsymbol{x}\|\,\|\boldsymbol{y}\|$，即 $\left|\sum_{i=1}^{n}\boldsymbol{x}_i\boldsymbol{y}_i\right|\leqslant\sqrt{\sum_{i=1}^{n}\boldsymbol{x}_i^2}\sqrt{\sum_{i=1}^{n}\boldsymbol{y}_i^2}$，等式成立当且仅当 $\boldsymbol{x}$、$\boldsymbol{y}$ 线性相关.

若 $\boldsymbol{x}$、$\boldsymbol{y}$ 线性相关，则有常数 $k\in\mathbf{R}$ 使 $\boldsymbol{y}=k\boldsymbol{x}$ 或 $\boldsymbol{x}=k\boldsymbol{y}$. 以 $\boldsymbol{y}=k\boldsymbol{x}$ 为例，有

$$|[\boldsymbol{x}, \boldsymbol{y}]|=|[\boldsymbol{x}, k\boldsymbol{x}]|=|k[\boldsymbol{x}, \boldsymbol{x}]|=|k|[\boldsymbol{x}, \boldsymbol{x}]$$

$$\|\boldsymbol{x}\|\,\|\boldsymbol{y}\|=\sqrt{[\boldsymbol{x}, \boldsymbol{x}][\boldsymbol{y}, \boldsymbol{y}]}=\sqrt{k^2\,[\boldsymbol{x}, \boldsymbol{x}]^2}=|k|[\boldsymbol{x}, \boldsymbol{x}]$$

当 $\boldsymbol{x}=k\boldsymbol{y}$ 时，情况类似. 因此当 $\boldsymbol{x}$、$\boldsymbol{y}$ 线性相关时，等式 $|[\boldsymbol{x}, \boldsymbol{y}]|=\|\boldsymbol{x}\|\,\|\boldsymbol{y}\|$ 成立.

若 $\boldsymbol{x}$、$\boldsymbol{y}$ 线性无关，则对任何实数 t，$t\boldsymbol{x}+\boldsymbol{y}\neq\boldsymbol{0}$，由内积的性质得

$$[t\boldsymbol{x}+\boldsymbol{y}, t\boldsymbol{x}+\boldsymbol{y}]>0,\ \forall t\in\mathbf{R}$$

即

$$[\boldsymbol{x}, \boldsymbol{x}]t^2+2[\boldsymbol{x}, \boldsymbol{y}]t+[\boldsymbol{y}, \boldsymbol{y}]>0,\ \forall t\in\mathbf{R}$$

此式左端是 t 的二次多项式，其判别式 $[\boldsymbol{x}, \boldsymbol{y}]^2-4[\boldsymbol{x}, \boldsymbol{x}][\boldsymbol{y}, \boldsymbol{y}]<0$，因此，当 $\boldsymbol{x}$、$\boldsymbol{y}$ 线性无关时，严格不等式 $|[\boldsymbol{x}, \boldsymbol{y}]|\leqslant\|\boldsymbol{x}\|\,\|\boldsymbol{y}\|$ 成立.

综上所述，无论 $\boldsymbol{x}$、$\boldsymbol{y}$ 是否线性无关，柯西不等式都成立.

由长度的正定性及齐次性可知，当 $\boldsymbol{x}\neq\boldsymbol{0}$ 时，$\left\|\frac{1}{\|\boldsymbol{x}\|}\|\boldsymbol{x}\|\right\|=\frac{1}{\|\boldsymbol{x}\|}\|\boldsymbol{x}\|=1$，表明 $\frac{1}{\|\boldsymbol{x}\|}\|\boldsymbol{x}\|$ 是单位向量. 由非零向量 $\boldsymbol{x}$ 得到单位向量 $\frac{1}{\|\boldsymbol{x}\|}\boldsymbol{x}$ 的过程叫作**单位化或标准化**.

有了柯西不等式作支持，还可以定义向量的夹角.

定义 4.3 若 $\boldsymbol{x}$，$\boldsymbol{y}\in R^n$，$\boldsymbol{x}\neq\boldsymbol{0}$，$\boldsymbol{y}\neq\boldsymbol{0}$，则称 $\theta=\arccos\frac{[\boldsymbol{x},\boldsymbol{y}]}{\|\boldsymbol{x}\|\|\boldsymbol{y}\|}$ 为向量 $\boldsymbol{x}$ 与 $\boldsymbol{y}$ 的夹角；若 $\langle\boldsymbol{x},\boldsymbol{y}\rangle=0$，则称向量 $\boldsymbol{x}$ 与 $\boldsymbol{y}$ 正交. 显然，$\boldsymbol{x}=\boldsymbol{0}$，则 $\boldsymbol{x}$ 与任何向量都正交.

例 4-1 设 $\boldsymbol{\alpha}=\begin{pmatrix}-1\\1\\1\\1\end{pmatrix}$，$\boldsymbol{\beta}=\begin{pmatrix}-1\\-2\\1\\0\end{pmatrix}$，$\boldsymbol{\gamma}=\begin{pmatrix}-1\\1\\1\\0\end{pmatrix}$.

(1) $\boldsymbol{\alpha}$ 与 $\boldsymbol{\beta}$，$\boldsymbol{\alpha}$ 与 $\boldsymbol{\gamma}$ 是否正交?

(2) 求与 $\boldsymbol{\alpha}$，$\boldsymbol{\beta}$，$\boldsymbol{\gamma}$ 都正交的单位向量.

解 (1) 因 $[\boldsymbol{\alpha},\boldsymbol{\beta}]=1-2+1+0=0$，故 $\boldsymbol{\alpha}$ 与 $\boldsymbol{\beta}$ 正交；因 $[\boldsymbol{\alpha},\boldsymbol{\gamma}]=1+1+1+0=3$，故 $\boldsymbol{\alpha}$ 与 $\boldsymbol{\gamma}$ 不正交.

(2) 设与 $\boldsymbol{\alpha}$，$\boldsymbol{\beta}$，$\boldsymbol{\gamma}$ 都正交的向量为 $\boldsymbol{x}=\begin{pmatrix}x_1\\x_2\\x_3\\x_4\end{pmatrix}$，则由正交条件得到齐次线性方程组：

$$\begin{pmatrix}-1&1&1&1\\-1&-2&1&0\\-1&1&1&0\end{pmatrix}\boldsymbol{x}=\boldsymbol{0}$$

由此解得 $\boldsymbol{x}=k\begin{pmatrix}1\\0\\1\\0\end{pmatrix}$，再由单位向量这个条件得所求向量为 $\pm\frac{1}{\sqrt{2}}\begin{pmatrix}1\\0\\1\\0\end{pmatrix}$.

2. 正交向量组与施密特(Schmidt)方法

定理 4.1 若 n 维向量 $\boldsymbol{\alpha}_1$，$\boldsymbol{\alpha}_2$，…，$\boldsymbol{\alpha}_r$ 是一组两两正交的非零向量，则 $\boldsymbol{\alpha}_1$，$\boldsymbol{\alpha}_2$，…，$\boldsymbol{\alpha}_r$ 线性无关.

证明 设有 l_1，l_2，…，l_r，使 $l_1\boldsymbol{\alpha}_1+l_2\boldsymbol{\alpha}_2+\cdots+l_r\boldsymbol{\alpha}_r=\mathbf{0}$ 以 $\boldsymbol{\alpha}_i^{\mathrm{T}}$ 左乘上式两端，得 $\lambda_i\boldsymbol{\alpha}_i^{\mathrm{T}}\boldsymbol{\alpha}_i=0$，因 $\boldsymbol{\alpha}_i\neq 0$，故 $\boldsymbol{\alpha}_i^{\mathrm{T}}\boldsymbol{\alpha}_i=\|\boldsymbol{\alpha}_i\|\neq 0$，从而必有 $\lambda_i=0(i=1,2,\cdots,r)$，于是 $\boldsymbol{\alpha}_1$，$\boldsymbol{\alpha}_2$，…，$\boldsymbol{\alpha}_r$ 线性无关.

定义 4.4 一组两两正交的非零向量称为正交向量组，由一组单位向量组成的正交向量组称为标准正交向量组。向量空间的基如果是正交向量组或标准正交向量组，则分别称为正交基或标准正交基(规范正交基).

例如，$\boldsymbol{e}_1=\dfrac{1}{3}\begin{pmatrix}1\\-2\\-2\end{pmatrix}$，$\boldsymbol{e}_2=\dfrac{1}{3}\begin{pmatrix}2\\-1\\2\end{pmatrix}$，$\boldsymbol{e}_3=\dfrac{1}{3}\begin{pmatrix}2\\2\\-1\end{pmatrix}$就是$R^3$ 的一个标准正交基.

又如，n 维单位向量组 $\boldsymbol{e}_1$，$\boldsymbol{e}_2$，…，$\boldsymbol{e}_r$ 是R^n 的一个标准正交基.

若 $\boldsymbol{\varepsilon}_1$，$\boldsymbol{\varepsilon}_2$，…，$\boldsymbol{\varepsilon}_r$ 是 V 的一个标准正交基，则 V 中任一向量 $\boldsymbol{\alpha}$ 能由 $\boldsymbol{\varepsilon}_1$，$\boldsymbol{\varepsilon}_2$，…，$\boldsymbol{\varepsilon}_r$ 线性表示，表示为 $\boldsymbol{\alpha}=k_1\boldsymbol{\varepsilon}_1+k_2\boldsymbol{\varepsilon}_2+\cdots+k_r\boldsymbol{\varepsilon}_r$. 为求其中的系数 $k_i(i=1,2,\cdots,r)$，可用 $\boldsymbol{\varepsilon}_i^{\mathrm{T}}$ 左乘上式，有 $\boldsymbol{\varepsilon}_i^{\mathrm{T}}\boldsymbol{\alpha}=k_i\boldsymbol{\varepsilon}_i^{\mathrm{T}}\boldsymbol{\varepsilon}_i=k_i$. 这就是向量在标准正交基中的坐标的计算公式. 利用能方便地求得向量 $\boldsymbol{\alpha}$ 在标准正交基 $\boldsymbol{\varepsilon}_1$，$\boldsymbol{\varepsilon}_2$，…，$\boldsymbol{\varepsilon}_r$ 下的坐标$(k_1,k_2,\cdots,k_r)$. 因此，我们在给出向量空间的基时常常取标准正交基.

下面介绍施密特正交化. 设 $\boldsymbol{\alpha}_1$，$\boldsymbol{\alpha}_2$，…，$\boldsymbol{\alpha}_r$ 是向量空间 V 的一个基，首先将 $\boldsymbol{\alpha}_1$，$\boldsymbol{\alpha}_2$，…，$\boldsymbol{\alpha}_r$ 正交化：

$$\boldsymbol{\beta}_1=\boldsymbol{\alpha}_1$$

$$\boldsymbol{\beta}_2=\boldsymbol{\alpha}_2-\frac{[\boldsymbol{\beta}_1,\boldsymbol{\alpha}_2]}{[\boldsymbol{\beta}_1,\boldsymbol{\beta}_1]}\boldsymbol{\beta}_1$$

$$\vdots$$

$$\boldsymbol{\beta}_r=\boldsymbol{\alpha}_r-\frac{[\boldsymbol{\beta}_1,\boldsymbol{\alpha}_r]}{[\boldsymbol{\beta}_1,\boldsymbol{\beta}_1]}\boldsymbol{\beta}_1-\frac{[\boldsymbol{\beta}_2,\boldsymbol{\alpha}_r]}{[\boldsymbol{\beta}_2,\boldsymbol{\beta}_2]}\boldsymbol{\beta}_2-\cdots-\frac{[\boldsymbol{\beta}_{r-1},\boldsymbol{\alpha}_r]}{[\boldsymbol{\beta}_{r-1},\boldsymbol{\beta}_{r-1}]}\boldsymbol{\beta}_{r-1}$$

然后将 $\boldsymbol{\beta}_1$，$\boldsymbol{\beta}_2$，…，$\boldsymbol{\beta}_r$ 单位化：

$$e_1=\frac{1}{\|\boldsymbol{\beta}_1\|}\boldsymbol{\beta}_1,\ e_2=\frac{1}{\|\boldsymbol{\beta}_2\|}\boldsymbol{\beta}_2,\ \cdots,\ e_r=\frac{1}{\|\boldsymbol{\beta}_r\|}\boldsymbol{\beta}_r$$

容易验证，且 $\boldsymbol{\alpha}_1,\boldsymbol{\alpha}_2,\cdots,\boldsymbol{\alpha}_r$ 与 $e_1,e_2,\cdots,e_r$ 等价.

例 4-2 试用施密特正交化过程将线性无关向量组 $\boldsymbol{\alpha}_1=\begin{pmatrix}1\\1\\1\end{pmatrix}$，$\boldsymbol{\alpha}_2=\begin{pmatrix}1\\2\\3\end{pmatrix}$，$\boldsymbol{\alpha}_3=\begin{pmatrix}1\\4\\9\end{pmatrix}$ 标准正交化.

解 取

$$\boldsymbol{\beta}_1=\boldsymbol{\alpha}_1=(1,1,1)$$

$$\boldsymbol{\beta}_2=\boldsymbol{\alpha}_2-\frac{[\boldsymbol{\beta}_1,\boldsymbol{\alpha}_2]}{[\boldsymbol{\beta}_1,\boldsymbol{\beta}_1]}\boldsymbol{\beta}_1=\begin{pmatrix}-1\\0\\1\end{pmatrix}$$

$$\boldsymbol{\beta}_3=\boldsymbol{\alpha}_3-\frac{[\boldsymbol{\beta}_1,\boldsymbol{\alpha}_3]}{[\boldsymbol{\beta}_1,\boldsymbol{\beta}_1]}\boldsymbol{\beta}_1-\frac{[\boldsymbol{\beta}_2,\boldsymbol{\alpha}_3]}{[\boldsymbol{\beta}_2,\boldsymbol{\beta}_2]}\boldsymbol{\beta}_2=\frac{1}{3}\begin{pmatrix}1\\-2\\1\end{pmatrix}$$

再取

$$e_1=\frac{1}{\|\boldsymbol{\beta}_1\|}\boldsymbol{\beta}_1=\frac{1}{\sqrt{3}}\begin{pmatrix}1\\1\\1\end{pmatrix}$$

$$e_2=\frac{1}{\|\boldsymbol{\beta}_2\|}\boldsymbol{\beta}_2=\frac{1}{\sqrt{2}}\begin{pmatrix}-1\\0\\1\end{pmatrix}$$

$$e_3=\frac{1}{\|\boldsymbol{\beta}_3\|}\boldsymbol{\beta}_3=\frac{1}{\sqrt{6}}\begin{pmatrix}1\\-2\\1\end{pmatrix}$$

e_1,e_2,e_3 即为所求.

3. 正交矩阵和正交变换

定义 4.5 若 n 阶方阵 $\boldsymbol{A}$ 满足 $\boldsymbol{A}\boldsymbol{A}^{\mathrm{T}}=\boldsymbol{E}$（即 $\boldsymbol{A}^{-1}=\boldsymbol{A}^{\mathrm{T}}$），则称 $\boldsymbol{A}$ 为正交矩阵，简称正交阵.

根据定义容易证明，正交矩阵有以下性质：

(1) 若 $\boldsymbol{A}$ 为正交矩阵，则$\boldsymbol{A}^{-1}=\boldsymbol{A}^{\mathrm{T}}$ 也是正交矩阵，即 $\boldsymbol{A}\boldsymbol{A}^{\mathrm{T}}=\boldsymbol{A}^{\mathrm{T}}\boldsymbol{A}=\boldsymbol{E}$；

(2) 若 $\boldsymbol{A}$ 是正交矩阵，则$\boldsymbol{A}^{\mathrm{T}}$(或$\boldsymbol{A}^{-1}$)也是正交矩阵；

(3) 同阶正交矩阵的乘积也是正交矩阵；

(4) 正交矩阵的行列式等于 1 或者 −1.

进一步可以得到如下定理：

定理 4.2 设 $\boldsymbol{A}$ 是正交矩阵⇔$\boldsymbol{A}$ 的列向量组构成R^n 的一个标准正交基.

证明 只就列加以证明，设 $\boldsymbol{A}=(\boldsymbol{\alpha}_1,\boldsymbol{\alpha}_2,\cdots,\boldsymbol{\alpha}_r)$，因为

$$\boldsymbol{A}^{\mathrm{T}}\boldsymbol{A}=\begin{pmatrix}\boldsymbol{\alpha}_1^{\mathrm{T}}\\ \boldsymbol{\alpha}_2^{\mathrm{T}}\\ \vdots\\ \boldsymbol{\alpha}_r^{\mathrm{T}}\end{pmatrix}(\boldsymbol{\alpha}_1,\boldsymbol{\alpha}_2,\cdots,\boldsymbol{\alpha}_r)$$

所以 $\boldsymbol{A}^{\mathrm{T}}\boldsymbol{A}=\boldsymbol{E}\Leftrightarrow(\boldsymbol{\alpha}_i^{\mathrm{T}}\boldsymbol{\alpha}_j)=(\delta_{ij})$，即 $\boldsymbol{A}$ 为正交矩阵的条件是 $\boldsymbol{A}$ 的列向量组构成R^n 的一个标准正交基.

* **定义 4.6** 当 $\boldsymbol{A}$ 为正交矩阵，则线性变换 $\boldsymbol{y}=\boldsymbol{A}\boldsymbol{x}$ 称为正交变换.

设 $\boldsymbol{y}=\boldsymbol{A}\boldsymbol{x}$ 为正交变换，则有 $\|\boldsymbol{y}\|=\sqrt{\boldsymbol{y}^{\mathrm{T}}\boldsymbol{y}}=\sqrt{\boldsymbol{x}^{\mathrm{T}}\boldsymbol{P}^{\mathrm{T}}\boldsymbol{P}}=\sqrt{\boldsymbol{x}^{\mathrm{T}}\boldsymbol{x}}=\|\boldsymbol{x}\|$ 由此可知，经正交变换后，两点间距离保持不变，这是正交变换的优良特征.

习题 4.1

1. 设 $\boldsymbol{\alpha}_1,\boldsymbol{\alpha}_2,\boldsymbol{\alpha}_3$ 是一个规范正交组，求 $\|4\boldsymbol{\alpha}_1-7\boldsymbol{\alpha}_2+4\boldsymbol{\alpha}_3\|$.

2. 求与向量 $\boldsymbol{\alpha}_1=\begin{pmatrix}1\\1\\-1\\1\end{pmatrix}$，$\boldsymbol{\alpha}_2=\begin{pmatrix}1\\-1\\1\\1\end{pmatrix}$，$\boldsymbol{\alpha}_3=\begin{pmatrix}1\\1\\1\\1\end{pmatrix}$都正交的单位向量.

3. 将下列各组向量规范正交化：

(1) $\boldsymbol{\alpha}_1=\begin{pmatrix}1\\1\\1\end{pmatrix}$，$\boldsymbol{\alpha}_2=\begin{pmatrix}0\\1\\1\end{pmatrix}$，$\boldsymbol{\alpha}_3=\begin{pmatrix}0\\0\\1\end{pmatrix}$； (2) $\boldsymbol{\alpha}_1=\begin{pmatrix}1\\1\\0\\0\end{pmatrix}$，$\boldsymbol{\alpha}_2=\begin{pmatrix}0\\1\\1\\0\end{pmatrix}$，$\boldsymbol{\alpha}_3=\begin{pmatrix}1\\0\\1\\1\end{pmatrix}$.

4. 设 $\boldsymbol{\alpha}_1, \boldsymbol{\alpha}_2, \cdots, \boldsymbol{\alpha}_n$ 为向量空间 R^n 的一个基，证明：

(1) 若 $\boldsymbol{\gamma} \in R^n$，且 $[\boldsymbol{\gamma}, \boldsymbol{\alpha}_i] = 0 (i = 1, 2, \cdots, n)$，那么 $\boldsymbol{\gamma} = \boldsymbol{0}$.

(2) 若 $\boldsymbol{\gamma}_1, \boldsymbol{\gamma}_2 \in R^n$，对任一 $\boldsymbol{\alpha} \in R^n$ 有 $[\boldsymbol{\gamma}_1, \boldsymbol{\alpha}] = [\boldsymbol{\gamma}_2, \boldsymbol{\alpha}]$，那么 $\boldsymbol{\gamma}_1 = \boldsymbol{\gamma}_2$.

5. 判断下列矩阵是否为正交矩阵：

(1) $\begin{pmatrix} 3 & -3 & 1 \\ -3 & 1 & 3 \\ 1 & 3 & -3 \end{pmatrix}$；　　(2) $\begin{pmatrix} \frac{2}{3} & \frac{2}{3} & \frac{1}{3} \\ \frac{2}{3} & -\frac{1}{3} & -\frac{2}{3} \\ \frac{1}{3} & -\frac{2}{3} & \frac{2}{3} \end{pmatrix}$.

6. 设 $\boldsymbol{\alpha}_1, \boldsymbol{\alpha}_2$ 为 n 维列向量，$\boldsymbol{A}$ 为 n 阶正交矩阵，证明：

(1) $[\boldsymbol{A\alpha}_1, \boldsymbol{A\alpha}_2] = [\boldsymbol{\alpha}_1, \boldsymbol{\alpha}_2]$；　　(2) $\| \boldsymbol{A\alpha}_1 \| = \| \boldsymbol{\alpha}_1 \|$.

7. 设 $\boldsymbol{A}$ 与 $\boldsymbol{B}$ 都是 n 阶正交矩阵，证明 $\boldsymbol{AB}$ 也是正交矩阵.

4.2 特征值与特征向量

特征值与特征向量的概念刻画了方阵的一些本质特征，在几何学、力学、常微分方程动力系统、管理工程及经济应用等方面都有着广泛的应用. 例如，振动问题和稳定性问题、最大值与最小值问题，常常可以归结为求一个方阵的特征值和特征向量的问题. 数学中诸如方阵的对角化即解微分方程组的问题，也都要用到特征值理论.

例如，为了定量分析工业发展与环境污染的关系，某地区提出如下增长模型：设 x_0 是该地区目前污染损耗(由土壤、河流、湖泊及大气等污染指数测得)，y_0 是该地区目前的工业产值. 以 5 年为一个发展周期，一个周期后的污染损耗和工业产值分别记为 x_1 和 y_1，它们之间的关系是

$$x_1 = \frac{8}{3}x_0 - \frac{1}{3}y_0, \quad y_1 = -\frac{2}{3}x_0 + \frac{7}{3}y_0$$

写成矩阵就是

$$\begin{pmatrix} x_1 \\ y_1 \end{pmatrix} = \begin{pmatrix} \frac{8}{3} & -\frac{1}{3} \\ -\frac{2}{3} & \frac{7}{3} \end{pmatrix} \begin{pmatrix} x_0 \\ y_0 \end{pmatrix} \quad \text{或} \quad \boldsymbol{\alpha}_1 = \boldsymbol{A\alpha}_0$$

其中，$\boldsymbol{\alpha}_1=\begin{pmatrix}x_1\\y_1\end{pmatrix}$，$\boldsymbol{\alpha}_0=\begin{pmatrix}x_0\\y_0\end{pmatrix}$，$\boldsymbol{A}=\begin{pmatrix}\frac{8}{3} & -\frac{1}{3}\\ -\frac{2}{3} & \frac{7}{3}\end{pmatrix}$.

如果当前的水平 $\boldsymbol{\alpha}_0=\begin{pmatrix}1\\2\end{pmatrix}$，则 $\boldsymbol{\alpha}_1=\boldsymbol{A}\boldsymbol{\alpha}_0\begin{pmatrix}\frac{8}{3} & -\frac{1}{3}\\ -\frac{2}{3} & \frac{7}{3}\end{pmatrix}\begin{pmatrix}1\\2\end{pmatrix}=\begin{pmatrix}2\\4\end{pmatrix}=2\begin{pmatrix}1\\2\end{pmatrix}$，即 $\boldsymbol{\alpha}_1=2\boldsymbol{\alpha}_0$. 由此可预测 n 个周期后的污染耗损和工业产值：$\boldsymbol{\alpha}_n=2\boldsymbol{\alpha}_{n-1}=2^2\boldsymbol{\alpha}_{n-2}=\cdots=2^n\boldsymbol{\alpha}_0$.

在以上运算中，表达式 $\boldsymbol{A}\boldsymbol{\alpha}_0=2\boldsymbol{\alpha}_0$ 反映了矩阵 $\boldsymbol{A}$ 的特征值 2 和特征向量 $\boldsymbol{\alpha}_0$ 的关系问题.

下面我们就将特征值和特征向量问题做深入的研究.

定义 4.7 设 $\boldsymbol{A}$ 是 n 阶矩阵，如果存在数 λ 和 n 维非零向量 $\boldsymbol{x}$，使关系式

$$\boldsymbol{A}\boldsymbol{x}=\lambda\boldsymbol{x} \tag{4-1}$$

成立，那么这样的数 λ 称为方阵 $\boldsymbol{A}$ 的特征值，非零向量 $\boldsymbol{x}$ 称为方阵 $\boldsymbol{A}$ 的对应于特征值 λ 的特征向量.

可以将关系式 $\boldsymbol{A}\boldsymbol{x}=\lambda\boldsymbol{x}$ 写成

$$(\boldsymbol{A}-\lambda\boldsymbol{E})\boldsymbol{x}=\boldsymbol{0} \tag{4-2}$$

这个 n 元线性方程组有非零解的充要条件是：系数行列式 $|\boldsymbol{A}-\lambda\boldsymbol{E}|=0$.

方程组(4-2)是以 λ 为未知数的一元 n 次方程，称为方阵 $\boldsymbol{A}$ 的特征方程. $|\boldsymbol{A}-\lambda\boldsymbol{E}|$ 是 λ 的 n 次多项式，称为方阵 $\boldsymbol{A}$ 的**特征多项式**，记作 $f(\lambda)$. 显然，$\boldsymbol{A}$ 的特征值就是**特征方程的解**.

例 4-3 求矩阵 $\boldsymbol{A}=\begin{pmatrix}2 & 1\\1 & 2\end{pmatrix}$ 的特征值和特征向量.

解 $\boldsymbol{A}$ 的特征多项式为

$$|\lambda\boldsymbol{E}-\boldsymbol{A}|=\begin{vmatrix}2-\lambda & 1\\1 & 2-\lambda\end{vmatrix}=(2-\lambda)^2-1=(3-\lambda)(1-\lambda)=0$$

所以 $\boldsymbol{A}$ 的特征值为 $\lambda_1=1$，$\lambda_2=3$.

当 $\lambda_1=1$ 时，对应的特征向量满足 $(\boldsymbol{E}-\boldsymbol{A})\boldsymbol{x}=\boldsymbol{0}$，即

$$\begin{pmatrix}1 & 1\\1 & 1\end{pmatrix}\begin{pmatrix}x_1\\x_2\end{pmatrix}=\begin{pmatrix}0\\0\end{pmatrix}$$

由$\begin{pmatrix}1 & 1\\1 & 1\end{pmatrix}\to\begin{pmatrix}1 & 1\\0 & 0\end{pmatrix}$得基础解系为$\begin{pmatrix}1\\-1\end{pmatrix}$，所以 $\boldsymbol{A}$ 对应于特征值 $\lambda_1=1$ 的全部特征向量为 $k\begin{pmatrix}1\\-1\end{pmatrix}$，其中，$k$ 为任意非零常数.

当 $\lambda_2=3$ 时，对应的特征向量满足 $(3\boldsymbol{E}-\boldsymbol{A})\boldsymbol{x}=\boldsymbol{0}$，即

$$\begin{pmatrix}-1 & 1\\1 & -1\end{pmatrix}\begin{pmatrix}x_1\\x_2\end{pmatrix}=\begin{pmatrix}0\\0\end{pmatrix}$$

由$\begin{pmatrix}-1 & 1\\1 & -1\end{pmatrix}\to\begin{pmatrix}-1 & 1\\0 & 0\end{pmatrix}$得基础解系为$\begin{pmatrix}1\\1\end{pmatrix}$，所以 $\boldsymbol{A}$ 对应于特征值 $\lambda_2=3$ 的全部特征向量为 $k\begin{pmatrix}1\\1\end{pmatrix}$，其中，$k$ 为任意非零常数.

例 4-4 求矩阵 $\boldsymbol{A}=\begin{pmatrix}5 & 6 & -3\\-1 & 0 & 1\\1 & 2 & 1\end{pmatrix}$的特征值和特征向量.

解 由 $|\lambda\boldsymbol{E}-\boldsymbol{A}|=\begin{vmatrix}\lambda-5 & -6 & 3\\1 & \lambda & -1\\-1 & -2 & \lambda-1\end{vmatrix}=(\lambda-2)[(\lambda-5)(\lambda+1)+9]=(\lambda-2)^3=0$ 得特征值为 $\lambda_1=\lambda_2=\lambda_3=2$.

当 $\lambda_1=2$ 时，有齐次线性方程组 $(2\boldsymbol{E}-\boldsymbol{A})\boldsymbol{x}=\boldsymbol{0}$，即

$$\begin{cases}-3x_1-6x_2+3x_3=0\\x_1+2x_2-x_3=0\\-x_1-2x_2+x_3=0\end{cases}$$

由$\begin{pmatrix}-3 & -6 & 3\\1 & 2 & -1\\-1 & -2 & 1\end{pmatrix}\to\begin{pmatrix}1 & 2 & -1\\0 & 0 & 0\\0 & 0 & 0\end{pmatrix}$确定它的基础解系为$\begin{pmatrix}-2\\1\\0\end{pmatrix}$，$\begin{pmatrix}1\\0\\1\end{pmatrix}$，所以 $k_1\begin{pmatrix}-2\\1\\0\end{pmatrix}+k_2\begin{pmatrix}1\\0\\1\end{pmatrix}$是矩阵 $\boldsymbol{A}$ 对应于 $\lambda_1=\lambda_2=\lambda_3=2$ 的全部特征向量，其中 k_1，k_2 不

同时为零.

求 n 阶方阵 $\boldsymbol{A}$ 的特征值与特征向量的步骤如下：

(1) 求出 n 阶方阵 $\boldsymbol{A}$ 的特征多项式 $|\boldsymbol{A}-\lambda\boldsymbol{E}|$；

(2) 求出特征方程 $|\boldsymbol{A}-\lambda\boldsymbol{E}|=\boldsymbol{0}$ 的全部根 $\lambda_1, \lambda_2, \cdots, \lambda_n$，即为 $\boldsymbol{A}$ 的特征值；

(3) 把每个特征值 λ_i 代入线性方程组 $(\boldsymbol{A}-\lambda\boldsymbol{E})\boldsymbol{x}=\boldsymbol{0}$，求出的基础解系就是 $\boldsymbol{A}$ 对应于 λ_i 的特征向量，基础解系的线性组合(零向量除外)就是 $\boldsymbol{A}$ 对应于 λ_i 的全部特征向量.

例 4-5 求矩阵 $\boldsymbol{A}=\begin{pmatrix}0&0&1\\0&1&0\\1&0&0\end{pmatrix}$ 的特征值和特征向量.

解 由 $|\lambda\boldsymbol{E}-\boldsymbol{A}|=\begin{vmatrix}\lambda&0&-1\\0&\lambda-1&0\\-1&0&\lambda\end{vmatrix}=(\lambda-1)^2(\lambda+1)=0$ 得特征值 $\lambda_1=\lambda_2=1$，$\lambda_3=-1$.

当 $\lambda_1=\lambda_2=1$ 时，有 $(\boldsymbol{E}-\boldsymbol{A})\boldsymbol{x}=\boldsymbol{0}$，即

$$\begin{cases}x_1-x_3=0\\-x_1+x_3=0\end{cases}$$

由 $\begin{pmatrix}1&-1\\-1&1\end{pmatrix}\to\begin{pmatrix}1&-1\\0&0\end{pmatrix}$ 得它的基础解系为 $\begin{pmatrix}0\\1\\0\end{pmatrix}$，$\begin{pmatrix}1\\0\\1\end{pmatrix}$，所以 $k_1\begin{pmatrix}0\\1\\0\end{pmatrix}+k_2\begin{pmatrix}1\\0\\1\end{pmatrix}$ 是矩阵 $\boldsymbol{A}$ 的对应于 $\lambda_1=\lambda_2=1$ 的全部特征向量，其中 k_1，k_2 不同时为零.

当 $\lambda_3=-1$ 时，有 $(-\boldsymbol{E}-\boldsymbol{A})\boldsymbol{x}=\boldsymbol{0}$，即

$$\begin{cases}-x_1-x_3=0\\-2x_2=0\\-x_1-x_3=0\end{cases}$$

即 $\begin{cases}x_1+x_3=0\\x_2=0\end{cases}$，它的基础解系为 $\begin{pmatrix}-1\\0\\1\end{pmatrix}$，所以 $k\begin{pmatrix}-1\\0\\1\end{pmatrix}$ 是矩阵 $\boldsymbol{A}$ 的对应于 $\lambda=-1$ 的全部特征向量，其中 k 为不为零的任意常数.

例 4-6 设λ是方阵$\boldsymbol{A}$的特征值，证明：

(1) λ^2 是 $\boldsymbol{A}^2$ 的特征值；

(2) 当$\boldsymbol{A}$可逆时，$\dfrac{1}{\lambda}$是$\boldsymbol{A}^{-1}$的特征值.

证明 因为λ是方阵$\boldsymbol{A}$的特征值，所以有$\boldsymbol{x}\neq\boldsymbol{0}$，使$\boldsymbol{Ax}=\lambda\boldsymbol{x}$，于是：

(1) $\boldsymbol{A}^2\boldsymbol{x}=\boldsymbol{A}(\boldsymbol{Ax})=\boldsymbol{A}(\lambda\boldsymbol{x})=\lambda(\boldsymbol{Ax})=\lambda^2\boldsymbol{x}$，所以$\lambda^2$是$\boldsymbol{A}^2$的特征值.

(2) 当$\boldsymbol{A}$可逆时，由$\boldsymbol{Ax}=\lambda\boldsymbol{x}$，有$\boldsymbol{x}=\lambda\boldsymbol{A}^{-1}\boldsymbol{x}$，由$\boldsymbol{x}\neq\boldsymbol{0}$知$\lambda\neq0$，故$\boldsymbol{A}^{-1}\boldsymbol{x}=\dfrac{1}{\lambda}\boldsymbol{x}$，所以当$\boldsymbol{A}$可逆时，$\dfrac{1}{\lambda}$是$\boldsymbol{A}^{-1}$的特征值.

这也证明了矩阵可逆的必要条件为矩阵的特征值不全为零.

以此类推，不难证明：若λ是方阵$\boldsymbol{A}$的特征值，则λ^k是方阵$\boldsymbol{A}^k$的特征值，$\varphi(\lambda)$是$\varphi(\boldsymbol{A})$的特征值，其中$\varphi(\lambda)=a_0+a_1\lambda+a_2\lambda^2+\cdots+a_m\lambda^m$是$\lambda$的多项式，$\varphi(\boldsymbol{A})=a_0E+a_1\boldsymbol{A}+a_2\boldsymbol{A}^2+\cdots+a_m\boldsymbol{A}^m$是矩阵$\boldsymbol{A}$的多项式. 当$\boldsymbol{A}$可逆时，$\varphi(\lambda^{-1})=a_0+a_1\lambda^{-1}+a_2\lambda^{-2}+\cdots+a_m\lambda^{-m}$是$\varphi(\boldsymbol{A}^{-1})=a_0E+a_1\boldsymbol{A}^{-1}+a_2\boldsymbol{A}^{-2}+\cdots+a_m\boldsymbol{A}^{-m}$的特征值.

定理 4.3 设λ_1，λ_2，…，λ_m是方阵的m个不同的特征值，$\boldsymbol{x}_1$，$\boldsymbol{x}_2$，…，$\boldsymbol{x}_m$是与之对应的特征向量，则$\boldsymbol{x}_1$，$\boldsymbol{x}_2$，…，$\boldsymbol{x}_m$线性无关.

证明 用数学归纳法证明.

当$m=1$时，由于特征向量不为零，因此定理成立.

设$\boldsymbol{A}$的$m-1$个互不相同的特征值λ_1，λ_2，…，λ_{m-1}其对应的特征向量$\boldsymbol{x}_1$，$\boldsymbol{x}_2$，…，$\boldsymbol{x}_{m-1}$线性无关。现证明对m个互不相同的特征值λ_1，λ_2，…，λ_m，其对应的特征向量$\boldsymbol{x}_1$，$\boldsymbol{x}_2$，…，$\boldsymbol{x}_m$线性无关.

设有常数使

$$k_1\boldsymbol{x}_1+k_2\boldsymbol{x}_2+\cdots+k_{m-1}\boldsymbol{x}_{m-1}+k_m\boldsymbol{x}_m=\boldsymbol{0} \tag{4-3}$$

成立，以矩阵$\boldsymbol{A}$及λ_m乘式(4-3)两端，由$\boldsymbol{Ax}=\lambda\boldsymbol{x}$整理后得

$$k_1\lambda_1\boldsymbol{x}_1+k_2\lambda_2\boldsymbol{x}_2+\cdots+k_{m-1}\lambda_{m-1}\boldsymbol{x}_{m-1}+k_m\lambda_m\boldsymbol{x}_m=\boldsymbol{0} \tag{4-4}$$

$$k_1\lambda_m\boldsymbol{x}_1+k_2\lambda_m\boldsymbol{x}_2+\cdots+k_{m-1}\lambda_m\boldsymbol{x}_{m-1}+k_m\lambda_m\boldsymbol{x}_m=\boldsymbol{0} \tag{4-5}$$

由式(4-4)减式(4-5)得

$$k_1(\lambda_1-\lambda_m)\boldsymbol{x}_1+k_2(\lambda_2-\lambda_m)\boldsymbol{x}_2+\cdots+k_{m-1}(\lambda_{m-1}-\lambda_m)\boldsymbol{x}_{m-1}=\boldsymbol{0}$$

由归纳假设 $\boldsymbol{x}_1$，$\boldsymbol{x}_2$，…，$\boldsymbol{x}_{m-1}$ 线性无关知，$k_i(\lambda_i-\lambda_m)=0(i=1, 2, \cdots, m-1)$，因 $\lambda_i\neq\lambda_m(i=1, 2, \cdots, m-1)$，故 $k_i=0(i=1, 2, \cdots, m-1)$，又因 $k_m\boldsymbol{x}_m=\boldsymbol{0}$ 而 $\boldsymbol{x}_m\neq\boldsymbol{0}$，故 $k_m=0$，因此 $\boldsymbol{x}_1$，$\boldsymbol{x}_2$，…，$\boldsymbol{x}_m$ 线性无关.

例 4－7 设 λ_1 和 λ_2 是矩阵 $\boldsymbol{A}$ 的两个不同的特征值，对应的特征向量依次为 $\boldsymbol{x}_1$，$\boldsymbol{x}_1$，证明 $\boldsymbol{x}_1+\boldsymbol{x}_2$ 不是 $\boldsymbol{A}$ 的特征向量.

证明 由已知得，$\boldsymbol{A}\boldsymbol{x}_1=\lambda_1\boldsymbol{x}_1$，$\boldsymbol{A}\boldsymbol{x}_2=\lambda_2\boldsymbol{x}_2$，故 $\boldsymbol{A}(\boldsymbol{x}_1+\boldsymbol{x}_2)=\lambda_1\boldsymbol{x}_1+\lambda_2\boldsymbol{x}_2$.

假设 $\boldsymbol{x}_1+\boldsymbol{x}_1$ 是 $\boldsymbol{A}$ 的特征向量，则存在数 λ，使 $\boldsymbol{A}(\boldsymbol{x}_1+\boldsymbol{x}_2)=\lambda(\boldsymbol{x}_1+\boldsymbol{x}_2)$，于是 $\lambda(\boldsymbol{x}_1+\boldsymbol{x}_2)=\lambda_1\boldsymbol{x}_1+\lambda_2\boldsymbol{x}_2$，即 $(\lambda_1-\lambda)\boldsymbol{x}_1+(\lambda_2-\lambda)\boldsymbol{x}_2=\boldsymbol{0}$，因 $\lambda_1\neq\lambda_2$，则 $\boldsymbol{x}_1$，$\boldsymbol{x}_2$ 线性无关，所以有 $\lambda_1-\lambda=\lambda_2-\lambda=0$，即 $\lambda_1=\lambda_2$，这与已知矛盾，因此 $\boldsymbol{x}_1+\boldsymbol{x}_2$ 不是 $\boldsymbol{A}$ 的特征向量.

定理 4.4 设 n 阶矩阵 $\boldsymbol{A}=(a_{ij})$ 的特征值为 λ_1，λ_2，…，λ_n，则有

(1) $\lambda_1+\lambda_2+\cdots+\lambda_n=a_{11}+a_{22}+\cdots+a_{nn}$.

(2) $\lambda_1\lambda_2\cdots\lambda_n=|\boldsymbol{A}|$.

证明 因为
$$|\lambda\boldsymbol{E}-\boldsymbol{A}|=\begin{vmatrix} \lambda-a_{11} & a_{12} & \cdots & a_{1n} \\ a_{21} & \lambda-a_{22} & \cdots & a_{2n} \\ \vdots & \vdots & & \vdots \\ a_{n1} & a_{n2} & \cdots & \lambda-a_{nn} \end{vmatrix}$$
$$=(-1)^n\lambda^n-(a_{11}+\cdots+a_{nn})\lambda^{n-1}+\cdots+a$$

由多项式的分解定理，得 $|\lambda\boldsymbol{E}-\boldsymbol{A}|=(\lambda_1-\lambda)(\lambda_2-\lambda)\cdots(\lambda_n-\lambda)$. 比较 λ^{n-1} 的系数，得
$$\lambda_1+\lambda_2+\cdots+\lambda_n=a_{11}+a_{22}+\cdots+a_{nn}$$
又 $|\boldsymbol{A}|=|\boldsymbol{A}-0\boldsymbol{E}|=\lambda_1\lambda_2\cdots\lambda_n$，则定理得证.

数 $a_{11}+a_{22}+\cdots+a_{nn}$ 称为方阵 $\boldsymbol{A}$ 的迹，记作 $\mathrm{tr}(\boldsymbol{A})$.

习题 4.2

1. 设 $\boldsymbol{A}=\begin{pmatrix} 3 & 2 \\ 0 & -1 \end{pmatrix}$，$\boldsymbol{\alpha}=\begin{pmatrix} -1 \\ 2 \end{pmatrix}$，$\boldsymbol{\beta}=\begin{pmatrix} 1 \\ 1 \end{pmatrix}$. 判断 $\boldsymbol{\alpha}$ 和 $\boldsymbol{\beta}$ 是否为 $\boldsymbol{A}$ 的特征向量.

2. 证明：5 不是 $\boldsymbol{A}=\begin{pmatrix} 6 & -3 & 1 \\ 3 & 0 & 5 \\ 2 & 2 & 6 \end{pmatrix}$ 的特征值.

3. 证明：三角形矩阵的特征值为其主对角线上的元素.

4. 求下列矩阵的特征值及特征向量：

(1) $\begin{pmatrix}1&2&3\\2&1&3\\3&3&6\end{pmatrix}$；　　(2) $\begin{pmatrix}1&1&1&1\\1&1&-1&-1\\1&-1&1&-1\\1&-1&-1&1\end{pmatrix}$.

5. 已知三阶矩阵 $\boldsymbol{A}$ 的特征值为 1，−2，3，求：

(1) $2\boldsymbol{A}$ 的特征值；

(2) $\boldsymbol{A}^{-1}$的特征值.

6. 设 n 阶矩阵 $\boldsymbol{A}$，$\boldsymbol{B}$ 满足 $R(\boldsymbol{A})+R(\boldsymbol{B})<n$，证明：$\boldsymbol{A}$ 与 $\boldsymbol{B}$ 有公共的特征值和特征向量.

7. 设 $\boldsymbol{A}^2-3\boldsymbol{A}+2\boldsymbol{E}=\boldsymbol{0}$，证明：$\boldsymbol{A}$ 的特征值只能取 1 或 2.

8. 已知 0 是矩阵 $\boldsymbol{A}=\begin{pmatrix}1&0&1\\0&2&0\\1&0&a\end{pmatrix}$的特征值，求 $\boldsymbol{A}$ 的特征值和特征向量.

9. 设 $\boldsymbol{\alpha}$ 是 $\boldsymbol{A}$ 的对应于特征值 λ_0 的特征向量，证明：

(1) $\boldsymbol{\alpha}$ 是 $\boldsymbol{A}^m$ 的对应于特征值 λ_0^m 的特征向量；

(2) 对多项式 $f(x)$，$\boldsymbol{\alpha}$ 是 $f(\boldsymbol{A})$的对应于 $f(\lambda_0)$的特征向量.

10. 设 $\lambda\neq0$ 是 m 阶矩阵 $\boldsymbol{A}_{m\times n}\boldsymbol{B}_{n\times m}$ 的特征值，证明：λ 也是 n 阶矩阵 $\boldsymbol{BA}$ 的特征值.

11. 已知三阶矩阵 $\boldsymbol{A}$ 的特征值为 1，2，3，求 $|\boldsymbol{A}^3-5\boldsymbol{A}^2+7\boldsymbol{A}|$.

12. 已知三阶矩阵 $\boldsymbol{A}$ 的特征值为 1，2，−3，求 $|\boldsymbol{A}^*-3\boldsymbol{A}+2\boldsymbol{E}|$.

4.3 相似矩阵与对角化

在例 4-3 中，矩阵 $\boldsymbol{A}=\begin{pmatrix}2&1\\1&2\end{pmatrix}$有特征值 1，3，相应的特征向量为

$$\boldsymbol{\alpha}_1=\begin{pmatrix}1\\-1\end{pmatrix},\ \boldsymbol{\alpha}_2=\begin{pmatrix}1\\1\end{pmatrix},\ \boldsymbol{A\alpha}_1=1\begin{pmatrix}1\\-1\end{pmatrix},\ \boldsymbol{A\alpha}_2=3\begin{pmatrix}1\\1\end{pmatrix}$$

令 $\boldsymbol{P}=(\boldsymbol{\alpha}_1,\boldsymbol{\alpha}_2)=\begin{pmatrix}1 & 1\\ -1 & 1\end{pmatrix}$，则 $\boldsymbol{AP}=\boldsymbol{P}\begin{pmatrix}1 & 0\\ 0 & 3\end{pmatrix}$，而 $\boldsymbol{P}^{-1}=\frac{1}{2}\begin{pmatrix}1 & -1\\ 1 & 1\end{pmatrix}$，所以 $\boldsymbol{P}^{-1}\boldsymbol{AP}=\begin{pmatrix}1 & 0\\ 0 & 3\end{pmatrix}$，即通过可逆矩阵 $\boldsymbol{P}$，将矩阵 $\boldsymbol{A}$ 化为对角矩阵，这个过程称为相似变换.

定义 4.8 设 $\boldsymbol{A}$、$\boldsymbol{B}$ 都是 n 阶矩阵，若存在可逆矩阵 $\boldsymbol{P}$，使得 $\boldsymbol{P}^{-1}\boldsymbol{AP}=\boldsymbol{B}$，则称 $\boldsymbol{B}$ 是 $\boldsymbol{A}$ 的相似矩阵，或称矩阵 $\boldsymbol{A}$ 与 $\boldsymbol{B}$ 相似，对 $\boldsymbol{A}$ 进行运算 $\boldsymbol{P}^{-1}\boldsymbol{AP}$ 称为对 $\boldsymbol{A}$ 进行相似变换，可逆矩阵 $\boldsymbol{P}$ 称为把 $\boldsymbol{A}$ 变成 $\boldsymbol{B}$ 的相似变换矩阵.

“相似”是矩阵之间的一种关系，它具有以下性质(读者自己证明)：

(1) **反身性**：对任意的方阵 $\boldsymbol{A}$，$\boldsymbol{A}$ 与 $\boldsymbol{A}$ 相似；

(2) **对称性**：若 $\boldsymbol{A}$ 与 $\boldsymbol{B}$ 相似，则 $\boldsymbol{B}$ 与 $\boldsymbol{A}$ 相似；

(3) **传递性**：若 $\boldsymbol{A}$ 与 $\boldsymbol{B}$ 相似，$\boldsymbol{B}$ 与 $\boldsymbol{C}$ 相似，则 $\boldsymbol{A}$ 与 $\boldsymbol{C}$ 相似.

矩阵的相似关系是一种等价关系，我们可以将同阶的矩阵进行等价分类，即把所有相似的矩阵归为一类.

下面我们将探讨同类的相似矩阵有什么样的共性，相似变换的不变量是什么.

相似矩阵具有以下性质：

(1) **相似矩阵的秩和行列式都相同.**

因为 $\boldsymbol{A}$ 与 $\boldsymbol{B}$ 相似，所以存在可逆矩阵 $\boldsymbol{P}$，使 $\boldsymbol{P}^{-1}\boldsymbol{AP}=\boldsymbol{B}$，因此 $R(\boldsymbol{A})=R(\boldsymbol{B})$，且 $|\boldsymbol{B}|=|\boldsymbol{P}^{-1}\boldsymbol{AP}|=|\boldsymbol{P}^{-1}||\boldsymbol{A}||\boldsymbol{P}|=|\boldsymbol{A}|$.

(2) **相似矩阵有相同的可逆性，且可逆时其逆也相似.**

由(1)有 $|\boldsymbol{B}|=|\boldsymbol{A}|$，所以它们的可逆性相同. 设 $\boldsymbol{A}$ 与 $\boldsymbol{B}$ 相似，且 $\boldsymbol{A}$ 可逆，则 $\boldsymbol{B}$ 也可逆，且 $\boldsymbol{B}^{-1}=(\boldsymbol{P}^{-1}\boldsymbol{AP})^{-1}=\boldsymbol{P}^{-1}\boldsymbol{A}^{-1}\boldsymbol{P}$，即 $\boldsymbol{A}^{-1}$ 与 $\boldsymbol{B}^{-1}$ 相似.

(3) **相似矩阵的幂仍相似，即如果 $\boldsymbol{A}$ 与 $\boldsymbol{B}$ 相似，则对任意的正整数 n，$\boldsymbol{A}^n$ 与 $\boldsymbol{B}^n$ 相似**(读者自证).

定理 4.5 若 $\boldsymbol{A}$ 与 $\boldsymbol{B}$ 同为 n 阶方阵，则 $\boldsymbol{A}$ 与 $\boldsymbol{B}$ 的特征多项式相同，从而 $\boldsymbol{A}$ 与 $\boldsymbol{B}$ 的特征值也相同.

证明 因为 $\boldsymbol{A}$ 与 $\boldsymbol{B}$ 相似，所以有可逆矩阵 $\boldsymbol{P}$，使 $\boldsymbol{P}^{-1}\boldsymbol{A}^{-1}\boldsymbol{P}=\boldsymbol{B}$，因此

$$|\lambda \boldsymbol{E}-\boldsymbol{B}|=|\boldsymbol{P}^{-1}(\lambda \boldsymbol{E})\boldsymbol{P}-\boldsymbol{P}^{-1}\boldsymbol{A}\boldsymbol{P}|=|\boldsymbol{P}^{-1}(\lambda \boldsymbol{E}-\boldsymbol{A})\boldsymbol{P}|$$
$$=|\boldsymbol{P}^{-1}||\lambda \boldsymbol{E}-\boldsymbol{A}||\boldsymbol{P}|=|\lambda \boldsymbol{E}-\boldsymbol{A}|$$

所以 $\boldsymbol{A}$ 与 $\boldsymbol{B}$ 的特征值也相同.

显然，由定理 4.5 得

(1) 两个矩阵的特征值相同，但矩阵不一定相似，例如矩阵 $\begin{bmatrix}1 & 0\\0 & 1\end{bmatrix}$ 和 $\begin{bmatrix}1 & 1\\0 & 1\end{bmatrix}$ 的特征多项式都是 $(\lambda-1)^2$，但它们不相似；

(2) 若 $\boldsymbol{A}$ 与 $\boldsymbol{B}$ 相似，则 $\boldsymbol{A}$ 与 $\boldsymbol{B}$ 的对角线元素之和相等.

推论　若 n 阶方阵 $\boldsymbol{A}$ 与对角矩阵 $\boldsymbol{\Lambda}=\mathrm{diag}(\lambda_1, \lambda_2, \cdots, \lambda_n)$ 相似，则 $\lambda_1, \lambda_2, \cdots, \lambda_n$ 是 $\boldsymbol{A}$ 的 n 个特征值.

证明　因为 $\lambda_1, \lambda_2, \cdots, \lambda_n$ 是 $\boldsymbol{\Lambda}$ 的 n 个特征值，由定理 4.5 知，$\lambda_1, \lambda_2, \cdots, \lambda_n$ 也是 $\boldsymbol{A}$ 的 n 个特征值.

如果矩阵 $\boldsymbol{A}$ 与对角矩阵 $\boldsymbol{\Lambda}=\mathrm{diag}(\lambda_1, \lambda_2, \cdots, \lambda_n)$ 相似，则有

$$\boldsymbol{P}^{-1}\boldsymbol{A}\boldsymbol{P}=\boldsymbol{\Lambda}=\begin{pmatrix}\lambda_1 & 0 & 0 & 0\\0 & \lambda_2 & 0 & 0\\0 & 0 & \ddots & 0\\0 & 0 & 0 & \lambda_n\end{pmatrix}, \quad \boldsymbol{A}=\boldsymbol{P}^{-1}\boldsymbol{\Lambda}\boldsymbol{P}$$

$$\boldsymbol{A}^k=(\boldsymbol{P}^{-1}\boldsymbol{\Lambda}\boldsymbol{P})(\boldsymbol{P}^{-1}\boldsymbol{\Lambda}\boldsymbol{P})\cdots\boldsymbol{P}^{-1}\boldsymbol{\Lambda}\boldsymbol{P}=\boldsymbol{P}\boldsymbol{\Lambda}^k\boldsymbol{P}^{-1}=\boldsymbol{P}\begin{pmatrix}\lambda_1^k & 0 & 0 & 0\\0 & \lambda_2^k & 0 & 0\\0 & 0 & \ddots & 0\\0 & 0 & 0 & \lambda_n^k\end{pmatrix}\boldsymbol{P}^{-1}$$

若 $\varphi(\lambda)$ 为 λ 的多项式，矩阵多项式 $\varphi(\boldsymbol{A})$ 可由下式得到：

$$\varphi(\boldsymbol{A})=\boldsymbol{P}\begin{pmatrix}\varphi(\lambda_1) & & & \\ & \varphi(\lambda_2) & & \\ & & \cdots & \\ & & & \varphi(\lambda_n)\end{pmatrix}\boldsymbol{P}^{-1}$$

所以，由此可方便地计算 $\boldsymbol{A}$ 的多项式 $\varphi(\boldsymbol{A})$.

例 4-8 设$\boldsymbol{A}=\begin{pmatrix}3 & 1\\5 & -1\end{pmatrix}$，求$\boldsymbol{A}^n$.

解 矩阵 $\boldsymbol{A}$ 的特征方程为$|\lambda\boldsymbol{E}-\boldsymbol{A}|=\begin{vmatrix}\lambda-3 & -1\\5 & \lambda+1\end{vmatrix}=0$，化简整理，得$(\lambda-4)(\lambda+2)=0$，所以，矩阵有两个不同的特征值：$\lambda_1=4$，$\lambda_2=-2$.

当$\lambda_1=4$时，其基础解系$\boldsymbol{p}_1=\begin{pmatrix}1\\1\end{pmatrix}$；当$\lambda_2=-2$时，其基础解系$\boldsymbol{p}_2=\begin{pmatrix}1\\-5\end{pmatrix}$.

令$\boldsymbol{P}=(\boldsymbol{p}_1,\ \boldsymbol{p}_2)=\begin{pmatrix}1 & 1\\1 & -5\end{pmatrix}$，则

$$\boldsymbol{P}^{-1}=\begin{pmatrix}\frac{5}{6} & \frac{1}{6}\\ \frac{1}{6} & -\frac{1}{6}\end{pmatrix}$$

$$\boldsymbol{P}^{-1}\boldsymbol{A}\boldsymbol{P}=\begin{pmatrix}4 & 0\\0 & -2\end{pmatrix}=\boldsymbol{\Lambda}$$

$$\boldsymbol{P}^{-1}\boldsymbol{A}^n\boldsymbol{P}=\boldsymbol{\Lambda}^n=\begin{pmatrix}4^n & 0\\0 & (-2)^n\end{pmatrix}$$

所以

$$\boldsymbol{A}^n=\boldsymbol{P}\boldsymbol{\Lambda}^n\boldsymbol{P}^{-1}=\frac{1}{6}\begin{pmatrix}1 & 1\\1 & -5\end{pmatrix}\begin{pmatrix}4^n & 0\\0 & (-2)^n\end{pmatrix}\begin{pmatrix}5 & 1\\1 & -1\end{pmatrix}$$

$$=\frac{1}{6}\begin{pmatrix}5\times4^n+(-2)^n & 4^n-(-2)^n\\5\times4^n-5\times(-2)^n & 4^n+5\times(-2)^n\end{pmatrix}$$

由此可见，一个与对角矩相似的矩阵具有良好的性质，但并不是每一个 n 阶矩阵都能与一个对角矩阵相似. 例如，矩阵$\boldsymbol{A}=\begin{pmatrix}2 & -1 & 1\\0 & 3 & -1\\2 & 1 & 3\end{pmatrix}$，其特征根 2，4 对应的基础解系分别为$\begin{pmatrix}-1\\1\\1\end{pmatrix}$，$\begin{pmatrix}1\\-1\\1\end{pmatrix}$，不能确定一个相似变换 $\boldsymbol{P}$，使得$\boldsymbol{P}^{-1}\boldsymbol{A}\boldsymbol{P}=\boldsymbol{\Lambda}$. 那么究竟什么样的方阵能对角化？相似变换 $\boldsymbol{P}$ 有什么特点呢？

假设方阵 $\boldsymbol{A}$ 已经对角化，即已找到可逆矩阵 $\boldsymbol{P}$，使$\boldsymbol{P}^{-1}\boldsymbol{A}\boldsymbol{P}=\boldsymbol{\Lambda}$ 为对角阵，以

此来讨论 $\boldsymbol{P}$ 应满足的条件.

把 $\boldsymbol{P}$ 用其列向量表示为 $\boldsymbol{P}=(\boldsymbol{p}_1, \boldsymbol{p}_2, \cdots, \boldsymbol{p}_n)$，由 $\boldsymbol{P}^{-1}\boldsymbol{AP}=\boldsymbol{\Lambda}$，得 $\boldsymbol{AP}=\boldsymbol{P\Lambda}$，即

$$\boldsymbol{A}(\boldsymbol{p}_1, \boldsymbol{p}_2, \cdots, \boldsymbol{p}_n)=(\boldsymbol{p}_1, \boldsymbol{p}_2, \cdots, \boldsymbol{p}_n)\begin{pmatrix}\lambda_1 & & & \\ & \lambda_2 & & \\ & & \ddots & \\ & & & \lambda_n\end{pmatrix}$$

$$=(\lambda_1\boldsymbol{p}_1, \lambda_2\boldsymbol{p}_2, , \cdots, \lambda_n\boldsymbol{p}_n)$$

于是有 $\boldsymbol{Ap}_i=\lambda_i\boldsymbol{p}_i(i=1, 2, \cdots, n)$.

可见，λ_i 是 $\boldsymbol{A}$ 的特征值，相似变换矩阵 $\boldsymbol{P}$ 的列向量 $\boldsymbol{p}_i$ 就是 $\boldsymbol{A}$ 的对应于特征值 λ_i 的特征向量.

由于任何 n 阶方阵 $\boldsymbol{A}$ 有 n 个特征值，并可对应地求得 n 个特征向量，这 n 个特征向量即可构成矩阵 $\boldsymbol{P}$，使 $\boldsymbol{AP}=\boldsymbol{P\Lambda}$，但不能保证这 n 个特征向量线性无关，因此，就不能保证 $\boldsymbol{P}$ 是可逆矩阵，进而得不出 $\boldsymbol{A}$ 可对角化的结论，但可得以下定理：

定理 4.6 n 阶方阵 $\boldsymbol{A}$ 与对角阵相似(即 $\boldsymbol{A}$ 能对角化)的充分必要条件是 $\boldsymbol{A}$ 有 n 个线性无关的特征向量.

结合定理 4.5，可得

推论 如果 n 阶方阵 $\boldsymbol{A}$ 的 n 个特征值互不相等，则 $\boldsymbol{A}$ 与对角阵相似.

例如，例 4-8 中的 $\boldsymbol{A}$ 可以对角化.

当 $\boldsymbol{A}$ 的特征方程有重根时，就不一定有 n 个线性无关的特征向量，从而不一定能对角化。例如，例 4-4 和例 4-5 中，$\boldsymbol{A}$ 的特征方程有重根，却找不到 3 个线性无关的特征向量，因此，该矩阵不能对角化；而有的矩阵的特征方程有重根，但能找到线性无关的特征向量，因此，该矩阵可以对角化.

例如，矩阵 $\boldsymbol{A}=\begin{pmatrix}4 & 6 & 0\\ -3 & -5 & 0\\ -3 & -6 & 1\end{pmatrix}$ 的特征值为 $\lambda_1=\lambda_2=1$，$\lambda_3=-2$，它们分别对应的特征向量为 $\boldsymbol{p}_1=\begin{pmatrix}-2\\ 1\\ 0\end{pmatrix}$，$\boldsymbol{p}_2=\begin{pmatrix}0\\ 0\\ 1\end{pmatrix}$，$\boldsymbol{p}_3=\begin{pmatrix}-1\\ 1\\ 1\end{pmatrix}$，易证 $\boldsymbol{p}_1$，$\boldsymbol{p}_2$，$\boldsymbol{p}_3$ 线性无关，

所以矩阵 $\boldsymbol{A}$ 可以对角化.

习题 4.3

1. 若 n 阶方阵 $\boldsymbol{A}$ 与 $\boldsymbol{B}$ 相似，证明：

(1) $R(\boldsymbol{A})=R(\boldsymbol{B})$；

(2) $|\boldsymbol{A}|=|\boldsymbol{B}|$；

(3) $(\lambda\boldsymbol{E}-\boldsymbol{A})^k$ 与 $(\lambda\boldsymbol{E}-\boldsymbol{B})^k$ 相似，其中 k 为任意正整数.

2. 设 $\boldsymbol{A}$，$\boldsymbol{B}$ 都是 n 阶方阵，且 $|\boldsymbol{A}|\neq 0$，证明 $\boldsymbol{AB}$ 与 $\boldsymbol{BA}$ 相似.

3. 设 $\boldsymbol{A}$ 与 $\boldsymbol{B}$ 相似，$\boldsymbol{C}$ 与 $\boldsymbol{D}$ 相似，证明：$\begin{pmatrix}\boldsymbol{A} & \boldsymbol{O}\\ \boldsymbol{O} & \boldsymbol{C}\end{pmatrix}$ 与 $\begin{pmatrix}\boldsymbol{B} & \boldsymbol{O}\\ \boldsymbol{O} & \boldsymbol{D}\end{pmatrix}$ 相似.

4. 设方阵 $\boldsymbol{A}=\begin{pmatrix}1 & -2 & -4\\ -2 & x & -2\\ -4 & -2 & 1\end{pmatrix}$ 与 $\boldsymbol{\Lambda}=\begin{pmatrix}5 & 0 & 0\\ 0 & y & 0\\ 0 & 0 & -4\end{pmatrix}$ 相似，求 x，y.

5. 对下列矩阵，求可逆矩阵 $\boldsymbol{P}$，使 $\boldsymbol{P}^{-1}\boldsymbol{AP}$ 为对角矩阵.

(1) $\boldsymbol{A}=\begin{pmatrix}-1 & -2 & 2\\ 0 & 1 & 0\\ 0 & 0 & 1\end{pmatrix}$；　　(2) $\boldsymbol{A}=\begin{pmatrix}4 & 6 & 0\\ -3 & -5 & 0\\ -3 & -6 & 1\end{pmatrix}$.

6. 设矩阵 $\boldsymbol{A}=\begin{pmatrix}2 & 0 & 1\\ 3 & 1 & x\\ 4 & 0 & 5\end{pmatrix}$ 可相似对角化，求 x.

7. 已知向量 $\boldsymbol{p}=\begin{pmatrix}1\\ 1\\ -1\end{pmatrix}$ 是矩阵 $\boldsymbol{A}=\begin{pmatrix}2 & -1 & 2\\ 5 & a & 3\\ -1 & b & -2\end{pmatrix}$ 的一个特征向量.

(1) 确定参数 a，b 及 $\boldsymbol{p}$ 对应的特征值；

(2) 判断 $\boldsymbol{A}$ 是否能够相似对角化，并说明理由.

8. 设三阶矩阵 $\boldsymbol{A}$ 的特征值为 $\lambda_1=2$，$\lambda_2=-2$，$\lambda_3=1$，对应的特征向量依次为 $\boldsymbol{p}_1=\begin{pmatrix}0\\ 1\\ 1\end{pmatrix}$，$\boldsymbol{p}_2=\begin{pmatrix}1\\ 1\\ 1\end{pmatrix}$，$\boldsymbol{p}_3=\begin{pmatrix}1\\ 1\\ 0\end{pmatrix}$，求 $\boldsymbol{A}$.

9. 设 $\boldsymbol{A}-\begin{pmatrix}-1 & 1 & 0\\ -2 & 2 & 0\\ 4 & -2 & 1\end{pmatrix}$，求 $\boldsymbol{A}^{100}$.

10. 设 $\boldsymbol{A}$ 是五阶方阵，$\boldsymbol{A}$ 是 5 个线性无关的特征向量，证明：$\boldsymbol{A}^{\mathrm{T}}$ 也有 5 个线性无关的特征向量.

11. 三阶方阵 $\boldsymbol{A}$ 有 3 个特征值 1，0，-1，对应的特征向量分别为 $\begin{pmatrix}1\\1\\0\end{pmatrix}$，$\begin{pmatrix}1\\0\\1\end{pmatrix}$，$\begin{pmatrix}0\\1\\1\end{pmatrix}$，又知三阶方阵 B 满足 $\boldsymbol{B}=\boldsymbol{PAP}^{-1}$，其中 $\boldsymbol{P}=\begin{pmatrix}3 & 0 & 1\\ 0 & 1 & -2\\ 1 & 4 & 0\end{pmatrix}$，求 $\boldsymbol{B}$ 的特征值及对应的特征向量.

4.4　实对称矩阵的对角化

判别一个方阵能否对角化需满足的条件比较复杂，但是如果 n 阶方阵是实对称矩阵，则一定可以对角化。不仅可以对角化，而且实对称矩阵的相似变换矩阵还是正交阵. 下面不加证明地给出以下定理：

定理 4.7　设 $\boldsymbol{A}$ 为 n 阶实对称矩阵，则必有正交阵 $\boldsymbol{P}$，使 $\boldsymbol{P}^{-1}\boldsymbol{AP}=\boldsymbol{P}^{\mathrm{T}}\boldsymbol{AP}=\boldsymbol{\Lambda}$，其中 $\boldsymbol{\Lambda}$ 是以 $\boldsymbol{A}$ 的 n 个特征值为对角元的对角矩阵。

例 4－9　求一个正交矩阵 $\boldsymbol{P}$，使 $\boldsymbol{P}^{-1}\boldsymbol{AP}=\boldsymbol{\Lambda}$ 为对角阵，其中 $\boldsymbol{A}=\begin{pmatrix}1 & -2 & 0\\ -2 & 2 & -2\\ 0 & -2 & 3\end{pmatrix}$.

解　由 $\boldsymbol{A}$ 的特征多项式 $|\lambda\boldsymbol{E}-\boldsymbol{A}|=\begin{vmatrix}\lambda-1 & 2 & 0\\ 2 & \lambda-2 & 2\\ 0 & 2 & \lambda-3\end{vmatrix}=0$，得 $\lambda_1=-1$，$\lambda_2=2$，$\lambda_3=5$.

当 $\lambda_1=-1$ 时，解齐次线性方程组 $(-\boldsymbol{E}-\boldsymbol{A})\boldsymbol{x}=\boldsymbol{0}$，得基础解系 $\boldsymbol{p}_1=\begin{pmatrix}2\\2\\1\end{pmatrix}$，将

$\boldsymbol{p}_1$ 单位化，得 $\boldsymbol{e}_1=\frac{1}{3}\begin{pmatrix}2\\2\\1\end{pmatrix}$.

当 $\lambda_2=2$ 时，解齐次线性方程组 $(2\boldsymbol{E}-\boldsymbol{A})\boldsymbol{x}=\boldsymbol{0}$，得基础解系 $\boldsymbol{p}_2=\begin{pmatrix}2\\-1\\-2\end{pmatrix}$，将 $\boldsymbol{p}_2$ 单位化，得 $\boldsymbol{e}_2=\frac{1}{3}\begin{pmatrix}2\\-1\\-2\end{pmatrix}$.

当 $\lambda_3=5$ 时，解齐次线性方程组 $(5\boldsymbol{E}-\boldsymbol{A})\boldsymbol{x}=\boldsymbol{0}$，得基础解系 $\boldsymbol{p}_3=\begin{pmatrix}1\\-2\\2\end{pmatrix}$，将 $\boldsymbol{p}_3$ 单位化，得 $\boldsymbol{e}_3=\frac{1}{3}\begin{pmatrix}1\\-2\\2\end{pmatrix}$.

由 $\boldsymbol{e}_1$，$\boldsymbol{e}_2$，$\boldsymbol{e}_3$ 构成正交矩阵：

$$\boldsymbol{P}=(\boldsymbol{e}_1,\boldsymbol{e}_2,\boldsymbol{e}_3)=\begin{pmatrix}\frac{2}{3} & \frac{2}{3} & \frac{1}{3}\\ \frac{2}{3} & -\frac{1}{3} & -\frac{2}{3}\\ \frac{1}{3} & -\frac{2}{3} & \frac{2}{3}\end{pmatrix}$$

有

$$\boldsymbol{P}^{-1}\boldsymbol{A}\boldsymbol{P}=\boldsymbol{P}^{\mathrm{T}}\boldsymbol{A}\boldsymbol{P}=\boldsymbol{\Lambda}=\begin{pmatrix}-1 & 0 & 0\\ 0 & 2 & 0\\ 0 & 0 & 5\end{pmatrix}$$

例 4-10 设 $\boldsymbol{A}=\begin{pmatrix}1&1&1\\1&1&1\\1&1&1\end{pmatrix}$，求一个正交矩阵 $\boldsymbol{P}$，使 $\boldsymbol{P}^{-1}\boldsymbol{A}\boldsymbol{P}=\boldsymbol{\Lambda}$ 为对角阵.

解 由 $\boldsymbol{A}$ 的特征多项式 $|\lambda\boldsymbol{E}-\boldsymbol{A}|=\begin{vmatrix}\lambda-1 & -1 & -1\\ -1 & 1-\lambda & -1\\ -1 & -1 & 1-\lambda\end{vmatrix}=0$ 得特征根 $\lambda_1=\lambda_2=0$，$\lambda_3=3$.

当 $\lambda_1=\lambda_2=0$ 时，解齐次线性方程组 $(-\boldsymbol{A})\boldsymbol{x}=\boldsymbol{0}$，得基础解系 $\boldsymbol{\xi}_1=\begin{pmatrix}1\\-1\\0\end{pmatrix}$，$\boldsymbol{\xi}_2=\begin{pmatrix}1\\0\\-1\end{pmatrix}$，将 $\boldsymbol{\xi}_1$，$\boldsymbol{\xi}_2$ 正交化，取

$$\boldsymbol{\eta}_1=\boldsymbol{\xi}_1\boldsymbol{\eta}_2=\boldsymbol{\xi}_2-\frac{\langle\boldsymbol{\eta}_1,\boldsymbol{\xi}_2\rangle}{\langle\boldsymbol{\eta}_1,\boldsymbol{\eta}_1\rangle}\boldsymbol{\eta}_1=\frac{1}{2}\begin{pmatrix}1\\1\\-2\end{pmatrix}$$

再将 $\boldsymbol{\eta}_1$，$\boldsymbol{\eta}_2$ 单位化，得

$$\boldsymbol{p}_1=\frac{1}{\sqrt{2}}\begin{pmatrix}1\\-1\\0\end{pmatrix},\quad \boldsymbol{p}_2=\frac{1}{\sqrt{6}}\begin{pmatrix}1\\1\\-2\end{pmatrix}$$

当 $\lambda_3=3$ 时，解齐次线性方程组 $(5\boldsymbol{E}-\boldsymbol{A})\boldsymbol{x}=\boldsymbol{0}$，得基础解系 $\boldsymbol{\xi}_3=\begin{pmatrix}1\\1\\1\end{pmatrix}$，将 $\boldsymbol{\xi}_3$ 单位化，得

$$\boldsymbol{p}_3=\frac{1}{\sqrt{3}}\begin{pmatrix}1\\1\\1\end{pmatrix}$$

由 $\boldsymbol{p}_1$，$\boldsymbol{p}_2$，$\boldsymbol{p}_3$ 构成正交阵：

$$\boldsymbol{P}=(\boldsymbol{p}_1,\boldsymbol{p}_2,\boldsymbol{p}_3)=\begin{pmatrix}\frac{1}{\sqrt{2}} & \frac{1}{\sqrt{6}} & \frac{1}{\sqrt{3}}\\ -\frac{1}{\sqrt{2}} & \frac{1}{\sqrt{6}} & \frac{1}{\sqrt{3}}\\ 0 & -\frac{2}{\sqrt{6}} & \frac{1}{\sqrt{3}}\end{pmatrix}$$

则有

$$P^{-1}AP = P^{T}AP = \Lambda = \begin{pmatrix} 0 & 0 & 0 \\ 0 & 0 & 0 \\ 0 & 0 & 3 \end{pmatrix}$$

习题 4.4

1. 将矩阵 $A=\begin{pmatrix} -1 & 0 & 2 \\ 0 & 1 & 2 \\ 2 & 2 & 0 \end{pmatrix}$ 对角化：

(1) 求可逆矩阵 P，使 $P^{-1}AP=\Lambda$；

(2) 求正交矩阵 Q，使 $Q^{-1}AQ=\Lambda$.

2. 求一个正交的相似变换矩阵，将下列对称矩阵化为对角矩阵：

(1) $\begin{pmatrix} 2 & -2 & 0 \\ -2 & 1 & -2 \\ 0 & -2 & 0 \end{pmatrix}$；　　(2) $\begin{pmatrix} 2 & 2 & -2 \\ 2 & 5 & -4 \\ -2 & -4 & 5 \end{pmatrix}$.

3. 设矩阵 $A=\begin{pmatrix} 1 & 1 & a \\ 1 & a & 1 \\ a & 1 & 1 \end{pmatrix}$，$\beta=\begin{pmatrix} 1 \\ 1 \\ -2 \end{pmatrix}$，已知线性方程组 $Ax=\beta$ 有解但不唯一，试求：

(1) a 的值；

(2) 正交矩阵 Q，使 $Q^{T}AQ$ 为对角阵.

4. 设 A 为三阶实对称矩阵，特征值为 1，-1，0，而 $\lambda_1=1$ 和 $\lambda_2=-1$ 的特征向量分别是 $\begin{pmatrix} a \\ 2a-1 \\ 1 \end{pmatrix}$，$\begin{pmatrix} a \\ 1 \\ 1-3a \end{pmatrix}$，求矩阵 A.

5. 设三阶对称矩阵 A 的特征值为 6，3，3，特征值 6 对应的特征向量为 $p_1=\begin{pmatrix} 1 \\ 1 \\ 1 \end{pmatrix}$，求 A.

6. 设 $\boldsymbol{\alpha}=\begin{pmatrix} a_1 \\ a_2 \\ \vdots \\ a_n \end{pmatrix}$，$a_1\neq 0$，$\boldsymbol{A}=\boldsymbol{\alpha\alpha}^{\mathrm{T}}$，

(1) 证明 $\lambda=0$ 是 $\boldsymbol{A}$ 的 $n-1$ 重特征值；

(2) 求 $\boldsymbol{A}$ 的非零特征值及全部特征值.

7. (1) 设 $\boldsymbol{A}=\begin{pmatrix} 3 & -2 \\ -2 & 3 \end{pmatrix}$，求 $\varphi(\boldsymbol{A})=\boldsymbol{A}^{10}-5\boldsymbol{A}^{9}$.

(2) 设 $\boldsymbol{A}=\begin{pmatrix} 2 & 1 & 2 \\ 1 & 2 & 2 \\ 2 & 2 & 1 \end{pmatrix}$，求 $\varphi(\boldsymbol{A})=\boldsymbol{A}^{10}-6\boldsymbol{A}^{9}+5\boldsymbol{A}^{8}$.

4.5 二次型及其标准形

对于平面上的二次曲线：$ax^2+bxy+cy^2=1$，我们可以选择适当的坐标进行旋转变换：

$$\begin{cases} x = x'\cos\theta - y'\sin\theta \\ y = x'\sin\theta + y'\cos\theta \end{cases}$$

消去交叉项，把方程化为标准形：$mx'^2+ny'^2=1$. 由于坐标旋转不改变图形的形状，因此从变形后的方程很容易判别曲线的类型.

定义 4.9 含有 n 个变量 x_1，x_2，…，x_n 的二次齐次函数：

$$\begin{aligned} f(x_1, x_2, \cdots, x_n) = {} & b_{11}x_1^2 + b_{12}x_1x_2 + \cdots + b_{1n}x_1x_n + \\ & b_{22}x_2^2 + b_{23}x_2x_3 + \cdots + \\ & b_{2n}x_2x_n + \cdots + b_{n-1,n}x_{n-1}x_n + b_{nn}x_n^2 \end{aligned} \tag{4-6}$$

的 n 元二次齐次多项式称为 x_1，x_2，…，x_n 的二次型，简称 n 元二次型.

式(4-6)中，b_{ij} 称为乘积项 x_ix_j 的系数. 当式(4-6)的全部系数均为实数时，称为实二次型；当式(4-6)的系数允许有复数时，称为复次型(本书只讨论实二次型)

若记 $a_{ii}=b_{ii}$，$a_{ij}=a_{ji}=\dfrac{1}{2}b_{ij}\,(i\neq j)$，则有 $a_{ij}=a_{ji}\,(i, j=1, 2, \cdots, n)$，且

$$
\begin{aligned}
f(x_1, x_2, \cdots, x_n) &= a_{11}x_1^2 + a_{12}x_1x_2 + \cdots + a_{1n}x_1x_n + a_{21}x_2x_1 + a_{22}x_2^2 + \cdots + \\
&\quad a_{2n}x_2x_n + \cdots + a_{n1}x_nx_1 + a_{n2}x_nx_2 + \cdots + a_{nn}x_n^2 \\
&= (x_1, x_2, \cdots, x_n)\begin{pmatrix} a_{11} & a_{12} & \cdots & a_{1n} \\ a_{21} & a_{22} & \cdots & a_{2n} \\ \vdots & \vdots & & \vdots \\ a_{n1} & a_{n2} & \cdots & a_{nn} \end{pmatrix}\begin{pmatrix} x_1 \\ x_2 \\ \vdots \\ x_n \end{pmatrix} \\
&= \sum_{i=1}^{n}\sum_{j=1}^{n} a_{ij}x_ix_j \qquad (4-7)
\end{aligned}
$$

若记 $\boldsymbol{A}=\begin{pmatrix} a_{11} & a_{12} & \cdots & a_{1n} \\ a_{21} & a_{22} & \cdots & a_{2n} \\ \vdots & \vdots & & \vdots \\ a_{n1} & a_{n2} & \cdots & a_{nn} \end{pmatrix}$，$\boldsymbol{x}=\begin{pmatrix} x_1 \\ x_2 \\ \vdots \\ x_n \end{pmatrix}$，则式(4－7)可记为

$$
f(\boldsymbol{x}) = \boldsymbol{x}^{\mathrm{T}}\boldsymbol{A}\boldsymbol{x} \qquad (4-8)
$$

式(4－7)和式(4－8)称为矩阵的二次型表示。在 $a_{ij}=a_{ji}$ 的规定下，显然 $\boldsymbol{A}$ 为实对称阵，且 $\boldsymbol{A}$ 与二次型是一一对应的. 因此，实对称阵 $\boldsymbol{A}$ 又称为二次型矩阵，$\boldsymbol{A}$ 的秩称为二次型的秩.

例 4－11 求二次型 $f(x_1, x_2, \cdots, x_n)=x_1^2-3x_2^2-4x_1x_2+x_2x_3$ 的矩阵.

解 二次型有三个标量，所以对应三阶对称阵，a_{ii} 为 x_i^2 的系数，$a_{ij}=a_{ji}$ 为 x_ix_j 系数的一半，由此可得

$$
\boldsymbol{A} = \begin{pmatrix} 1 & -2 & 0 \\ -2 & -3 & \frac{1}{2} \\ 0 & \frac{1}{2} & 0 \end{pmatrix}
$$

$$
f(x_1, x_2, x_3) = (x_1, x_2, x_3)\begin{pmatrix} 1 & -2 & 0 \\ -2 & -3 & \frac{1}{2} \\ 0 & \frac{1}{2} & 0 \end{pmatrix}\begin{pmatrix} x_1 \\ x_2 \\ x_3 \end{pmatrix}
$$

对于二次型，我们讨论的主要问题是寻求可逆的线性变换.

$$\begin{cases} x_1 = c_{11}y_1 + c_{12}y_2 + \cdots + c_{1n}y_n \\ x_2 = c_{21}y_1 + c_{22}y_2 + \cdots + c_{2n}y_n \\ \qquad\qquad \vdots \\ x_n = c_{n1}y_1 + c_{n2}y_2 + \cdots + c_{nn}y_n \end{cases}$$

即 $\boldsymbol{x}=\boldsymbol{C}\boldsymbol{y}$，使二次型化为只含有平方项的二次型：$f=k_1y_1^2+k_2y_2^2+\cdots+k_ny_n^2$. 这种只含有平方项的二次型，称为二次型的标准形(或法式).

如果标准形的系数 k_1，k_2，…，k_n 只在 1，-1，0 三个数中取值，则 $f=y_1^2+y_2^2+\cdots+y_p^2-y_{p+1}^2-\cdots-y_n^2$ 这种标准形称为**二次型的规范形**.

可逆的线性变换 $\boldsymbol{x}=\boldsymbol{C}\boldsymbol{y}$ 在几何学上称为仿射变换. 对平面图形来说，相当于实行了旋转、压缩、反射 3 种变换，图形的类型不会改变，但大小、方向会改变，大圆会变成小圆或椭圆.

1. 用正交变换化二次型为标准形

二次型 $f(\boldsymbol{x})=\boldsymbol{x}^{\mathrm{T}}\boldsymbol{A}\boldsymbol{x}$ 在线性变换 $\boldsymbol{x}=\boldsymbol{C}\boldsymbol{y}$ 下，有 $f(\boldsymbol{x})=(\boldsymbol{C}\boldsymbol{y})^{\mathrm{T}}\boldsymbol{A}\boldsymbol{x}(\boldsymbol{C}\boldsymbol{y})=\boldsymbol{y}^{\mathrm{T}}(\boldsymbol{C}^{\mathrm{T}}\boldsymbol{A}\boldsymbol{C})\boldsymbol{y}$. 可见，若想使二次型经过可逆变换变成标准形，就要使$\boldsymbol{C}^{\mathrm{T}}\boldsymbol{A}\boldsymbol{C}$ 成为对角矩阵。由定理 4.7 知，任给实对称矩阵，总有正交阵 $\boldsymbol{P}$，使$\boldsymbol{P}^{-1}\boldsymbol{A}\boldsymbol{P}=\boldsymbol{P}^{\mathrm{T}}\boldsymbol{A}\boldsymbol{P}=\boldsymbol{\Lambda}$. 把此结论用于二次型，即有如下定理：

定理 4.8 任给二次型 $f(\boldsymbol{x})=\boldsymbol{x}^{\mathrm{T}}\boldsymbol{A}\boldsymbol{x}$，总有正交变换 $\boldsymbol{x}=\boldsymbol{P}\boldsymbol{y}$，使 f 化为标准型 $f=k_1y_1^2+k_2y_2^2+\cdots+k_ny_n^2$. 其中，$\lambda_1$，$\lambda_2$，…，$\lambda_n$ 是矩阵 $\boldsymbol{A}$ 的特征值.

在三维空间中，正交变换仅对图形实行了旋转和反射变换，它保持了两点的距离不变，从而不改变图形的形状和大小。

例 4-12 求一个正交变换 $\boldsymbol{x}=\boldsymbol{P}\boldsymbol{y}$，把二次型 $f(x_1, x_2, x_3, x_4)=2x_1x_2-2x_3x_4$ 化为标准形.

解 二次型的矩阵为 $\begin{pmatrix} 0 & 1 & 0 & 0 \\ 1 & 0 & 0 & 0 \\ 0 & 0 & 0 & -1 \\ 0 & 0 & -1 & 0 \end{pmatrix}$，它的特征多项式为

$$|\lambda\boldsymbol{E}-\boldsymbol{A}|=\begin{vmatrix} \lambda & -1 & 0 & 0 \\ -1 & \lambda & 0 & 0 \\ 0 & 0 & \lambda & 1 \\ 0 & 0 & 1 & \lambda \end{vmatrix}=\begin{vmatrix} 0 & -1 & 0 & 0 \\ \lambda^2-1 & \lambda & 0 & 0 \\ 0 & 0 & \lambda & 1 \\ 0 & 0 & 1 & \lambda \end{vmatrix}=\begin{vmatrix} 0 & -1 & 0 & 0 \\ \lambda^2-1 & 0 & 0 & 0 \\ 0 & 0 & \lambda & 1 \\ 0 & 0 & 1 & \lambda \end{vmatrix}$$

$$=-(\lambda^2-1)\begin{vmatrix}-1 & 0 & 0\\ 0 & \lambda & 1\\ 0 & 1 & \lambda\end{vmatrix}=-(\lambda-1)^2(\lambda+1)^2=0$$

得特征值 $\lambda_1=\lambda_2=1$，$\lambda_3=\lambda_4=-1$.

当 $\lambda_1=\lambda_2=1$ 时，解方程 $(\boldsymbol{E}-\boldsymbol{A})\boldsymbol{x}=\boldsymbol{0}$，得基础解系为 $\begin{pmatrix}1\\1\\0\\0\end{pmatrix}$，$\begin{pmatrix}0\\0\\-1\\1\end{pmatrix}$.

显然，两向量正交，将其单位化，得正交基础解系 $\boldsymbol{p}_1=\frac{1}{\sqrt{2}}\begin{pmatrix}1\\1\\0\\0\end{pmatrix}$，$\boldsymbol{p}_2=\frac{1}{\sqrt{2}}\begin{pmatrix}0\\0\\-1\\1\end{pmatrix}$.

当 $\lambda_3=\lambda_4=-1$ 时，有 $(-\boldsymbol{E}-\boldsymbol{A})\boldsymbol{x}=\boldsymbol{0}$，即基础解系为 $\begin{pmatrix}-1\\1\\0\\0\end{pmatrix}$，$\begin{pmatrix}0\\0\\1\\1\end{pmatrix}$.

显然，两向量正交，将其单位化，得正交基础解系 $\boldsymbol{p}_3=\frac{1}{\sqrt{2}}\begin{pmatrix}-1\\1\\0\\0\end{pmatrix}$，$\boldsymbol{p}_4=\frac{1}{\sqrt{2}}\begin{pmatrix}0\\0\\1\\1\end{pmatrix}$.

因此得正交变换为 $\boldsymbol{x}=(\boldsymbol{p}_1, \boldsymbol{p}_2, \boldsymbol{p}_3, \boldsymbol{p}_4)\boldsymbol{y}$，即

$$\begin{pmatrix}x_1\\x_2\\x_3\\x_4\end{pmatrix}=\begin{pmatrix}\frac{1}{\sqrt{2}} & 0 & -\frac{1}{\sqrt{2}} & 0\\ \frac{1}{\sqrt{2}} & 0 & \frac{1}{\sqrt{2}} & 0\\ 0 & -\frac{1}{\sqrt{2}} & 0 & \frac{1}{\sqrt{2}}\\ 0 & \frac{1}{\sqrt{2}} & 0 & \frac{1}{\sqrt{2}}\end{pmatrix}\begin{pmatrix}y_1\\y_2\\y_3\\y_4\end{pmatrix}$$

且有 $f=y_1^2+y_2^2-y_3^2-y_4^2$.

2. 用拉格朗日配方法化二次型为标准形

配方法就是初等数学中的配完全平方的方法，下面我们通过例题来说明这种方法.

例 4-13 化二次型 $f=x_1^2+2x_2^2+5x_3^2+2x_1x_2+2x_1x_3+6x_2x_3$ 为标准形，并求所用的可逆线性变换.

解 由于 f 中含变量 x_1 的平方项，因此先将所有包含 x_1 的项配成一个完全平方，即

$$\begin{aligned} f &= x_1^2+2(x_2+x_3)x_1+2x_2^2+5x_3^2+6x_2x_3 \\ &= x_1^2+2(x_2+x_3)x_1+(x_2+x_3)^2-(x_2+x_3)^2+2x_2^2+5x_3^2+6x_2x_3 \\ &= (x_1+x_2+x_3)^2+x_2^2+4x_2x_3+4x_3^2 \end{aligned}$$

再将所有包含 x_2 的项配成一个完全平方，得到

$$f=(x_1+x_2+x_3)^2+(x_2+2x_3)^2$$

于是线性变换 $\begin{cases} y_1=x_1+x_2+x_3 \\ y_2=x_2+2x_3 \\ y_3=x_3 \end{cases}$，即 $\begin{cases} x_1=y_1-y_2+x_3 \\ x_2=y_2-2y_3 \\ x_3=y_3 \end{cases}$，把 f 化为标准形 $f=y_1^2+y_2^2$，所用的可逆变换为 $\boldsymbol{x}=\boldsymbol{C}\boldsymbol{y}$，其中 $\boldsymbol{C}=\begin{pmatrix} 1 & -1 & 1 \\ 0 & 1 & -2 \\ 0 & 0 & 1 \end{pmatrix}$，且 $|\boldsymbol{C}|=1\neq 0$.

例 4-14 化二次型 $f=x_1x_2+x_2x_3+x_3x_1$ 为标准形，并求出所用的可逆线性变换.

解 在 f 中不含平方项，由于含有 x_1x_2 乘积项，因此令 $\begin{cases} x_1=y_1+y_2 \\ x_2=y_1-y_2 \\ x_3=y_3 \end{cases}$，将其代入 f 中可得

$$\begin{aligned} f &= (y_1+y_2)(y_1-y_2)+(y_1-y_2)y_3+(y_1+y_2)y_3 \\ &= y_1^2-y_2^2+2y_1y_3=(y_1+y_3)^2-y_2^2-y_3^2 \end{aligned}$$

令 $\begin{cases} z_1=y_1+y_3 \\ z_2=y_2 \\ z_3=y_3 \end{cases}$，即 $\begin{cases} y_1=z_1-z_3 \\ y_2=z_2 \\ y_3=z_3 \end{cases}$，化为标准形 $f=z_1^2-z_2^2-z_3^2$，所用的可逆线

性变换为 $\boldsymbol{x}=\boldsymbol{C}\boldsymbol{z}$，其中

$$\boldsymbol{C}=\boldsymbol{C}_1\boldsymbol{C}_2=\begin{pmatrix}1&1&0\\1&-1&0\\0&0&1\end{pmatrix}\begin{pmatrix}1&0&-1\\0&1&0\\0&0&1\end{pmatrix}=\begin{pmatrix}1&1&-1\\1&-1&-1\\0&0&1\end{pmatrix}$$

$$|\boldsymbol{C}|=-2\neq 0$$

一般地，任何二次型都可用上面两例的方法找到可逆变换，把二次型化成标准形. 二次型的标准显然不是唯一的，它的标准形与所采用的可逆线性变换有关，但是可逆线性变换不改变二次型的秩. 因而，在将一个二次型化为不同的标准形时，系数不等于零的平方项的项数总是相同的. 不仅如此，在限定变换为实变换时，标准形中正系数的个数是不变的(从而负系数的个数也不变).

习题 4.5

1. 用矩阵符号表示下列二次型：

(1) $f=x^2+4xy+4y^2+2xz+z^2+4yz$；

(2) $f=x^2+y^2-7z^2-2xy-4xz-4yz$；

(3) $f=x_1^2+x_2^2+x_3^2+x_4^2-2x_1x_2+4x_1x_3-2x_1x_4+6x_2x_3-4x_2x_4$.

2. 写出对称矩阵 $\boldsymbol{A}=\begin{pmatrix}1&-1&-3&1\\-1&0&-2&\frac{1}{2}\\-3&-2&\frac{1}{3}&-\frac{2}{3}\\1&\frac{1}{2}&-\frac{3}{2}&0\end{pmatrix}$ 所对应的二次型.

3. 写出二次型 $f(\boldsymbol{x})=\boldsymbol{x}^{\mathrm{T}}\begin{pmatrix}1&2&3\\4&5&6\\7&8&9\end{pmatrix}\boldsymbol{x}$ 的对称矩阵.

4. 对于下列对称矩阵 $\boldsymbol{A}$ 与 $\boldsymbol{B}$，求出非奇异矩阵 $\boldsymbol{C}$，使 $\boldsymbol{C}^{\mathrm{T}}\boldsymbol{A}\boldsymbol{C}=\boldsymbol{B}$，$\boldsymbol{A}=\begin{pmatrix}0&1&1\\1&2&1\\1&1&0\end{pmatrix}$，$\boldsymbol{B}=\begin{pmatrix}2&1&1\\1&0&1\\1&1&0\end{pmatrix}$.

5. 求二次型 $f(x_1, x_2, x_3)=\boldsymbol{x}^{\mathrm{T}}\begin{pmatrix}1 & 2 & 1\\0 & 1 & 0\\1 & 2 & 1\end{pmatrix}\boldsymbol{x}$ 的秩.

6. 设二次型 $f=2x_1^2+x_2^2-4x_1x_2-4x_2x_3$，分别作下列可逆矩阵变换，求出新的二次型：

(1) $\boldsymbol{x}=\begin{pmatrix}1 & 1 & -2\\0 & 1 & -2\\0 & 0 & 1\end{pmatrix}\boldsymbol{y}$；　　(2) $\boldsymbol{x}=\begin{pmatrix}\frac{1}{\sqrt{2}} & 1 & -1\\0 & 1 & -1\\0 & 0 & \frac{1}{2}\end{pmatrix}\boldsymbol{y}$.

7. 求一个正交变换将下列二次型化成标准形：

(1) $f=2x_1^2+3x_2^2+3x_3^2+4x_1x_3$；

(2) $f=x_1^2+x_2^2+x_3^2+x_4^2+2x_1x_2-2x_1x_4-2x_2x_3+2x_3x_4$.

8. 求一个正交变换把二次曲面方程 $x_1^2+2x_2^2+x_3^2-2x_1x_3=1$ 化成标准方程.

9. 已知二次型 $5x_1^2+5x_2^2+cx_3^2-2x_1x_2+6x_1x_3-6x_2x_3$ 的秩为 2，求 c，并用正交变换化二次型为标准形.

10. 用配方法化为下列二次型为标准形，并写出所用变换的矩阵.

(1) $f(x_1, x_2, x_3)=x_1^2+2x_3^2+2x_1x_3-2x_2x_3$；

(2) $f(x_1, x_2, x_3)=-4x_1x_2+2x_1x_3+2x_2x_3$.

11. 用初等变换法将二次型 $f(x_1, x_2, x_3)=x_1^2-x_3^2+2x_1x_2+2x_2x_3$ 化为标准形.

12. 将下列二次型化为规范形，并指出其正惯性指数及秩.

(1) $x_1^2+2x_2^2+2x_1x_2-2x_1x_3$；

(2) $2x_1x_2+2x_2x_3+2x_3x_4+2x_1x_4$；

(3) $x_1^2+x_2^2-x_4^2-2x_1x_4$.

总习题 4

1. 设 $\boldsymbol{a}=\begin{pmatrix}1\\0\\-2\end{pmatrix}$，$\boldsymbol{b}=\begin{pmatrix}-4\\2\\3\end{pmatrix}$，$\boldsymbol{c}$ 与 $\boldsymbol{a}$ 正交，且 $\boldsymbol{b}=\lambda\boldsymbol{a}+\boldsymbol{c}$，求 λ 和 $\boldsymbol{c}$.

2. 试把下列向量组进行施密特正交化，然后进行单位化：

(1) $(\boldsymbol{a}_1, \boldsymbol{a}_2, \boldsymbol{a}_3)=\begin{pmatrix}1&1&1\\1&2&4\\1&3&9\end{pmatrix}$；

(2) $(\boldsymbol{a}_1, \boldsymbol{a}_2, \boldsymbol{a}_3)=\begin{pmatrix}1&1&-1\\0&-1&1\\-1&0&1\\1&1&0\end{pmatrix}$.

3. 下列矩阵是不是正交矩阵？说明理由.

(1) $\begin{pmatrix}1&-\frac{1}{2}&\frac{1}{3}\\-\frac{1}{2}&1&\frac{1}{2}\\\frac{1}{3}&\frac{1}{2}&-1\end{pmatrix}$；　　(2) $\begin{pmatrix}\frac{1}{9}&-\frac{8}{9}&-\frac{4}{9}\\-\frac{8}{9}&\frac{1}{9}&-\frac{4}{9}\\-\frac{4}{9}&-\frac{4}{9}&\frac{7}{9}\end{pmatrix}$.

4. 设 $\boldsymbol{x}$ 为 n 维列向量，$\boldsymbol{x}^{\mathrm{T}}\boldsymbol{x}=1$，令 $\boldsymbol{H}=\boldsymbol{E}-2\boldsymbol{x}\boldsymbol{x}^{\mathrm{T}}$，证明：$\boldsymbol{H}$ 是对称正交矩阵.

5. 设 $\boldsymbol{a}_1$，$\boldsymbol{a}_2$，$\boldsymbol{a}_3$ 为两两正交的单位向量组，$\boldsymbol{b}_1=-\frac{1}{3}\boldsymbol{a}_1+\frac{2}{3}\boldsymbol{a}_2+\frac{2}{3}\boldsymbol{a}_3$，$\boldsymbol{b}_2=\frac{2}{3}\boldsymbol{a}_1+\frac{2}{3}\boldsymbol{a}_2-\frac{1}{3}\boldsymbol{a}_3$，$\boldsymbol{b}_3=-\frac{2}{3}\boldsymbol{a}_1+\frac{1}{3}\boldsymbol{a}_2-\frac{2}{3}\boldsymbol{a}_3$，证明：$\boldsymbol{b}_1$，$\boldsymbol{b}_2$，$\boldsymbol{b}_3$ 也是两两正交的单位向量组.

6. 求下列矩阵的特征值与特征向量：

(1) $\boldsymbol{A}=\begin{pmatrix}3&1\\5&-1\end{pmatrix}$；　　(2) $\boldsymbol{A}=\begin{pmatrix}-3&4\\2&-1\end{pmatrix}$；

(3) $\boldsymbol{A}=\begin{pmatrix}-1&1&0\\-4&3&0\\1&0&2\end{pmatrix}$；　　(4) $\boldsymbol{A}=\begin{pmatrix}-1&1&1\\1&-1&1\\1&1&-1\end{pmatrix}$；

(5) $\boldsymbol{A}=\begin{pmatrix}0&0&0&1\\0&0&1&0\\0&1&0&0\\1&0&0&0\end{pmatrix}$；　　(6) $\boldsymbol{A}=\begin{pmatrix}1&3&1&2\\0&-1&1&3\\0&0&2&5\\0&0&0&2\end{pmatrix}$.

7. 已知 n 阶矩阵 $\boldsymbol{A}$ 的特征值为 λ，求：

(1) $k\boldsymbol{A}$ 的特征值(k 为实数)；

(2) $\boldsymbol{A}+\boldsymbol{E}$ 的特征值.

8. 已知 $\boldsymbol{A}$ 为 n 阶矩阵，且满足 $\boldsymbol{A}^2=\boldsymbol{A}$，试证：$\boldsymbol{A}$ 的特征值只能为 0 或者 1.

9. 已知 $\boldsymbol{A}=\begin{pmatrix}0&0&1\\x&1&0\\1&0&0\end{pmatrix}$ 有 3 个线性无关的特征向量，求 x.

10. 设 $\boldsymbol{A}$ 为 n 阶矩阵，证明：$\boldsymbol{A}^{\mathrm{T}}$ 与 $\boldsymbol{A}$ 的特征值相同.

11. 已知三阶矩阵 $\boldsymbol{A}$ 的特征值为 1，-1，2，设 $\boldsymbol{B}=\boldsymbol{A}^3-5\boldsymbol{A}^2$，求 $|\boldsymbol{B}|$，$|\boldsymbol{A}-5\boldsymbol{E}|$.

12. 设 $\boldsymbol{A}$ 为 n 阶正交阵，且 $|\boldsymbol{A}|=-1$，证明：$\boldsymbol{E}+\boldsymbol{A}$ 不可逆.

13. 设 $\boldsymbol{A}$ 为 n 阶正交阵，且 $|\boldsymbol{A}|=-1$，证明：$\lambda=-1$ 是 $\boldsymbol{A}$ 的特征值.

14. 设矩阵 $\boldsymbol{A}=\begin{pmatrix}1&-1\\2&4\end{pmatrix}$，求 $\boldsymbol{A}^n$.

15. 设矩阵 $\boldsymbol{A}=\begin{pmatrix}1&4&2\\0&-3&4\\0&4&3\end{pmatrix}$，求 $\boldsymbol{A}^{100}$.

16. 设方阵 $\boldsymbol{A}=\begin{pmatrix}-1&2&4\\2&x&2\\4&2&-1\end{pmatrix}$ 与 $\boldsymbol{D}=\begin{pmatrix}5&&\\&y&\\&&-5\end{pmatrix}$ 相似，求 x、y，并求一个正交矩阵 $\boldsymbol{P}$，使得 $\boldsymbol{P}^{-1}\boldsymbol{A}\boldsymbol{P}=\boldsymbol{\Lambda}$.

17. 设三阶方阵 $\boldsymbol{A}$ 的特征值为 0，1，-1，$\boldsymbol{p}_1=\begin{pmatrix}1\\0\\0\end{pmatrix}$，$\boldsymbol{p}_2=\begin{pmatrix}1\\1\\0\end{pmatrix}$，$\boldsymbol{p}_3=\begin{pmatrix}0\\1\\1\end{pmatrix}$ 为依次对应的特征向量，求 $\boldsymbol{A}$ 及 $\boldsymbol{A}^{2n}$.

18. 设三阶方阵 $\boldsymbol{A}$ 的特征值为 $\lambda_1=1$，$\lambda_2=-1$，$\lambda_3=0$，对应的特征向量依次为 $\boldsymbol{p}_1=\begin{pmatrix}1\\2\\2\end{pmatrix}$，$\boldsymbol{p}_2=\begin{pmatrix}2\\1\\-2\end{pmatrix}$，求 $\boldsymbol{A}$.

19. 设三阶方阵 $\boldsymbol{A}$ 的特征值为 $\lambda_1=-1$，$\lambda_2=\lambda_3=1$，对应的特征向量为 $\boldsymbol{p}_1=\begin{pmatrix}0\\1\\1\end{pmatrix}$，求 $\boldsymbol{A}$.

20. 设三阶方阵 $\boldsymbol{A}$ 的特征值为 1，2，−3，求 $|\boldsymbol{A}^3-3\boldsymbol{A}+\boldsymbol{E}|$.

21. 设矩阵 $\boldsymbol{A}=\begin{pmatrix}0&1&0&0\\1&0&0&0\\0&0&y&1\\0&0&1&2\end{pmatrix}$.

(1) 已知 $\boldsymbol{A}$ 的一个特征值为 3，试求 y；

(2) 求矩阵 $\boldsymbol{P}$，使 $(\boldsymbol{AP})^{\mathrm{T}}(\boldsymbol{AP})$ 为对角矩阵.

22. 写出下列二次型的矩阵：

(1) $x_1^2+2x_2^2-x_3^2+2x_1x_2-2x_2x_3$；

(2) $2x_1^2+4x_1x_2+7x_2^2+5x_1x_3+6x_2x_3-x_3^2$；

(3) $x_1^2+x_2^2+x_3^2+x_4^2-2x_1x_2+4x_1x_3-2x_1x_4+6x_2x_3-4x_2x_4$.

23. 写出下列矩阵的二次型：

(1) $\begin{pmatrix}1&-1&0\\-1&2&3\\0&3&4\end{pmatrix}$；　　(2) $\begin{pmatrix}1&0&0\\0&-1&0\\0&0&0\end{pmatrix}$.

24. 求一个正交变换把下列二次型化为标准形：

(1) $f=x_1^2+2x_2^2+3x_3^2-4x_1x_2-4x_2x_3$；

(2) $f=x_1^2+3x_2^2+9x_3^2+19x_4^2-2x_1x_2+4x_1x_3+2x_1x_4-2x_2x_3+2x_3x_4$.

25. 已知 $\begin{pmatrix}1\\-1\\0\end{pmatrix}$ 是二次型 $\boldsymbol{x}^{\mathrm{T}}\boldsymbol{A}\boldsymbol{x}=ax_1^2+x_3^2-2x_1x_2+2x_1x_3+2bx_2x_3$ 的矩阵 $\boldsymbol{A}$ 的特征向量，求正交变换化二次型为标准形，并求 $\boldsymbol{x}^{\mathrm{T}}\boldsymbol{x}=2$ 时 $\boldsymbol{x}^{\mathrm{T}}\boldsymbol{A}\boldsymbol{x}$ 的最大值.

26. 求一个正交变换把二次曲面的方程 $3x^2+5y^2+5z^2+4xy-4xz-10yz=1$ 化成标准方程.

27. 设二次型 $f=x_1^2+x_2^2+x_3^2+2a_1x_1x_2+2bx_2x_3+2x_1x_3$ 经正交变换 $\boldsymbol{x}=\boldsymbol{Q}\boldsymbol{y}$

化为 $f=y_2^2+2y_3^2$，试求常数 a，b.

28. 证明：二次型 $\boldsymbol{x}^{\mathrm{T}}\boldsymbol{A}\boldsymbol{x}$ 在 $\|\boldsymbol{x}\|=1$ 时的最大值为矩阵 $\boldsymbol{A}$ 的最大特征值.

29. 设 $\boldsymbol{A}$ 为二阶实矩阵.

(1) 若 $|\boldsymbol{A}|<0$，$\boldsymbol{A}$ 是否可对角化？

(2) 设 $\boldsymbol{A}=\begin{pmatrix} a & b \\ c & d \end{pmatrix}$，其中 $ad-bc=1$，$|a+d|>2$，$\boldsymbol{A}$ 是否可对角化？

附录　部分习题参考答案

习题 1.1

1. (1) 2；　(2) 5；　(3) $ab(b-a)$；　(4) x^3-x^2-1.
2. (1) 18；　(2) -7；　(3) 0；　(4) $(a-b)(b-c)(c-a)$.
4. $x\neq 0$ 且 $x\neq 2$.

习题 1.2

1. (1) 4；　(2) 3；　(3) 20；　(4) 11.
2. $-a_{11}a_{23}a_{32}a_{44}$ 和 $a_{11}a_{23}a_{34}a_{42}$.
3. (1) 正号；　(2) 负号；　(3) 负号.
4. (1) 1；　(2) $(-1)^{\frac{n(n-1)}{2}}a_{1n}a_{2n-1}\cdots a_{n1}$；

   (3) $(-1)^{(n-1)}n!$；　(4) $(-1)^{\frac{n(n-1)}{2}}n!$.

习题 1.3

2. (1) $n!$；　(2) $b_1b_2\cdots b_n$；　(3) $(-1)^{\frac{n(n+1)}{2}}(n+1)^{n-1}$.
3. (1) $x=-3$ 或 $x=3$；(2) $x_1=0$，$x_2=1$，…，$x_{n-2}=n-3$，$x_{n-1}=n-2$.

习题 1.4

1. 0，29.
2. (1) -127；　(2) $b^2(b^2-4a^2)$；

   (3) a^2b^2；　(4) $(x-a)(x-b)(x-c)$.
3. 7.

总习题 1

1. (1) 0；　(2) 2；　(3) 11；　(4) 11；　(5) $\frac{n(n-1)}{2}$；　(6) $n(n-1)$.

2. $-2003!$.

3. (1) -4； (2) 0； (3) 2000； (4) $-2(x^3+y^3)$.

4. (1) 8； (2) 80； (3) $(a_2a_3-b_2b_3)(a_1a_4-b_1b_4)$； (4) 1.

5. (1) $a^{n-2}(a^2-1)$； (2) $a_1a_2\cdots a_n\left(1+\sum_{i=1}^{n}\frac{1}{a_i}\right)$；

(3) $(-1)^{\frac{n(n-1)}{2}}\frac{n^n+n^{n-1}}{2}$； (4) $\left(x+\sum_{k=1}^{n}a_k\right)\prod_{k=1}^{n}(x-a_k)$.

7. (1) $x=\pm1$ 或 $x=\pm2$； (2) a，b 或 c.

8. $f'(x)$在$(1,2)$，$(2,3)$，…，$(n-1,n)$各区间内有且仅有一个零点.

9. 0.

10. $A_{41}+A_{42}=12$；$A_{43}+A_{44}=-9$.

习题 2.1

1.
$$\begin{array}{c|c} & B\text{策略}\rightarrow \\ A\text{策略}\downarrow & \begin{array}{ccc}\text{石头} & \text{剪子} & \text{布}\end{array} \\ \begin{array}{c}\text{石头}\\ \text{剪子}\\ \text{布}\end{array} & \begin{pmatrix}0 & 1 & -1\\ -1 & 0 & 1\\ 1 & -1 & 0\end{pmatrix}\end{array}.$$

2.
$$\begin{array}{c} \\ 1\\2\\3\\4\\5\\6\end{array}\begin{array}{c}\begin{array}{cccccc}1&2&3&4&5&6\end{array}\\ \begin{pmatrix} & 1 & 0 & 1 & 1 & 1\\ 0 & & 0 & 1 & 1 & 1\\ 1 & 1 & & 1 & 0 & 0\\ 0 & 0 & 0 & & 1 & 1\\ 0 & 0 & 1 & 0 & & 1\\ 0 & 0 & 1 & 0 & 0 & \end{pmatrix}\end{array}$$
，选手按胜多负少排序为 1、2、3、4、5、6.

习题 2.2

1. (1) $\begin{pmatrix}-1 & 6 & 5\\ -2 & -1 & 12\end{pmatrix}$； (2) $\begin{pmatrix}2 & -1\\ 1 & -2\end{pmatrix}$.

2. (1) $\begin{pmatrix} -1 & 3 & 1 & 5 \\ 8 & 2 & 8 & 2 \\ 3 & 7 & 9 & 13 \end{pmatrix}$； (2) $\begin{pmatrix} 14 & 13 & 8 & 7 \\ -2 & 5 & -2 & 5 \\ 2 & 1 & 6 & 5 \end{pmatrix}$；

(3) $\begin{pmatrix} 3 & 1 & 1 & -1 \\ -4 & 0 & -4 & 0 \\ -1 & -3 & -3 & -5 \end{pmatrix}$.

3. (1) $\begin{pmatrix} 35 \\ 6 \\ 49 \end{pmatrix}$； (2) $\begin{pmatrix} 0 & 0 & 0 \\ 0 & 0 & 0 \\ 0 & 0 & 0 \end{pmatrix}$；

(3) $\begin{pmatrix} 3 & 6 & 9 \\ 2 & 4 & 6 \\ 1 & 2 & 3 \end{pmatrix}$； (4) (10)；

(5) $\begin{pmatrix} 3 & -5 & 4 \\ 1 & 4 & -6 \\ 6 & 2 & -1 \end{pmatrix}$； (6) $\begin{pmatrix} -6 & 29 \\ 5 & 32 \end{pmatrix}$.

4. (1) $3\boldsymbol{AB}-2\boldsymbol{A}=\begin{pmatrix} -2 & 13 & 22 \\ -2 & -17 & 220 \\ 4 & 29 & -2 \end{pmatrix}$；

(2) $\boldsymbol{A}^{\mathrm{T}}\boldsymbol{B}=\begin{pmatrix} 0 & 5 & 8 \\ 0 & -5 & 6 \\ 2 & 9 & 0 \end{pmatrix}$.

5. $\begin{pmatrix} 1 \\ 0 \end{pmatrix}$，$\begin{pmatrix} 1 \\ -1 \end{pmatrix}$.

6. $\begin{cases} x_1=-6z_1+z_2+3z \\ x_2=12z_1-4z_2+9z_3 \\ x_3=-10z_1-z_2+16z_3 \end{cases}$.

7. (1) $\begin{pmatrix} 1 & 1 \\ 0 & 0 \end{pmatrix}$； (2) $\begin{pmatrix} a^n & 0 & 0 \\ 0 & b^n & 0 \\ 0 & 0 & c^n \end{pmatrix}$.

8. $\boldsymbol{A}^n=3^{n-1}\begin{pmatrix}1 & \frac{1}{2} & \frac{1}{3}\\ 2 & 1 & \frac{2}{3}\\ 3 & \frac{3}{2} & 1\end{pmatrix}$.

11. -48.

12. 40.

13. $-6a$.

14. -4.

习题 2.3

1. (1) $\begin{pmatrix}-2 & 1\\ \frac{3}{2} & -\frac{1}{2}\end{pmatrix}$； (2) $\begin{pmatrix}-2 & 1 & 0\\ -\frac{13}{2} & 3 & -\frac{1}{2}\\ -16 & 7 & -1\end{pmatrix}$；

(3) $\begin{pmatrix}1 & -2 & 1 & 0\\ 0 & 1 & -2 & 1\\ 0 & 0 & 1 & -2\\ 0 & 0 & 0 & 1\end{pmatrix}$.

2. $\boldsymbol{A}^{-1}=\dfrac{\boldsymbol{A}-\boldsymbol{E}}{2}$；$-\dfrac{\boldsymbol{A}}{2}$.

4. $\begin{cases}y_1=-7x_1-4x_2+9x_3\\ y_2=6x_1+3x_2-7x_3\\ y_3=3x_1+2x_2-4x_3\end{cases}$.

8. 4.

9. -2.

10. $\begin{pmatrix}-4 & 0 & 0\\ 0 & -2 & -4\\ 0 & -6 & -10\end{pmatrix}$.

11. $\begin{pmatrix} 2 & 0 & 1 \\ 0 & 3 & 0 \\ 1 & 0 & 2 \end{pmatrix}$.

12. $4\begin{pmatrix} 1 & 1 & 1 \\ 1 & 1 & 1 \\ 1 & 1 & 1 \end{pmatrix}$.

习题 2.4

1. (1) $x=3$，$y=-1$；

   (2) $x=1$，$y=2$，$z=3$.

2. $\lambda=-1$ 或 $\lambda=4$.

3. $\lambda\neq-1$ 且 $\lambda\neq-2$.

4. $\lambda=1$ 或 $\mu=0$.

习题 2.5

1. $k\boldsymbol{A}=\begin{pmatrix} k & 0 & 0 & 0 \\ 0 & k & 0 & 0 \\ -k & 2k & k & 0 \\ k & k & 0 & k \end{pmatrix}$，$\boldsymbol{A}+\boldsymbol{B}=\begin{pmatrix} 2 & 0 & 1 & 0 \\ -1 & 3 & 0 & 1 \\ 0 & 2 & 5 & 1 \\ 0 & 0 & 2 & 1 \end{pmatrix}$，

   $\boldsymbol{AB}=\begin{pmatrix} 1 & 0 & 1 & 0 \\ -1 & 2 & 0 & 1 \\ -2 & -2 & 3 & 3 \\ -1 & -2 & 3 & 1 \end{pmatrix}$.

2. (1) $\begin{pmatrix} \boldsymbol{O} & \boldsymbol{A} \\ \boldsymbol{B} & \boldsymbol{O} \end{pmatrix}^{-1}=\begin{pmatrix} \boldsymbol{O} & \boldsymbol{B}^{-1} \\ \boldsymbol{A}^{-1} & \boldsymbol{O} \end{pmatrix}$；

   (2) $\begin{pmatrix} 0 & 0 & 4 & 1 \\ 0 & 0 & 3 & 1 \\ 1 & 0 & 0 & 0 \\ 0 & 1 & 0 & 0 \end{pmatrix}^{-1}=\begin{pmatrix} 0 & 0 & 1 & -1 \\ 0 & 0 & -3 & 4 \\ 1 & 0 & 0 & 0 \\ 0 & 1 & 0 & 0 \end{pmatrix}$.

3. $A^{-1}=\begin{pmatrix}2&4&0&0&0\\0&-2&0&0&0\\0&0&3&0&0\\0&0&0&1&0\\0&0&0&3&4\end{pmatrix}^{-1}=\begin{pmatrix}\frac{1}{2}&1&0&0&0\\0&-\frac{1}{2}&0&0&0\\0&0&\frac{1}{3}&0&0\\0&0&0&1&0\\0&0&0&-\frac{3}{4}&\frac{1}{4}\end{pmatrix}$.

4. $|A^8|=10^{16}$, $A^4=\begin{pmatrix}5^4&0&0&0\\0&5^4&0&0\\0&0&2^4&0\\0&0&2^6&2^4\end{pmatrix}$.

5. (1) -4;

(2) 6.

习题 2.6

1. (1) $\begin{pmatrix}1&0&0&5\\0&0&1&-3\\0&0&0&0\end{pmatrix}$;　(2) $\begin{pmatrix}0&1&0&5\\0&0&1&3\\0&0&0&0\end{pmatrix}$;

(3) $\begin{pmatrix}1&-1&0&2&-3\\0&0&1&-2&2\\0&0&0&0&0\\0&0&0&0&0\end{pmatrix}$; (4) $\begin{pmatrix}1&0&2&0&-2\\0&1&-1&0&3\\0&0&0&1&4\\0&0&0&0&0\end{pmatrix}$.

2. (1) C;　(2) C;　(3) A.

3. (1) $\begin{pmatrix}1&0&0\\\frac{1}{2}&\frac{1}{2}&0\\0&-\frac{1}{3}&\frac{1}{3}\end{pmatrix}$;　(2) $\begin{pmatrix}\frac{2}{3}&\frac{2}{9}&-\frac{1}{9}\\-\frac{1}{3}&-\frac{1}{6}&\frac{1}{6}\\-\frac{1}{3}&\frac{1}{9}&\frac{1}{9}\end{pmatrix}$;

(3) $\begin{pmatrix} \frac{7}{6} & \frac{2}{3} & -\frac{3}{2} \\ -1 & -1 & 2 \\ -\frac{1}{2} & 0 & \frac{1}{2} \end{pmatrix}$； (4) $\begin{pmatrix} 1 & 1 & -2 & -4 \\ 0 & 1 & 0 & -1 \\ -1 & -1 & 3 & 6 \\ 2 & 1 & -6 & -10 \end{pmatrix}$.

4. (1) $\begin{pmatrix} 10 & 2 \\ -15 & -3 \\ 12 & 4 \end{pmatrix}$； (2) $\begin{pmatrix} 2 & -1 & -1 \\ -4 & 7 & 4 \end{pmatrix}$；

(3) $\begin{pmatrix} 0 & 1 & -1 \\ -1 & 0 & 1 \\ 1 & -1 & 0 \end{pmatrix}$； (4) $\begin{pmatrix} 2 & 0 & -1 \\ -7 & -4 & 3 \\ -4 & -2 & 1 \end{pmatrix}$.

5. (1) $\frac{1}{8}(\boldsymbol{A}-4\boldsymbol{E})$；

(2) $\begin{pmatrix} 0 & 2 & 0 \\ -1 & -1 & 0 \\ 0 & 0 & -2 \end{pmatrix}$.

6. $\boldsymbol{X}=\begin{pmatrix} 5 & -2 & -2 \\ 4 & -3 & -2 \\ -2 & 3 & 3 \end{pmatrix}$.

习题 2.7

1. 可能有，可能有.
2. $R(\boldsymbol{A})\geqslant R(\boldsymbol{B})$.
3. (1) $R(\boldsymbol{A})=2$； (2) $R(\boldsymbol{A})=2$；

   (3) $R(\boldsymbol{A})=3$； (4) $R(\boldsymbol{A})=3$.
4. 当 $\lambda=3$ 时 $R(\boldsymbol{A})=2$；当 $\lambda\neq3$ 时 $R(\boldsymbol{A})=3$.
5. (1) 当 $k\neq0$ 且 $k\neq1$ 时，$R(\boldsymbol{A})=R(\boldsymbol{A})=3$；

   (2) 当 $k=0$ 时，$R(\boldsymbol{A})=2$，$R(\boldsymbol{B})=3$，且 $R(\boldsymbol{A})<R(\boldsymbol{B})$；

   (3) 当 $k=1$ 时，$R(\boldsymbol{A})=R(\boldsymbol{A})=2<3$.

总习题 2

1. (1) $\begin{pmatrix} -2 & -3 & -2 & -3 \\ 8 & -2 & 7 & 0 \\ 1 & -1 & 4 & 5 \end{pmatrix}$; (2) $\begin{pmatrix} 5 & 3 & 5 & 3 \\ -2 & 5 & -4 & 9 \\ 2 & 7 & 8 & 1 \end{pmatrix}$;

(3) $\boldsymbol{X}=\dfrac{1}{2}\begin{pmatrix} 0 & 1 & 0 & 1 \\ -4 & 0 & -3 & -2 \\ -1 & -1 & -4 & -3 \end{pmatrix}$.

2. (1) $\begin{pmatrix} -1 & 2 \\ -2 & 4 \\ -3 & 6 \end{pmatrix}$; (2) $\begin{pmatrix} 2 & 5 & 5 \\ 8 & 2 & 8 \end{pmatrix}$;

(3) $\begin{pmatrix} 5 & 1 \\ 1 & 26 \end{pmatrix}$; (4) $\begin{pmatrix} 5 & 3 & 2 & 1 \\ 16 & -3 & 1 & 5 \\ 4 & -6 & -2 & 2 \end{pmatrix}$.

6. 0.

7. (1) $\boldsymbol{A}^2=\begin{pmatrix} 1 & 0 \\ 2\lambda & 1 \end{pmatrix}$, $\boldsymbol{A}^3=\begin{pmatrix} 1 & 0 \\ 3\lambda & 1 \end{pmatrix}$, …, $\boldsymbol{A}^n=\begin{pmatrix} 1 & 0 \\ n\lambda & 1 \end{pmatrix}$;

(2) $\boldsymbol{A}^n=\boldsymbol{O}$;

(3) $\begin{pmatrix} \lambda^4 & 4\lambda^3 & 6\lambda^2 \\ 0 & \lambda^4 & 4\lambda^3 \\ & & \lambda^4 \end{pmatrix}$.

8. (1) $10^{25}\boldsymbol{E}$, $10^{25}\begin{pmatrix} 3 & 1 \\ 1 & -3 \end{pmatrix}$; (2) $-8^{99}\begin{pmatrix} 2 & 4 & 8 \\ 1 & 2 & 4 \\ -3 & -6 & -12 \end{pmatrix}$.

9. $\boldsymbol{A}^{-1}=\dfrac{1}{2}(\boldsymbol{A}-\boldsymbol{E})$, $(\boldsymbol{A}+2\boldsymbol{E})^{-1}=\dfrac{1}{4}(3\boldsymbol{E}-\boldsymbol{A})$.

10. (1) $\begin{pmatrix} 1 & 0 & 7 & 0 \\ 0 & 1 & 5 & -1 \\ 0 & 0 & -1 & -1 \end{pmatrix}$, $R(\boldsymbol{A})=3$;

(2) $\begin{pmatrix} 1 & -2 & 3 & -4 & 4 \\ 0 & 1 & -1 & 1 & -3 \\ 0 & 0 & 2 & -4 & 12 \\ 0 & 0 & 0 & 0 & 0 \end{pmatrix}$, $R(\boldsymbol{A})=3$.

11. (1) $\frac{1}{3}\begin{pmatrix} -1 & 2 \\ 2 & -1 \end{pmatrix}$; (2) $\begin{pmatrix} 1 & -1 & 0 \\ -2 & 3 & -4 \\ -2 & 3 & -3 \end{pmatrix}$;

(3) $\frac{1}{5}\begin{pmatrix} 2 & -3 & 2 \\ -3 & 2 & 2 \\ 2 & 2 & -3 \end{pmatrix}$; (4) $\begin{pmatrix} \frac{2}{3} & \frac{2}{9} & -\frac{1}{9} \\ -\frac{1}{3} & -\frac{1}{6} & \frac{1}{6} \\ -\frac{1}{3} & \frac{1}{9} & \frac{1}{9} \end{pmatrix}$;

(5) $\begin{pmatrix} 1 & 0 & 0 & 0 \\ -2 & 1 & 0 & 0 \\ 1 & -2 & 1 & 0 \\ 0 & 1 & -2 & 1 \end{pmatrix}$; (6) $\begin{pmatrix} 0 & 0 & 0 & 1 \\ 0 & 0 & 1 & -1 \\ 0 & 1 & -1 & 0 \\ 1 & -1 & 0 & 0 \end{pmatrix}$.

12. (1) $\begin{pmatrix} 18 & -32 \\ 5 & -8 \end{pmatrix}$; (2) $\begin{pmatrix} 2 & 3 \\ -1 & 2 \\ 3 & -1 \end{pmatrix}$;

(3) $\begin{pmatrix} -2 & 2 & 1 \\ -\frac{8}{3} & 5 & -\frac{2}{3} \end{pmatrix}$.

13. (1) $\begin{pmatrix} 0 & \frac{3}{2} & -\frac{1}{2} \\ 0 & -2 & 1 \\ 5 & 0 & 0 \end{pmatrix}$;

(2) $\begin{pmatrix} 1 & -2 & 0 & 0 \\ -2 & 5 & 0 & 0 \\ 0 & 0 & 2 & -3 \\ 0 & 0 & -5 & 8 \end{pmatrix}$;

(3) $\begin{pmatrix} 1 & 0 & 0 & 0 \\ -\frac{1}{2} & \frac{1}{2} & 0 & 0 \\ -\frac{1}{2} & -\frac{1}{6} & \frac{1}{3} & 0 \\ \frac{1}{8} & -\frac{5}{24} & -\frac{1}{12} & \frac{1}{4} \end{pmatrix}$.

14. $\begin{pmatrix} 0 & 3 & 3 \\ -1 & 2 & 3 \\ 1 & 1 & 0 \end{pmatrix}$.

15. $\begin{pmatrix} 0 & 1 & -1 \\ -1 & 0 & 1 \\ 1 & -1 & 0 \end{pmatrix}$.

16. $\boldsymbol{B}=\boldsymbol{A}+\boldsymbol{E}=\begin{pmatrix} 2 & 0 & 1 \\ 0 & 3 & 0 \\ 1 & 0 & 2 \end{pmatrix}$.

17. $\boldsymbol{B}=2\boldsymbol{A}=2\begin{pmatrix} 1 & & \\ & -2 & \\ & & 1 \end{pmatrix}$.

18. (1) $\boldsymbol{E}+\boldsymbol{A}$;　(2) $\begin{pmatrix} \frac{1}{2} & 0 & 0 \\ 0 & \frac{7}{2} & -\frac{3}{2} \\ 0 & 9 & -4 \end{pmatrix}$.

19. $-\frac{16}{27}$.

20. (1) -3750;　(2) -6;　(3) $-\frac{1}{6}$;　(4) $-\frac{1}{6}$;　(5) $-\frac{1}{6}$.

21. $\frac{1}{4}\begin{pmatrix} 1 & 1 & 0 \\ 0 & 1 & 1 \\ 1 & 0 & 1 \end{pmatrix}$.

22. $\begin{pmatrix} 2 & -4 & 0 & 0 \\ -2 & -2 & 0 & 0 \\ 0 & 0 & 2 & 2 \\ 0 & 0 & -1 & 2 \end{pmatrix}$.

23. (1) $k=1$； (2) $k=-2$； (3) $k\neq 1$ 且 $k\neq -2$.

24. $k=1$.

习题 3.1

1. (1) 一定有解； (2) $\beta=-2$.

2. (1) 有无穷多解； (2) 有唯一解.

3. 无论 λ 为何值，方程组均没有非零解.

4. 当 $\lambda=-2$ 时，则方程组无解；

当 $\lambda\neq 1$ 且 $\lambda\neq -2$ 时，方程组有唯一解，解分别为

$$x_1=-\frac{1+\lambda}{2+\lambda},\ x_2=\frac{1}{2+\lambda},\ x_3=\frac{(1+\lambda)^2}{(2+\lambda)}$$

当 $\lambda=1$ 时，方程组有无穷多个解，解为

$$k_1\begin{pmatrix} -1 \\ 1 \\ 0 \end{pmatrix}+k_2\begin{pmatrix} -1 \\ 0 \\ 1 \end{pmatrix}+\begin{pmatrix} 1 \\ 0 \\ 0 \end{pmatrix},\quad k_1,\ k_2\in \mathbf{R}$$

6. 当 $\lambda\neq 0$ 且 $\lambda\neq -3$ 时，$R(\mathbf{A})=R(\mathbf{A})=3$，方程组有唯一解；

当 $\lambda=0$ 时，$R(\mathbf{A})=1$，$R(\mathbf{A})=2$ 方程组无解.

当 $\lambda=-3$ 时，$R(\mathbf{A})=R(\mathbf{A})=2$，方程组有无穷多解，解为

$$c\begin{pmatrix} 1 \\ 1 \\ 1 \end{pmatrix}+\begin{pmatrix} -1 \\ -2 \\ 0 \end{pmatrix},\quad c\in \mathbf{R}$$

习题 3.2

1. $\boldsymbol{\alpha}_1-\boldsymbol{\alpha}_2=(1\quad 0\quad -1)^{\mathrm{T}}$，$3\boldsymbol{\alpha}_1+2\boldsymbol{\alpha}_2-\boldsymbol{\alpha}_3=(0\quad 1\quad 2)^{\mathrm{T}}$.

2. $\boldsymbol{\beta}=-11\boldsymbol{\alpha}_1+14\boldsymbol{\alpha}_2+9\boldsymbol{\alpha}_3$.

3. $\begin{cases}\boldsymbol{\gamma}_1=4\boldsymbol{\alpha}_1+4\boldsymbol{\alpha}_2-17\boldsymbol{\alpha}_3\\ \boldsymbol{\gamma}_2=23\boldsymbol{\alpha}_2-7\boldsymbol{\alpha}_3\end{cases}$ 或 $\begin{pmatrix}\boldsymbol{\gamma}_1\\ \boldsymbol{\gamma}_2\end{pmatrix}=\begin{pmatrix}4 & 4 & -17\\ 0 & 23 & -7\end{pmatrix}\begin{pmatrix}\boldsymbol{\alpha}_1\\ \boldsymbol{\alpha}_2\\ \boldsymbol{\alpha}_3\end{pmatrix}$.

4. $\boldsymbol{\alpha}_1=\frac{1}{2}(\boldsymbol{\beta}_1+\boldsymbol{\beta}_2)$，$\boldsymbol{\alpha}_2=\frac{1}{2}(\boldsymbol{\beta}_2+\boldsymbol{\beta}_3)$，$\boldsymbol{\alpha}_3=\frac{1}{2}(\boldsymbol{\beta}_1+\boldsymbol{\beta}_3)$.

6. (1) 当 $\lambda\neq 0$ 且 $\lambda\neq -3$ 时，$\boldsymbol{\beta}$ 可由 $\boldsymbol{\alpha}_1$，$\boldsymbol{\alpha}_2$，$\boldsymbol{\alpha}_3$ 唯一地线性表示；

(2) 当 $\lambda=0$ 时，$\boldsymbol{\beta}$ 可由 $\boldsymbol{\alpha}_1$，$\boldsymbol{\alpha}_2$，$\boldsymbol{\alpha}_3$ 线性表示，但表达式不唯一；

(3) 当 $\lambda=-3$ 时，$\boldsymbol{\beta}$ 不能由 $\boldsymbol{\alpha}_1$，$\boldsymbol{\alpha}_2$，$\boldsymbol{\alpha}_3$ 线性表示.

习题 3.3

1. (1) 线性相关；　(2) 线性相关；　(3) 线性无关；

(4) 线性相关；　(5) 线性相关；　(6) 线性无关；

(7) 线性无关；　(8) 线性无关；　(9) 线性无关.

2. 当 $a=2$ 或 $a=-1$ 时，$\boldsymbol{\alpha}_1$，$\boldsymbol{\alpha}_2$，$\boldsymbol{\alpha}_3$ 线性相关.

3. $\boldsymbol{\beta}=-\frac{k_1}{k_1+k_2}\boldsymbol{\alpha}_1-\frac{k_2}{k_1+k_2}\boldsymbol{\alpha}_2$，$k_1$，$k_2\in\mathbf{R}$，$k_1+k_2\neq 0$.

5. -17.

习题 3.4

1. (1) 不正确. 如果 $\boldsymbol{A}=\begin{pmatrix}1 & 0 & \cdots & 0\\ 0 & 0 & \cdots & 0\\ \vdots & \vdots & & \vdots\\ 0 & 0 & \cdots & 0\end{pmatrix}$，$R(\boldsymbol{A})=1$，但 $\boldsymbol{A}$ 中后 $n-1$ 个向量每一个均线性相关，则结论不成立.

(2) 不正确. 还可能为 $s=t$，如 $\boldsymbol{\alpha}_1=\begin{pmatrix}1\\1\end{pmatrix}$，$\boldsymbol{\alpha}_2=\begin{pmatrix}0\\1\end{pmatrix}$，$\boldsymbol{\beta}_1=\begin{pmatrix}1\\0\end{pmatrix}$，$\boldsymbol{\beta}_2=\begin{pmatrix}0\\2\end{pmatrix}$.

(3) 正确. 矩阵 $\boldsymbol{A}$ 的秩等于 $\boldsymbol{A}$ 的行向量组的秩，也等于 $\boldsymbol{A}$ 的列向量组的秩.

(4) 正确. 因为如果一个向量组有线性相关的部分组，则这个向量组线性相关.

2. (1) $\boldsymbol{\alpha}_1$, $\boldsymbol{\alpha}_2$, $\boldsymbol{\alpha}_3$ 是向量组的一个极大无关组，$R(\boldsymbol{\alpha}_1, \boldsymbol{\alpha}_2, \boldsymbol{\alpha}_3, \boldsymbol{\alpha}_4)=3$，且 $\boldsymbol{\alpha}_4=-3\boldsymbol{\alpha}_1+5\boldsymbol{\alpha}_2-\boldsymbol{\alpha}_3$.

(2) $\boldsymbol{\alpha}_1$, $\boldsymbol{\alpha}_2$ 是向量组的一个极大无关组，

$$R(\boldsymbol{\alpha}_1, \boldsymbol{\alpha}_2, \boldsymbol{\alpha}_3)=2,\ \boldsymbol{\alpha}_3=-\frac{11}{9}\boldsymbol{\alpha}_1+\frac{5}{9}\boldsymbol{\alpha}_2$$

(3) $\boldsymbol{\alpha}_1$, $\boldsymbol{\alpha}_2$ 是向量组的一个极大无关组，

$$R(\boldsymbol{\alpha}_1, \boldsymbol{\alpha}_2, \boldsymbol{\alpha}_3, \boldsymbol{\alpha}_4)=2,\ \boldsymbol{\alpha}_3=\frac{3}{2}\boldsymbol{\alpha}_1-\frac{7}{2}\boldsymbol{\alpha}_2,\ \boldsymbol{\alpha}_4=\boldsymbol{\alpha}_1+2\boldsymbol{\alpha}_2$$

(4) $\boldsymbol{\alpha}_1$, $\boldsymbol{\alpha}_2$ 是向量组的一个极大无关组，

$$R(\boldsymbol{\alpha}_1, \boldsymbol{\alpha}_2, \boldsymbol{\alpha}_3, \boldsymbol{\alpha}_4)=2,\ \boldsymbol{\alpha}_3=\frac{4}{3}\boldsymbol{\alpha}_1-\frac{1}{3}\boldsymbol{\alpha}_2,\ \boldsymbol{\alpha}_4=\frac{13}{3}\boldsymbol{\alpha}_1+\frac{2}{3}\boldsymbol{\alpha}_2$$

(5) $\boldsymbol{\alpha}_1$, $\boldsymbol{\alpha}_2$, $\boldsymbol{\alpha}_4$ 是向量组的一个极大无关组，

$$R(\boldsymbol{\alpha}_1, \boldsymbol{\alpha}_2, \boldsymbol{\alpha}_3, \boldsymbol{\alpha}_4)=3,\ \boldsymbol{\alpha}_3=-\boldsymbol{\alpha}_1-\boldsymbol{\alpha}_2,\ \boldsymbol{\alpha}_5=4\boldsymbol{\alpha}_1+3\boldsymbol{\alpha}_2-3\boldsymbol{\alpha}_4$$

3. $a=2$，$b=5$.

5. $\boldsymbol{\beta}=c\boldsymbol{\alpha}_1-(1+c)\boldsymbol{\alpha}_2$, $c\in\mathbf{R}$.

6. 若 $\boldsymbol{\alpha}_1=\begin{pmatrix}1\\0\end{pmatrix}$, $\boldsymbol{\alpha}_2=\begin{pmatrix}0\\0\end{pmatrix}$, $\boldsymbol{\beta}_1=\begin{pmatrix}0\\0\end{pmatrix}$, $\boldsymbol{\beta}_2=\begin{pmatrix}0\\1\end{pmatrix}$，则 $\boldsymbol{\alpha}_1+\boldsymbol{\beta}_1$, $\boldsymbol{\alpha}_2+\boldsymbol{\beta}_2$ 线性无关.

7. (1) 线性无关；(2) 线性无关；(3) 线性相关.

9. 不等价.

11. (1) $\boldsymbol{B}=\begin{pmatrix}0&0&0\\1&0&3\\0&1&-2\end{pmatrix}$；

(2) $|\boldsymbol{A}|=|\boldsymbol{B}|=0$.

习题 3.5

1. V_1 是向量空间；V_2是向量空间；V_3是向量空间；V_4不是向量空间.

3. $\boldsymbol{v}_1=2\boldsymbol{\alpha}_1+3\boldsymbol{\alpha}_2-\boldsymbol{\alpha}_3$, $\boldsymbol{v}_2=3\boldsymbol{\alpha}_1-3\boldsymbol{\alpha}_2-2\boldsymbol{\alpha}_3$.

4. 依次为 1，2，3.

5. (1) $\begin{pmatrix}2&3&4\\0&-1&0\\-1&0&-1\end{pmatrix}$；(2) $\begin{pmatrix}-8\\-1\\5\end{pmatrix}$.

6. (1) $\begin{pmatrix} 1 & -1 & -1 \\ 1 & 1 & 0 \\ 1 & 0 & 2 \end{pmatrix}$； (2) $\boldsymbol{\eta}_1=\begin{pmatrix} -1 \\ -4 \\ 3 \end{pmatrix}$，$\boldsymbol{\eta}_2=\begin{pmatrix} -1 \\ -3 \\ 4 \end{pmatrix}$，$\boldsymbol{\eta}_3=\begin{pmatrix} 1 \\ -1 \\ 2 \end{pmatrix}$.

习题 3.6

3. $\begin{pmatrix} 1 & 0 \\ 0 & 1 \\ \frac{11}{2} & \frac{1}{2} \\ -\frac{5}{2} & \frac{1}{2} \end{pmatrix}$.

4. (1) $\begin{cases} 2x_1-3x_2+x_4=0 \\ x_1-3x_3+2x_4=0 \end{cases}$；

(2) $\begin{cases} 5x_1+x_2-x_3-x_4=0 \\ x_1+x_2-x_3-x_5=0 \end{cases}$.

5. (1) 基础解系 $\begin{pmatrix} -4 \\ -4 \\ 4 \\ 8 \\ 0 \end{pmatrix}$，$\begin{pmatrix} 7 \\ 5 \\ -5 \\ 0 \\ 8 \end{pmatrix}$，方程组的通解为 $\boldsymbol{X}=k_1\begin{pmatrix} -4 \\ -4 \\ 4 \\ 8 \\ 0 \end{pmatrix}+k_2\begin{pmatrix} 7 \\ 5 \\ -5 \\ 0 \\ 8 \end{pmatrix}$，其中 k_1，k_2 为任意常数.

(2) 基础解系 $\begin{pmatrix} 0 \\ 0 \\ 0 \\ 1 \\ 1 \end{pmatrix}$，方程组的通解为 $\boldsymbol{X}=k\begin{pmatrix} 0 \\ 0 \\ 0 \\ 1 \\ 1 \end{pmatrix}$，其中 k 为任意常数；

(3) 基础解系 $\begin{pmatrix} 4 \\ -9 \\ 4 \\ 3 \end{pmatrix}$，方程组的通解为 $\boldsymbol{X}=k\begin{pmatrix} 4 \\ -9 \\ 4 \\ 3 \end{pmatrix}$，其中 k 为任意常数；

(4) 基础解系$\begin{pmatrix}1\\-1\\-1\\2\end{pmatrix}$，方程组的通解为 $\boldsymbol{X}=k\begin{pmatrix}1\\-1\\-1\\2\end{pmatrix}$，其中 k 为任意常数.

6. (1) 通解为 $\boldsymbol{X}=\begin{pmatrix}\frac{1}{2}\\0\\0\\0\end{pmatrix}+k_1\begin{pmatrix}-1\\2\\0\\0\end{pmatrix}+k_2\begin{pmatrix}1\\0\\2\\0\end{pmatrix}$，$k_1$，$k_2$ 取任意的实数；

(2) 通解为 $\boldsymbol{X}=\begin{pmatrix}\frac{1}{3}\\0\\0\\-1\end{pmatrix}^{\mathrm{T}}+k_1\begin{pmatrix}4\\3\\0\\0\end{pmatrix}^{\mathrm{T}}+k_2\begin{pmatrix}-1\\0\\3\\0\end{pmatrix}^{\mathrm{T}}$，$k_1$，$k_2$ 取任意的实数；

(3) 通解为 $\boldsymbol{X}=\begin{pmatrix}\frac{1}{2}\\0\\0\\0\end{pmatrix}+k_1\begin{pmatrix}-1\\2\\0\\0\end{pmatrix}+k_2\begin{pmatrix}1\\0\\2\\0\end{pmatrix}$，$k_1$，$k_2$ 取任意的实数；

(4) 通解为 $\boldsymbol{X}=\begin{pmatrix}\frac{1}{2}\\0\\0\\0\end{pmatrix}+k_1\begin{pmatrix}-1\\2\\0\\0\end{pmatrix}+k_2\begin{pmatrix}1\\0\\2\\0\end{pmatrix}$，$k_1$，$k_2$ 取任意的实数；

(5) 通解为 $\boldsymbol{X}=\begin{pmatrix}4\\0\\1\\0\end{pmatrix}+k_1\begin{pmatrix}-2\\1\\0\\0\end{pmatrix}+k_2\begin{pmatrix}1\\0\\2\\1\end{pmatrix}$，$k_1$，$k_2$ 取任意的实数；

(6) 通解为 $\boldsymbol{X}=\begin{pmatrix}\frac{6}{7}\\-\frac{5}{7}\\0\\0\end{pmatrix}+k_1\begin{pmatrix}1\\5\\7\\0\end{pmatrix}+k_2\begin{pmatrix}1\\-9\\0\\7\end{pmatrix}$，$k_1$，$k_2$ 取任意的实数.

7. (1) $k\begin{pmatrix}3\\4\\5\\6\end{pmatrix}+\begin{pmatrix}2\\3\\4\\5\end{pmatrix}$，$k\in\mathbf{R}$.

8. $\boldsymbol{x}=\boldsymbol{\eta}_1+c_1(\boldsymbol{\eta}_3-\boldsymbol{\eta}_1)+c_2(\boldsymbol{\eta}_2-\boldsymbol{\eta}_1)$.

9. $k\begin{pmatrix}1\\-2\\1\\0\end{pmatrix}+\begin{pmatrix}1\\1\\1\\1\end{pmatrix}$，$k\in\mathbf{R}$.

10. $k_1\begin{pmatrix}1\\-1\\1\\0\end{pmatrix}+k_2\begin{pmatrix}0\\-1\\0\\1\end{pmatrix}$，$k_1$，$k_2\in\mathbf{R}$.

总习题 3

1. $\boldsymbol{\beta}=\begin{pmatrix}1\\2\\3\\4\end{pmatrix}$.

2. (1) $\boldsymbol{\beta}=2\boldsymbol{\alpha}_1-\boldsymbol{\alpha}_2+\frac{5}{3}\boldsymbol{\alpha}_3+2\boldsymbol{\alpha}_4$；　(2) $\boldsymbol{\beta}=-11\boldsymbol{\alpha}_1+14\boldsymbol{\alpha}_2+9\boldsymbol{\alpha}_3$.

3. (1) 当 $b\neq 2$ 时，$\boldsymbol{\beta}$ 不能由 $\boldsymbol{\alpha}_1$，$\boldsymbol{\alpha}_2$，$\boldsymbol{\alpha}_3$ 线性表示；

(2) 当 $b=2$，$a\neq 1$ 时，$\boldsymbol{\beta}$ 能由 $\boldsymbol{\alpha}_1$，$\boldsymbol{\alpha}_2$，$\boldsymbol{\alpha}_3$ 唯一地线性表示，表达式为 $\boldsymbol{\beta}=-\boldsymbol{\alpha}_1+2\boldsymbol{\alpha}_2$；当 $b=2$，$a=1$ 时，$\boldsymbol{\beta}$ 能由 $\boldsymbol{\alpha}_1$，$\boldsymbol{\alpha}_2$，$\boldsymbol{\alpha}_3$ 线性表示，表达式

不唯一，$\boldsymbol{\beta}=-(2k+1)\boldsymbol{\alpha}_1+(k+2)\boldsymbol{\alpha}_2+k\boldsymbol{\alpha}_3$，其中 k 为任意常数.

4. (1) 线性无关； (2) 线性无关； (3) 线性无关；

(4) 线性无关； (5) 线性相关.

5. $k=3$ 或 $k=-2$ 时，线性相关；$k\neq 3$ 且 $k\neq -2$ 时，线性无关.

6. (1) 错误； (2) 正确； (3) 错误； (4) 错误； (5) 错误；

(6) 错误； (7) 错误； (8) 错误； (9) 错误； (10) 错误.

12. (1) $R(\boldsymbol{\alpha}_1,\boldsymbol{\alpha}_2,\boldsymbol{\alpha}_3,\boldsymbol{\alpha}_4)=2$；$\boldsymbol{\alpha}_1,\boldsymbol{\alpha}_2$ 为一组极大无关组；

$$\boldsymbol{\alpha}_3=\frac{1}{2}\boldsymbol{\alpha}_1+\boldsymbol{\alpha}_2,\ \boldsymbol{\alpha}_4=\boldsymbol{\alpha}_1+\boldsymbol{\alpha}_2$$

(2) $R(\boldsymbol{\alpha}_1,\boldsymbol{\alpha}_2,\boldsymbol{\alpha}_3,\boldsymbol{\alpha}_4)=2$；$\boldsymbol{\alpha}_1,\boldsymbol{\alpha}_2$ 为一组极大无关组；

$$\boldsymbol{\alpha}_3=-\frac{1}{2}\boldsymbol{\alpha}_1-\frac{5}{2}\boldsymbol{\alpha}_2,\ \boldsymbol{\alpha}_4=2\boldsymbol{\alpha}_1-\boldsymbol{\alpha}_2$$

(3) $R(\boldsymbol{\alpha}_1,\boldsymbol{\alpha}_2,\boldsymbol{\alpha}_3,\boldsymbol{\alpha}_4,\boldsymbol{\alpha}_5)=2$；$\boldsymbol{\alpha}_1,\boldsymbol{\alpha}_2$ 为一组极大无关组；

$$\boldsymbol{\alpha}_3=2\boldsymbol{\alpha}_1-\boldsymbol{\alpha}_2,\ \boldsymbol{\alpha}_4=\boldsymbol{\alpha}_1+3\boldsymbol{\alpha}_2,\ \boldsymbol{\alpha}_5=-2\boldsymbol{\alpha}_1-\boldsymbol{\alpha}_2$$

(4) $R(\boldsymbol{\alpha}_1,\boldsymbol{\alpha}_2,\boldsymbol{\alpha}_3,\boldsymbol{\alpha}_4,\boldsymbol{\alpha}_5)=3$；$\boldsymbol{\alpha}_1,\boldsymbol{\alpha}_2,\boldsymbol{\alpha}_3$ 为一组极大无关组；

$$\boldsymbol{\alpha}_4=\boldsymbol{\alpha}_1+3\boldsymbol{\alpha}_2-\boldsymbol{\alpha}_3,\ \boldsymbol{\alpha}_5=-\boldsymbol{\alpha}_2+\boldsymbol{\alpha}_3$$

15. $R(\boldsymbol{\alpha}_1,\boldsymbol{\alpha}_2,2\boldsymbol{\alpha}_3-3\boldsymbol{\alpha}_4)=3$.

17. 5.

18. (1) $\begin{pmatrix}0&1&1\\-1&-3&-2\\2&4&4\end{pmatrix}$； (2) $\begin{pmatrix}1\\2\\4\end{pmatrix}$，$\begin{pmatrix}0\\-4\\5\end{pmatrix}$； (3) $\boldsymbol{\delta}$ 为零向量.

19. (1) $k=1$； (2) $\begin{pmatrix}12\\7\\-10\end{pmatrix}$.

20. 当 $\lambda\neq 0$ 且 $\lambda\neq 1$ 时，方程组有唯一解；当 $\lambda=0$ 时，方程组无解；当 $\lambda=1$ 时，方程组有无穷多个解，其通解为 $\begin{pmatrix}x_1\\x_2\\x_3\end{pmatrix}=c\begin{pmatrix}-1\\2\\1\end{pmatrix}+\begin{pmatrix}1\\-3\\0\end{pmatrix}\ (c\in\mathbf{R})$.

21. (1) $\alpha=-4$ 且 $\beta\neq 0$；

(2) $\alpha\neq -4$；

(3) $\alpha=-4$ 且 $\beta=0$，$\boldsymbol{b}=c\boldsymbol{a}_1-(2c+1)\boldsymbol{a}_2+\boldsymbol{a}_3$（$c$ 为任意实数）.

22. $a_1+a_2+a_3+a_4=0$.

23. (1) $\boldsymbol{x}=k_1\begin{pmatrix}0\\1\\0\\4\end{pmatrix}+k_2\begin{pmatrix}-4\\0\\1\\-3\end{pmatrix}$，$k_1, k_2\in\mathbf{R}$；

(2) $\boldsymbol{x}=k_1\begin{pmatrix}1\\7\\0\\19\end{pmatrix}+k_2\begin{pmatrix}0\\0\\1\\2\end{pmatrix}$，$k_1, k_2\in\mathbf{R}$.

24. $\begin{pmatrix}1&0\\5&2\\8&1\\0&1\end{pmatrix}$.

25. $\begin{cases}x_1-2x_2+x_3=0\\2x_1-3x_2+x_4=0\end{cases}$.

26. (1) Ⅰ：$\boldsymbol{\xi}_1=\begin{pmatrix}-1\\1\\0\\1\end{pmatrix}$，$\boldsymbol{\xi}_2=\begin{pmatrix}0\\0\\1\\0\end{pmatrix}$；Ⅱ：$\boldsymbol{\xi}_1=\begin{pmatrix}1\\1\\0\\-1\end{pmatrix}$，$\boldsymbol{\xi}_2=\begin{pmatrix}-1\\0\\1\\1\end{pmatrix}$；

(2) $\boldsymbol{x}=c\begin{pmatrix}-1\\1\\2\\1\end{pmatrix}$.

29. (1) $\boldsymbol{x}=k\begin{pmatrix}-1\\1\\1\\0\end{pmatrix}+\begin{pmatrix}-8\\13\\0\\2\end{pmatrix}$，$k\in\mathbf{R}$；

(2) $\boldsymbol{x}=k_1\begin{pmatrix}-9\\1\\7\\0\end{pmatrix}+k_2\begin{pmatrix}-4\\0\\\frac{7}{2}\\1\end{pmatrix}+\begin{pmatrix}-17\\0\\14\\0\end{pmatrix}$，$k_1$，$k_2\in\mathbf{R}$.

30. $\boldsymbol{x}=k\begin{pmatrix}3\\4\\5\\6\end{pmatrix}+\begin{pmatrix}2\\3\\4\\5\end{pmatrix}$，$k\in\mathbf{R}$.

31. 当$\lambda=\mu=\frac{1}{2}$时，全部解为$\begin{pmatrix}x_1\\x_2\\x_3\\x_4\end{pmatrix}=\begin{pmatrix}-\frac{1}{2}\\1\\0\\0\end{pmatrix}+k_1\begin{pmatrix}1\\-3\\1\\0\end{pmatrix}+k_2\begin{pmatrix}-1\\-2\\0\\2\end{pmatrix}$，$k_1$，$k_2\in\mathbf{R}$；

当$\lambda=\mu\neq\frac{1}{2}$时，全部解为$\begin{pmatrix}x_1\\x_2\\x_3\\x_4\end{pmatrix}=\begin{pmatrix}0\\-\frac{1}{2}\\\frac{1}{2}\\0\end{pmatrix}+k\begin{pmatrix}-2\\1\\-1\\2\end{pmatrix}$，$k\in\mathbf{R}$.

32. $9x_1+5x_2-3x_3=-5$.

33. (1) $\begin{pmatrix}1\\10\\10\\4\end{pmatrix}$；

(2) $\boldsymbol{x}=\begin{pmatrix}0\\-\frac{1}{3}\\-\frac{1}{3}\\0\end{pmatrix}+k\begin{pmatrix}1\\10\\10\\4\end{pmatrix}$.

习题 4.1

1. 9.

2. $\pm\frac{1}{\sqrt{2}}\begin{pmatrix}1\\0\\0\\-1\end{pmatrix}$.

3. (1) $\boldsymbol{e}_1=\frac{1}{\sqrt{3}}\begin{pmatrix}1\\1\\1\end{pmatrix}$, $\boldsymbol{e}_2=\frac{1}{\sqrt{6}}\begin{pmatrix}-2\\1\\1\end{pmatrix}$, $\boldsymbol{e}_3=\frac{1}{\sqrt{2}}\begin{pmatrix}0\\-1\\1\end{pmatrix}$;

(2) $\boldsymbol{e}_1=\frac{1}{\sqrt{2}}\begin{pmatrix}1\\1\\0\\0\end{pmatrix}$, $\boldsymbol{e}_2=\frac{1}{\sqrt{6}}\begin{pmatrix}-1\\1\\2\\0\end{pmatrix}$, $\boldsymbol{e}_3=\frac{1}{\sqrt{21}}\begin{pmatrix}2\\-2\\2\\3\end{pmatrix}$.

5. (1) 不是正交矩阵；

(2) 是正交矩阵.

习题 4.2

1. $\boldsymbol{\alpha}$ 是矩阵 $\boldsymbol{A}$ 对应于特征值 λ 的特征向量，但 $\boldsymbol{\beta}$ 不是矩阵 $\boldsymbol{A}$ 对应于特征值 λ 的特征向量.

4. (1) $\lambda_1=0$，其对应的全部特征向量为 $k_1\boldsymbol{p}_1=k_1\begin{pmatrix}-1\\-1\\1\end{pmatrix}(k_1\neq0)$；

$\lambda_2=-1$，其对应的全部特征向量为 $k_2\boldsymbol{p}_2=k_2\begin{pmatrix}-1\\1\\0\end{pmatrix}(k_2\neq0)$；

$\lambda_3=9$，其对应的全部特征向量为 $k_3\boldsymbol{p}_3=k_3\begin{pmatrix}\frac{1}{2}\\\frac{1}{2}\\1\end{pmatrix}(k_3\neq0)$.

(2) $\lambda_1=\lambda_2=\lambda_3=2$，对应的特征向量为 $k_1\begin{pmatrix}1\\1\\0\\0\end{pmatrix}+k_2\begin{pmatrix}1\\0\\1\\0\end{pmatrix}+k_3\begin{pmatrix}1\\0\\0\\1\end{pmatrix}$（$k_1$，$k_2$，$k_3$ 不全为零）；

$\lambda_4=-2$，对应的特征向量为 $k\begin{pmatrix}-1\\1\\1\\1\end{pmatrix}$，$k\in\mathbf{R}$，$k\neq0$.

5. (1) 2，-4，6； (2) $1-\frac{1}{2}$，$\frac{1}{3}$.

8. $\boldsymbol{A}$ 的特征值为 $\lambda_1=\lambda_2=2$，$\lambda_3=0$.

$\lambda_1=\lambda_2=2$ 对应的特征向量为 $k_1\begin{pmatrix}0\\1\\0\end{pmatrix}+k_2\begin{pmatrix}1\\0\\1\end{pmatrix}$（$k_1$，$k_2$ 不全为 0）；

$\lambda_3=0$ 对应的特征向量为 $k\begin{pmatrix}1\\0\\-1\end{pmatrix}$（$k\in\mathbf{R}$，$k\neq0$）.

11. 18.

12. 637.

习题 4.3

4. $x=4$，$y=5$.

5. (1) $\begin{pmatrix}-1&1&1\\1&0&0\\0&1&0\end{pmatrix}$；

(2) $\begin{pmatrix}0&-1&-2\\0&1&1\\1&1&0\end{pmatrix}$.

6. 3.

7. (1) $\lambda=-1$, $a=-3$, $b=0$;

(2) $\boldsymbol{A}$ 不能相似于对角阵.

8. $\begin{pmatrix} -2 & 3 & -3 \\ -4 & 5 & -3 \\ -4 & 4 & -2 \end{pmatrix}$.

9. $\begin{pmatrix} -1 & 1 & 0 \\ -2 & 2 & 0 \\ 4 & -2 & 1 \end{pmatrix}$.

11. $\lambda_1=1$, 对应的特征向量为 $\boldsymbol{\beta}_1=\begin{pmatrix} 3 \\ 1 \\ 5 \end{pmatrix}$;

$\lambda_2=0$, 对应的特征向量为 $\boldsymbol{\beta}_2=\begin{pmatrix} 4 \\ -2 \\ 1 \end{pmatrix}$;

$\lambda_3=-1$, 对应的特征向量为 $\boldsymbol{\beta}_3=\begin{pmatrix} 1 \\ -1 \\ 4 \end{pmatrix}$.

习题 4.4

1. (1) $\begin{pmatrix} 1 & 2 & 2 \\ 2 & -2 & 1 \\ 2 & 1 & -2 \end{pmatrix}$; (2) $\begin{pmatrix} \frac{1}{3} & \frac{2}{3} & \frac{2}{3} \\ \frac{2}{3} & -\frac{2}{3} & \frac{1}{3} \\ \frac{2}{3} & \frac{1}{3} & -\frac{2}{3} \end{pmatrix}$.

2. (1) $\frac{1}{3}\begin{pmatrix} 1 & 2 & 2 \\ 2 & 1 & -2 \\ 2 & -2 & 1 \end{pmatrix}$; (2) $\begin{pmatrix} -\frac{2}{\sqrt{5}} & \frac{2\sqrt{5}}{15} & -\frac{1}{3} \\ -\frac{1}{\sqrt{5}} & -\frac{4\sqrt{5}}{15} & -\frac{2}{3} \\ 0 & \frac{\sqrt{5}}{3} & \frac{2}{3} \end{pmatrix}$.

3. (1) -2;

(2) $\begin{pmatrix} \frac{1}{\sqrt{2}} & \frac{1}{\sqrt{6}} & \frac{1}{\sqrt{3}} \\ 0 & -\frac{2}{\sqrt{6}} & \frac{1}{\sqrt{3}} \\ -\frac{1}{\sqrt{2}} & \frac{1}{\sqrt{6}} & \frac{1}{\sqrt{3}} \end{pmatrix}$.

4. 当 $a=1$ 时，$\boldsymbol{A}=\frac{1}{6}\begin{pmatrix} 1 & 1 & 4 \\ 1 & 1 & 4 \\ 4 & 4 & -2 \end{pmatrix}$；当 $a=0$ 时，$\boldsymbol{A}=\begin{pmatrix} 0 & 0 & 0 \\ 0 & 0 & -1 \\ 0 & -1 & 0 \end{pmatrix}$.

5. $\begin{pmatrix} 4 & 1 & 1 \\ 1 & 4 & 1 \\ 1 & 1 & 4 \end{pmatrix}$.

6. (2) $\sum a_i^2$ 为 $\boldsymbol{A}$ 的(唯一的) 非零特征值.

$\lambda_1 = \sum a_i^2$ 对应的特征向量为$\boldsymbol{\xi}_1 = k\boldsymbol{\alpha}\ (k \neq 0)$；

$\lambda_2=\lambda_3=\cdots=\lambda_n=0$ 对应的特征向量为

$$\boldsymbol{x}=k_2\begin{pmatrix} -\frac{a_2}{a_1} \\ 1 \\ 0 \\ \vdots \\ 0 \end{pmatrix}+k_3\begin{pmatrix} -\frac{a_3}{a_1} \\ 0 \\ 1 \\ \vdots \\ 0 \end{pmatrix}+\cdots+k_n\begin{pmatrix} -\frac{a_n}{a_1} \\ 0 \\ 0 \\ \vdots \\ 1 \end{pmatrix}$$

其中 k_2，k_3，…，k_n 不同时为零.

7. (1) $-2\begin{pmatrix} 1 & 1 \\ 1 & 1 \end{pmatrix}$；　(2) $2\begin{pmatrix} 1 & 1 & -2 \\ 1 & 1 & -2 \\ -2 & -2 & 4 \end{pmatrix}$.

习题 4.5

1. (1) $f=(x,\ y,\ z)\begin{pmatrix} 1 & 2 & 1 \\ 2 & 4 & 2 \\ 1 & 2 & 1 \end{pmatrix}\begin{pmatrix} x \\ y \\ z \end{pmatrix}$；

(2) $f=(x, y, z)\begin{pmatrix}1 & -1 & -2\\ -1 & 1 & 3\\ 0 & 3 & 1\end{pmatrix}\begin{pmatrix}x\\ y\\ z\end{pmatrix}$;

(3) $f=(x_1, x_2, x_3)\begin{pmatrix}1 & -1 & 0\\ -1 & 1 & 3\\ 0 & 3 & 1\end{pmatrix}\begin{pmatrix}x_1\\ x_2\\ x_3\end{pmatrix}$.

2. $x_1^2-2x_1x_2-6x_1x_3+2x_1x_4-4x_2x_3+x_2x_4+\frac{1}{3}x_3^2-3x_3x_4$.

3. $\begin{pmatrix}1 & 3 & 5\\ 3 & 5 & 7\\ 5 & 7 & 9\end{pmatrix}$.

4. $\begin{pmatrix}0 & 1 & 0\\ 1 & 0 & 0\\ 0 & 0 & 1\end{pmatrix}$.

5. 2.

6. (1) $f=2y_1^2-y_2^2+4y_3^2$;

(2) $f=y_1^2-y_2^2+y_3^2$.

7. (1) $f=2y_1^2+5y_2^2+y_3^2$;

(2) $f=-y_1^2+3y_2^2+y_3^2+y_4^2$.

8. 正交变换 $\boldsymbol{x}=\boldsymbol{Q}\boldsymbol{y}$，其中 $\boldsymbol{Q}=\frac{1}{\sqrt{2}}\begin{pmatrix}1 & -1 & 0\\ 0 & 0 & \sqrt{2}\\ 1 & 1 & 0\end{pmatrix}$，方程化为 $2y_2^2+2y_3^2=1$.

9. $c=3$，$f=4y_1^2+9y_2^2$.

10. (1) $f=y_1^2+y_2^2-y_3^2$，$\boldsymbol{x}=\boldsymbol{C}\boldsymbol{y}$，其中 $\boldsymbol{C}=\begin{pmatrix}1 & 1 & -1\\ 0 & 0 & 1\\ 0 & -1 & 1\end{pmatrix}$;

(2) $f=-4y_1^2+4y_2^2+y_3^2$，$\boldsymbol{x}=\boldsymbol{C}\boldsymbol{y}$，其中 $\boldsymbol{C}=\begin{pmatrix}1 & 1 & \frac{1}{2}\\ 1 & -1 & \frac{1}{2}\\ 0 & 0 & 1\end{pmatrix}$.

11. $f=y_1^2-y_2^2$.

12. (1) 二次型的规范形为 $y_1^2+y_2^2-y_3^2$，于是正惯性指数为 2，秩为 3；

(2) 二次型的规范形为 $y_1^2-y_2^2$，于是正惯性指数为 1，秩为 2；

(3) 二次型的规范形为 $y_1^2+y_2^2-y_3^2$，于是正惯性指数为 2，秩为 3.

总习题 4

1. $\lambda=-2$，$\boldsymbol{c}=\begin{pmatrix}-2\\2\\-1\end{pmatrix}$.

2. (1) $\boldsymbol{p}_1=\frac{1}{\sqrt{3}}\begin{pmatrix}1\\1\\1\end{pmatrix}$，$\boldsymbol{p}_2=\frac{1}{\sqrt{2}}\begin{pmatrix}-1\\0\\1\end{pmatrix}$，$\boldsymbol{p}_3=\frac{1}{\sqrt{6}}\begin{pmatrix}1\\-2\\1\end{pmatrix}$；

(2) $\boldsymbol{p}_1=\frac{1}{\sqrt{3}}\begin{pmatrix}1\\0\\-1\\1\end{pmatrix}$，$\boldsymbol{p}_2=\frac{1}{\sqrt{15}}\begin{pmatrix}1\\-3\\2\\1\end{pmatrix}$，$\boldsymbol{p}_3=\frac{1}{\sqrt{35}}\begin{pmatrix}-1\\3\\3\\4\end{pmatrix}$.

3. (1) 不是；

(2) 是.

6. (1) 特征值为 $\lambda_1=4$，$\lambda_2=-2$.

$\lambda_1=4$ 对应的特征向量为 $x=k\boldsymbol{p}_1=k\begin{pmatrix}1\\1\end{pmatrix}$ （k 为任意非零常数）；

$\lambda_2=-2$ 对应的特征向量为 $x=k\boldsymbol{p}_2=\begin{pmatrix}-\frac{1}{5}\\1\end{pmatrix}$ （k 为任意非零常数）.

(2) 特征值为 $\lambda_1=1$，$\lambda_2=-5$.

$\lambda_1=1$ 对应的特征向量为 $x=k\boldsymbol{p}_1=k\begin{pmatrix}1\\1\end{pmatrix}$ （k 为任意非零常数）；

$\lambda_2=-5$ 对应的特征向量为 $x=k\boldsymbol{p}_2=k\begin{pmatrix}-2\\1\end{pmatrix}$ （k 为任意非零常数）.

(3) 特征值为 $\lambda_1=\lambda_2=1$，$\lambda_3=-2$.

$\lambda_1=\lambda_2=1$ 对应的特征向量为 $x=k\boldsymbol{p}_1=k\begin{pmatrix}1\\1\\1\end{pmatrix}$ （k 为任意非零常数）；

$\lambda_2=-2$ 对应的特征向量为 $x=k_1\boldsymbol{p}_1+k_2\boldsymbol{p}_2=k_1\begin{pmatrix}-1\\1\\0\end{pmatrix}+k_2\begin{pmatrix}-1\\0\\1\end{pmatrix}$，

（k_1，k_2 不同时为零）.

（4）特征值 $\lambda_1=\lambda_2=\lambda_3=2$，$\lambda_4=-2$.

$\lambda_1=\lambda_2=\lambda_3=2$ 对应的特征向量为 $\boldsymbol{x}=k_1\begin{pmatrix}1\\1\\0\\0\end{pmatrix}+k_2\begin{pmatrix}1\\0\\1\\0\end{pmatrix}+k_3\begin{pmatrix}1\\0\\0\\1\end{pmatrix}$

（k_1，k_2，k_3 不同时为零）；

$\lambda_4=-2$ 对应的特征向量为 $\boldsymbol{x}=k\begin{pmatrix}-1\\1\\1\\1\end{pmatrix}$ （k 为任意非零常数）.

（5）特征值 $\lambda_1=\lambda_2=1$，$\lambda_3=\lambda_4=-1$.

$\lambda_1=\lambda_2=1$ 对应的特征向量为 $\boldsymbol{x}=k_1\begin{pmatrix}1\\0\\0\\1\end{pmatrix}+k_2\begin{pmatrix}0\\1\\1\\0\end{pmatrix}$

（k_1，k_2 不同时为零）；

$\lambda_3=\lambda_4=-1$ 对应的特征向量为 $\boldsymbol{x}=k_1\begin{pmatrix}0\\-1\\1\\0\end{pmatrix}+k_2\begin{pmatrix}-1\\0\\0\\1\end{pmatrix}$

（k_1，k_2 不同时为零）.

（6）特征值 $\lambda_1=1$，$\lambda_2=-1$，$\lambda_3=\lambda_4=2$.

$\lambda_1=1$ 对应的特征向量为 $k\begin{pmatrix}1\\0\\0\\0\end{pmatrix}$ （k 为任意非零常数）；

$\lambda_2=-1$ 对应的特征向量为 $k\begin{pmatrix}-\frac{3}{2}\\1\\0\\0\end{pmatrix}$ （k 为任意非零常数）；

$\lambda_3=\lambda_4=2$ 对应的特征向量为 $k\begin{pmatrix}2\\\frac{1}{3}\\1\\0\end{pmatrix}$ （k 为任意非零常数）.

7. (1) $k\lambda$； (2) $\lambda+1$.

9. $x=0$.

11. -288，-72.

14. $\boldsymbol{A}^n=\begin{pmatrix}2^{n+1}-3^n & 2^n-3^n\\-2^{n+1}+2\cdot 3^n & -2^n+2\cdot 3^n\end{pmatrix}$.

15. $\boldsymbol{A}^{100}=\begin{pmatrix}1 & 0 & 5^{100}-1\\0 & 5^{100} & 0\\0 & 0 & 5^{100}\end{pmatrix}$.

16. $x=1$，$y=-1$.

17. $\boldsymbol{A}=\begin{pmatrix}0 & 1 & -1\\0 & 1 & -2\\0 & 0 & -1\end{pmatrix}$，$\boldsymbol{A}^{2n}=\begin{pmatrix}0 & 1 & -1\\0 & 1 & 0\\0 & 0 & 1\end{pmatrix}$.

18. $\boldsymbol{A}=\frac{1}{3}\begin{pmatrix}-1 & 0 & 2\\0 & 1 & 2\\2 & 2 & 0\end{pmatrix}$.

19. $\boldsymbol{A}=\begin{pmatrix}1&0&0\\0&0&-1\\0&-1&0\end{pmatrix}$.

20. 51.

21. (1) 2；　(2) $\begin{pmatrix}1&0&0&0\\0&1&0&0\\0&0&1&-\frac{4}{5}\\0&0&0&1\end{pmatrix}$.

22. (1) 二次型矩阵为$\begin{pmatrix}1&1&0\\1&2&-1\\0&-1&-1\end{pmatrix}$；

(2) 二次型矩阵为$\begin{pmatrix}2&2&\frac{5}{2}\\2&7&3\\\frac{5}{2}&3&-1\end{pmatrix}$；

(3) 二次型矩阵为$\begin{pmatrix}1&-1&2&-1\\-1&1&3&-2\\2&3&1&0\\-1&-2&0&1\end{pmatrix}$.

23. (1) $x_1^2+2x_2^2+4x_3^2-2x_1x_2+6x_2x_3$；　(2) $x_1^2-x_2^2$.

24. (1) 正交矩阵 $\boldsymbol{P}=(p_1, p_2, p_3)=\begin{pmatrix}\frac{2}{3}&-\frac{2}{3}&\frac{1}{3}\\\frac{2}{3}&\frac{1}{3}&\frac{2}{3}\\\frac{1}{3}&\frac{2}{3}&\frac{2}{3}\end{pmatrix}$,

标准形为 $f=-y_1^2+2y_2^2+5y_3^2$；

(2) 正交矩阵 $\boldsymbol{P}=(p_1, p_2, p_3, p_4)=\begin{pmatrix} \frac{1}{\sqrt{2}} & 0 & \frac{1}{2} & -\frac{1}{2} \\ 0 & \frac{1}{\sqrt{2}} & -\frac{1}{2} & -\frac{1}{2} \\ \frac{1}{\sqrt{2}} & 0 & -\frac{1}{2} & \frac{1}{\sqrt{2}} \\ 0 & \frac{1}{\sqrt{2}} & \frac{1}{2} & \frac{1}{\sqrt{2}} \end{pmatrix}$，

标准形为 $f=y_1^2+y_2^2-y_3^2-3y_4^2$.

25. 正交矩阵为 $\begin{pmatrix} \frac{1}{\sqrt{2}} & \frac{1}{\sqrt{6+2\sqrt{3}}} & \frac{1}{\sqrt{6-2\sqrt{3}}} \\ -\frac{1}{\sqrt{2}} & \frac{1}{\sqrt{6+2\sqrt{3}}} & \frac{1}{\sqrt{6-2\sqrt{3}}} \\ 0 & \frac{1+\sqrt{3}}{\sqrt{6+2\sqrt{3}}} & \frac{1-\sqrt{3}}{\sqrt{6-2\sqrt{3}}} \end{pmatrix}$，最大值是 $2\sqrt{3}$.

参 考 文 献

［1］ 同济大学数学系. 工程数学：线性代数. 北京：高等教育出版社，2014.

［2］ 殷先军，付小芹. 线性代数. 北京：清华大学出版社，2013.

［3］ 赵树嫄. 线性代数. 北京：中国人民大学出版社，2017.

［4］ 吴赣昌. 线性代数. 北京：中国人民大学出版社，2010.